# 轨道交通装备制造业职业技能鉴定指导丛书

# 电 切 削 工

中国北车股份有限公司 编写

## 中国铁道出版社

2015年·北京

图书在版编目(CIP)数据

电切削工/中国北车股份有限公司编写 . —北京：
中国铁道出版社,2015.3
(轨道交通装备制造业职业技能鉴定指导丛书)
ISBN 978-7-113-19238-9

Ⅰ.①电… Ⅱ.①中… Ⅲ.①电加工－金属切削－
职业技能－鉴定－教材 Ⅳ.①TG506

中国版本图书馆 CIP 数据核字(2014)第 210511 号

书　　名：轨道交通装备制造业职业技能鉴定指导丛书
　　　　　　　　　　　**电切削工**
作　　者：中国北车股份有限公司

策　　划：江新锡　钱士明　徐　艳
责任编辑：徐　艳　　　　　　　　编辑部电话：010-51873193
编辑助理：袁希翀
封面设计：郑春鹏
责任校对：焦桂荣
责任印制：郭向伟

出版发行：中国铁道出版社(100054,北京市西城区右安门西街 8 号)
网　　址：http://www.tdpress.com
印　　刷：北京市昌平开拓印刷厂
版　　次：2015 年 3 月第 1 版　2015 年 3 月第 1 次印刷
开　　本：787 mm×1 092 mm　1/16　印张：12　字数：300 千
书　　号：ISBN 978-7-113-19238-9
定　　价：38.00 元

# 序

在党中央、国务院的正确决策和大力支持下，中国高铁事业迅猛发展。中国已成为全球高铁技术最全、集成能力最强、运营里程最长、运行速度最高的国家。高铁已成为中国外交的新名片，成为中国高端装备"走出国门"的排头兵。

中国北车作为高铁事业的积极参与者和主要推动者，在大力推动产品、技术创新的同时，始终站在人才队伍建设的重要战略高度，把高技能人才作为创新资源的重要组成部分，不断加大培养力度。广大技术工人立足本职岗位，用自己的聪明才智，为中国高铁事业的创新、发展做出了重要贡献，被李克强同志亲切地赞誉为"中国第一代高铁工人"。如今在这支近 5 万人的队伍中，持证率已超过 96％，高技能人才占比已超过 60％，3 人荣获"中华技能大奖"，24 人荣获国务院"政府特殊津贴"，44 人荣获"全国技术能手"称号。

高技能人才队伍的发展，得益于国家的政策环境，得益于企业的发展，也得益于扎实的基础工作。自 2002 年起，中国北车作为国家首批职业技能鉴定试点企业，积极开展工作，编制鉴定教材，在构建企业技能人才评价体系、推动企业高技能人才队伍建设方面取得明显成效。为适应国家职业技能鉴定工作的不断深入，以及中国高端装备制造技术的快速发展，我们又组织修订、开发了覆盖所有职业（工种）的新教材。

在这次教材修订、开发中，编者们基于对多年鉴定工作规律的认识，提出了"核心技能要素"等概念，创造性地开发了《职业技能鉴定技能操作考核框架》。该《框架》作为技能人才评价的新标尺，填补了以往鉴定实操考试中缺乏命题水平评估标准的空白，很好地统一了不同鉴定机构的鉴定标准，大大提高了职业技能鉴定的公信力，具有广泛的适用性。

相信《轨道交通装备制造业职业技能鉴定指导丛书》的出版发行，对于促进我国职业技能鉴定工作的发展，对于推动高技能人才队伍的建设，对于振兴中国高端装备制造业，必将发挥积极的作用。

中国北车股份有限公司总裁：

2015.2.7

# 前　言

鉴定教材是职业技能鉴定工作的重要基础。2002年，经原劳动保障部批准，中国北车成为国家职业技能鉴定首批试点中央企业，开始全面开展职业技能鉴定工作。2003年，根据《国家职业标准》要求，并结合自身实际，组织开发了《职业技能鉴定指导丛书》，共涉及车工等52个职业（工种）的初、中、高3个等级。多年来，这些教材为不断提升技能人才素质、适应企业转型升级、实施"三步走"发展战略的需要发挥了重要作用。

随着企业的快速发展和国家职业技能鉴定工作的不断深入，特别是以高速动车组为代表的世界一流产品制造技术的快步发展，现有的职业技能鉴定教材在内容、标准等诸多方面，已明显不适应企业构建新型技能人才评价体系的要求。为此，公司决定修订、开发《轨道交通装备制造业职业技能鉴定指导丛书》（以下简称《丛书》）。

本《丛书》的修订、开发，始终围绕促进实现中国北车"三步走"发展战略、打造世界一流企业的目标，努力遵循"执行国家标准与体现企业实际需要相结合、继承和发展相结合、坚持质量第一、坚持岗位个性服从于职业共性"四项工作原则，以提高中国北车技术工人队伍整体素质为目的，以主要和关键技术职业为重点，依据《国家职业标准》对知识、技能的各项要求，力求通过自主开发、借鉴吸收、创新发展，进一步推动企业职业技能鉴定教材建设，确保职业技能鉴定工作更好地满足企业发展对高技能人才队伍建设工作的迫切需要。

本《丛书》修订、开发中，认真总结和梳理了过去12年企业鉴定工作的经验以及对鉴定工作规律的认识，本着"紧密结合企业工作实际，完整贯彻落实《国家职业标准》，切实提高职业技能鉴定工作质量"的基本理念，在技能操作考核方面提出了"核心技能要素"和"完整落实《国家职业标准》"两个概念，并探索、开发出了中国北车《职业技能鉴定技能操作考核框架》；对于暂无《国家职业标准》、又无相关行业职业标准的40个职业，按照国家有关《技术规程》开发了《中国北车职业标准》。经2014年技师、高级技师技能鉴定实作考试中27个职业的试用表明：该《框架》既完整反映了《国家职业标准》对理论和技能两方面的要求，又适应了企业生产和技术工人队伍建设的需要，突破了以往技能鉴定实作考核中试卷的难度与完整性评估的"瓶颈"，统一了不同产品、不同技术含量企业的鉴定标准，提高了鉴定考核的技术含量，保证了职业技能鉴定的公平性，提高了职业技能鉴定工作质量和管理水平,将成为职业技能鉴定工作、进而成为生产操作者技能素质评价的新标尺。

本《丛书》共涉及 98 个职业(工种),覆盖了中国北车开展职业技能鉴定的所有职业(工种)。《丛书》中每一职业(工种)又分为初、中、高 3 个技能等级,并按职业技能鉴定理论、技能考试的内容和形式编写。其中:理论知识部分包括知识要求练习题与答案;技能操作部分包括《技能考核框架》和《样题与分析》。本《丛书》按职业(工种)分册,并计划第一批出版 74 个职业(工种)。

本《丛书》在修订、开发中,仍侧重于相关理论知识和技能要求的应知应会,若要更全面、系统地掌握《国家职业标准》规定的理论与技能要求,还可参考其他相关教材。

本《丛书》在修订、开发中得到了所属企业各级领导、技术专家、技能专家和培训、鉴定工作人员的大力支持;人力资源和社会保障部职业能力建设司和职业技能鉴定中心、中国铁道出版社等有关部门也给予了热情关怀和帮助,我们在此一并表示衷心感谢。

本《丛书》之《电切削工》由长春轨道客车装备有限责任公司《电切削工》项目组编写。主编谷超;主审王峰,副主审李跃武;参编人员张力辉、邱天。

由于时间及水平所限,本《丛书》难免有错、漏之处,敬请读者批评指正。

中国北车职业技能鉴定教材修订、开发编审委员会

二〇一四年十二月二十二日

# 目　　录

# 电切削工(职业道德)习题

## 一、填空题

1. 道德既是一种善恶评价,表现为心理和意识现象;又是一种( ),表现为行为和活动现象。

2. 道德是社会物质生活条件的反映,是由一定的( )决定的社会意识形态。

3. 道德的内容包括三个方面:道德意识、( )和道德活动。

4. 道德关系是一种特殊的社会关系,是被经济关系所决定、所派生的一种( )的关系。

5. 职业道德与职业生活有密不可分的关系、职业生活是职业道德存在的( ),职业道德则规范、促进了职业实践活动的发展。

6. 职业道德是社会道德或阶级道德在( )中的具体表现。

7. 职业道德是一般道德要求和道德规范的( )。

8. 中国北车使命:( )。

9. 劳动法是国家为了保护劳动者的( ),调整劳动关系,建立和维护适应社会主义市场经济的劳动制度,促进经济发展和社会进步,根据宪法而制度颁布的法律。

10. 爱岗敬业,通俗地说就是"干一行爱一行",它是( )所有职业道德的一条核心规范。

11. 社会主义道德的核心是( )。

12. 人的素质中具有主导性的素质是( )。

13. 中国北车的团队建设目标是:( )。

14. 我国专利法规定发明专利的保护期为( )。

15. ( )是道德修养的根本途径。

16. 《产品质量法》所称的产品是指经过加工、制作,( )的产品。

17. 劳动法律关系体现的是( )。

18. 用人单位单方解除合同必须符合法定的( )。

19. 违约行为是当事人( )。

20. 消费者协会是依法成立的保护( )的社会团体。

21. 人们在处理个人与他人、个人与社会的一系列行为中所表现出来的比较稳定的道德倾向和特征称为( )。

22. 良好的心理素质的总体要求是( )。

23. 集体主义观念是政治思想素质的( )。

24. 在对专利申请进行新颖判断时,我国采取的时间标准是( )。

25. 劳动者以辞职的形式解除劳动合同必须提前( )天通知。

26. 合同是平等主体的自然人、法人、其他组织之间设立、变更、终止( )关系的协议。

27. 违约责任是一种(　　)法律责任。

28. 消费者权益保护法规定,消费者有(　　),经营者提供商品的检验合格证明、使用方法说明书等属知情权范畴。

29. 国家秘密是指关系国家的(　　)和利益,依照法定程序确定,在一定时间内只限一定范围的人员知悉的事项。

30. 产品标识可以用文字、符号、数字、(　　)以及其他说明物等表示。

31. 诚信为本、创新为魂、崇尚行动、勇于进取是中国北车的(　　)。

32. 职业道德对职业内部利益关系具有(　　)关系。

33. 一个人对人类、对社会的贡献,主要是通过(　　)活动来体现的。

34. 社会道德风尚反映着一个社会中绝大多数人的(　　)和精神文明状况。

35. 按照职业道德的要求,强化自己的道德观念、道德修养、道德行为,是提高自身素质的(　　)。

二、单项选择题

1. 在人们的行为中,除了道德行为之外,还有(　　)。
(A)道德评价　　　(B)道德教育　　　(C)非道德行为　　　(D)道德意识

2. 职业道德是调节职业利益关系的(　　)。
(A)重要手段　　　(B)行为准则　　　(C)途径　　　(D)方法

3. 道德内容又可以分为(　　)两个方面。
(A)行为道德和社会道德　　　　　　(B)个人道德和社会道德
(C)行为准则和社会准则　　　　　　(D)个人准则和社会准则

4. 未履行请假手续,在上班期间超过(　　)未在工作岗位的视为旷工,累积8小时按旷工1天计算。
(A)30分钟　　　(B)1小时　　　(C)2小时　　　(D)4小时

5. 在公司内赌博,除没收赌具和赌资外,首次给予警告处分,重犯的(　　)。
(A)记大过处分　　　(B)解除劳动合同　　　(C)拘留　　　(D)口头警告

6. 生态建设是指生态环境的保护和建设,以及(　　)。
(A)生态工程建设　　　(B)生态恢复　　　(C)生态平衡　　　(D)生态环保

7. 在动火作业前,监护人员和操作者必须同时到达动火作业现场,进行有效地防护,配备(　　)。
(A)劳保用品　　　(B)安全措施　　　(C)传感器　　　(D)应急灭火器材

8. 世界环境日是每年的(　　)。
(A)6月1日　　　(B)6月5日　　　(C)6月6日　　　(D)6月8日

9. (　　)是因属于违反国家法律而不能授予专利权的发明创造。
(A)小口径步枪　　　　　　　　　　(B)麻将牌
(C)身份证仿造装置　　　　　　　　(D)拓印碑刻的方法

10. 公司法自(　　)起实施。
(A)1991年7月1日　　　　　　　　(B)1992年7月1日
(C)1993年7月1日　　　　　　　　(D)1994年7月1日

11. 职业道德是社会道德体系的重要组成部分。我国职业道德的基本要求有爱岗敬业、办事公道、服务群众、奉献社会和（　　）。

(A)诚实守信　　　　(B)尊老爱幼　　　　(C)文明礼貌　　　　(D)爱护公物

12. 下列选项中仅属于对自然规律认识的是（　　）。

(A)科学发现　　　　(B)产品发明　　　　(C)方法发明　　　　(D)实用新型

13. 劳动关系中的劳动者和用人单位之间是（　　）。

(A)平等关系　　　　　　　　　　　　(B)隶属关系

(C)兼有平等和隶属关系　　　　　　　(D)以隶属关系为主，平等关系为辅

14. 下列属于劳动合同自然终止条件的是（　　）。

(A)劳动关系主体一方消灭　　　　　　(B)劳动者退休

(C)不可抗力导致劳动合同无法履行　　(D)人民法院刑事判决

15. 我国合同法调整的关系有（　　）。

(A)婚姻关系　　　　(B)收养关系　　　　(C)监护关系　　　　(D)财产关系

16. 消费者因经营者利用虚假广告提供商品或者服务，其合法权益受到损害的，可以向（　　）要求赔偿。

(A)广告经营者　　　(B)广告制作人　　　(C)经营者　　　　　(D)发布广告的媒体

17. 评价质量管理体系的活动包括：（　　）。

(A)质量体系审核　　(B)管理评审　　　　(C)自我评定　　　　(D)以上全是

18. 一切国家机关、武装力量、政党、社会团体、（　　）都有保守国家秘密的义务。

(A)国家公务员　　　　　　　　　　　(B)共产党员

(C)企业事业单位和公民　　　　　　　(D)相关人员

19. 职业道德是指人们在履行本职工作中（　　）。

(A)应遵守的行为规范和准则　　　　　(B)所确立的奋斗目标

(C)所确立的价值观　　　　　　　　　(D)所遵守的规章制度

20. 职业道德是安全文化的深层次内容，对安全生产具有重要的（　　）作用。

(A)思想保证　　　　(B)组织保证　　　　(C)监督保证　　　　(D)制度保证

21. 道德对人们行为的规范作用，不来源于（　　）。

(A)社会舆论　　　　(B)传统习惯　　　　(C)内心信念　　　　(D)国家强制力量

22. 单位或个人接受其他单位或个人委托所完成的发明创造，若没关于专利权归属的协议，则申请专利权的权利属于（　　）。

(A)委托人　　　　　　　　　　　　　(B)受托人

(C)委托人和受托人　　　　　　　　　(D)双方均不能申请专利

23. 劳动合同当事人可以在劳动合同中约定试用期，但试用期最长不得超过（　　）。

(A)1 个月　　　　　(B)3 个月　　　　　(C)6 个月　　　　　(D)12 个月

24. 法律规定应当采用书面形式的合同，当事人未采用书面形式，但已履行主要义务的，该合同（　　）。

(A)有效成立　　　　(B)可变更可解除　　(C)无效　　　　　　(D)可撤销

25. 经营者提供商品或服务有（　　）行为的，应当按照消费者有的要求增加赔偿其受到的损失。

(A)胁迫　　　　　　(B)欺诈　　　　　　(C)侮辱、诽谤　　　　(D)侵犯人身自由

26. 各单位保密工作机构应对计算机信息系统的工作人员进行(　　)的保密培训,并定期进行保密教育和检查。

(A)工作中　　　　　(B)定期　　　　　　(C)上岗前　　　　　　(D)随时

27. 先进的(　　)要求职工具有较高的文化和技术素质,掌握较高的职业技能。

(A)管理思路　　　　(B)技术装备　　　　(C)经营理念　　　　　(D)机构体系

28. 爱岗敬业作为职业道德的重要内容,是指员工(　　)。

(A)热爱自己喜欢的岗位　　　　　　　　(B)热爱有钱的岗位

(C)强化职业责任　　　　　　　　　　　(D)不应多转行

29. 职业道德主要通过调节(　　)的关系,增强企业的凝聚力。

(A)职工家庭间　　　(B)领导与市场　　　(C)职工与企业　　　　(D)企业与市场

30. 属于爱岗敬业的基本要求是(　　)。

(A)树立生活理想　　　　　　　　　　　(B)强化职业道德

(C)提高职工待遇　　　　　　　　　　　(D)抓住择业机遇

### 三、多项选择题

1. 道德意识包括(　　)、道德信念、道德理想和道德理论体系等。

(A)道德观念　　　　(B)道德情感　　　　(C)道德行为　　　　　(D)道德意志

2. 职业道德包括(　　)、职业道德范畴、职业道德要求等方面的内容。

(A)职业道德原则　　(B)道德情感　　　　(C)职业道德规范　　　(D)道德意志

3. 污染源按其存在形式可分为(　　)。

(A)空气污染源　　　(B)水污染源　　　　(C)固定污染源　　　　(D)流动污染源

4. 对每个职工来说,质量管理的主要内容有岗位的(　　)等。

(A)质量要求　　　　(B)质量目标　　　　(C)质量保证措施　　　(D)质量责任

5. 中国北车核心价值观:(　　)。

(A)诚信为本　　　　(B)创新为魂　　　　(C)崇尚行动　　　　　(D)勇于进取

6. 道德的内容包括(　　)。

(A)道德意识　　　　(B)道德关系　　　　(C)道德活动　　　　　(D)道德教育

7. 下列是劳保用品的是(　　)。

(A)防护鞋　　　　　(B)劳保手套　　　　(C)工作服　　　　　　(D)口罩

8. "三同时"制度是《中华人民共和国环境保护法》的一部分,其主要工作就是建设项目中防治污染的设施,必须与主体工程(　　)。

(A)同时设计　　　　(B)同时施工　　　　(C)同时投产使用　　　(D)同时监督

9. 质量检查的依据有:(　　)、有关技术文件或协议。

(A)产品图纸　　　　　　　　　　　　　(B)工艺文件

(C)国家或行业标准　　　　　　　　　　(D)车间主任要求

10. 安全危害主要包括物的不安全状态、人的不安全行为、有害的作业环境和管理上的缺陷。

(A)物的不安全状态　　　　　　　　　　(B)人的不安全行为

(C)有害的作业环境　　　　　　　　(D)管理上的缺陷

11. 在五千年的历史中,中华民族形成了以爱国主义为核心的(　　)的伟大民族精神。

(A)团结统一　　(B)爱好和平　　(C)勤劳勇敢　　(D)自强不息

12. 爱岗敬业的具体要求是(　　)。

(A)树立职业理想　(B)强化职业责任　(C)提高职业技能　(D)抓住择业机遇

13. 坚持办事公道,必须做到(　　)。

(A)坚持真理　　(B)自我牺牲　　(C)舍己为人　　(D)光明磊落

14. 在企业生产经营活动中,员工之间团结互助的要求包括(　　)。

(A)讲究合作,避免竞争　　　　　　(B)平等交流,平等对话

(C)既合作,又竞争,竞争与合作相统一　(D)互相学习,共同提高

15. 关于诚实守信的说法,你认为正确的是(　　)。

(A)诚实守信是市场经济法则

(B)诚实守信是企业的无形资产

(C)诚实守信是为人之本

(D)奉行诚实守信的原则在市场经济中必定难以立足

16. 职业纪律具有的特点是(　　)。

(A)明确的规定性　　　　　　　　　(B)一定的强制性

(C)一定的弹性　　　　　　　　　　(D)一定的自我约束性

17. 无论你从事的工作有多么特殊,它总是离不开一定的(　　)的约束。

(A)岗位责任　　(B)家庭美德　　(C)规章制度　　(D)职业道德

18. 职业道德主要通过(　　)的关系,增强企业的凝聚力。

(A)协调企业职工间　　　　　　　　(B)调节领导与职工

(C)协调职工与企业　　　　　　　　(D)调节企业与市场

19. 在下列选项中,不符合平等尊重要求的是(　　)。

(A)根据员工工龄分配工作　　　　　(B)根据服务对象的性别给予不同的服务

(C)师徒之间要平等尊重　　　　　　(D)取消员工之间的一切差别

20. 在职业活动中,要做到公正公平就必须(　　)。

(A)按原则办事　　　　　　　　　　(B)不循私情

(C)坚持按劳分配　　　　　　　　　(D)不惧权势,不计个人得失

21. 职业道德的价值在于(　　)。

(A)有利于企业提高产品和服务的质量

(B)可以降低成本、提高劳动生产率和经济效益

(C)有利于协调职工之间及职工与领导之间的关系

(D)有利于企业树立良好形象,创造著名品牌

22. 精神文明建设包括(　　)。

(A)经济建设　　　　　　　　　　　(B)社会体系建设

(C)思想道德建设　　　　　　　　　(D)教育科学文化建设

23. (　　)是社会和谐的基本条件,也是公务员职业的重要价值追求。

(A)公正　　　　(B)公平　　　　(C)正义　　　　(D)正直

24. 科学素养的基本内容(　　)。
(A)对科学的态度和感情　　　　(B)对科学知识拥有的水平和结构
(C)科学的思维方法　　　　　　(D)科学的生活习惯

25. 提高公民道德素质,促进人的全面发展,培养(　　)的社会主义公民,是社会主义公民道德建设的根本目标。
(A)有理想　　　(B)有道德　　　(C)有文化　　　(D)有纪律

四、判 断 题

1. 职业道德是在特定的共同职业生活实践的基础上形成的。(　　)
2. 职业道德着重反映了各自职业特殊的个人利益和个人要求。(　　)
3. 安全操作规程是确保生产设备及操作人员生命安全的法规文件,是所有从业人员不可触及的"红线"。(　　)
4. 每个从业人员都要懂法守法,严格依法办事,并自觉执行政策,遵守纪律,我国才能长治久安,人民才能安居乐业,社会主义建设才能有序进行。(　　)
5. 所谓爱岗,就是热爱自己的本职工作,并为做好本职工作尽心竭力。(　　)
6. 未成年工指年满十二周岁未满十八周岁的劳动者。(　　)
7. 臭氧层存在于大气平流层中,不吸收太阳的紫外线辐射,对地面没有防护作用。(　　)
8. 规定各个岗位实行严格的交接班制度,是保证生产连续安全进行的一项重要制度。(　　)
9. 产品质量是工人劳动的成果,工人对产品质量有间接责任。(　　)
10. 工作期间在办公场所、办公时间可以适当做与工作无关的私事。(　　)
11. 爱国意识是政治思想素质的根本。(　　)
12. 素质教育就是消除个性差异。(　　)
13. 职业纪律具有明确的规定性和一定的强制性的特点。(　　)
14. 环境噪声是指在工业生产、建筑施工、交通运输和社会生活中所产生的干扰周围生活环境的声音。(　　)
15. 专利权人的权利有专利处分权。(　　)
16. 无效劳动合同所引起的赔偿责任主体只能是用人单位,而不会是劳动者。(　　)
17. 消费者协会是依法成立的保护消费者合法权益的社会团体。在保证商品质量和服务质量的前提下,它可以从事商品经营和盈利性服务。(　　)
18. 一切国家机关、武装力量、政党、社会团体、企业事业单位和公民都有保守国家秘密的义务。(　　)
19.《安全生产法》是我国生产经营单位及从业人员实现安全生产所必须遵循的行为准则。(　　)
20. 保密范围定得越宽,密级越高,越利于国家秘密的安全。(　　)
21. 职工的职业道德状况是职工形象的重要组成部分。(　　)
22. 集体主义观念是政治思想素质的基础。(　　)
23. 依照我国现行的专利法,专利权人的义务有实施专利实施专利。(　　)

24. 用人单位依法以非过失条件解除劳动合同,应根据劳动者在本单位工作年限,每满一年发给相当于1个月工资的经济补偿金。(　　)

25. 对国家规定或者经营者与消费者约定包修、包换、包退的商品,在保修期内两次修理仍不能正常使用的,经营者应当负责更换或者退货。(　　)

26. 国家秘密是指关系国家的安全和利益,依照法定程序确定,在一定时间内只限一定范围的人员知悉的事项。(　　)

27. 劳动者在劳动过程中必须严格遵守操作规程,对违章指挥、强令冒险作业有权拒绝执行。(　　)

28. 凡距离坠落高度基准面2 m及其以上,有可能坠落的高处进行的作业,称为高处作业。(　　)

29. 消费者在租赁柜台购买商品或接受服务,其合法权益受到损害的,可以向销售者或服务者要求赔偿,在柜台租赁期满后,也可以向柜台的出租者要求赔偿。(　　)

30. 涉密人员脱密期满后,可以不再履行保密责任和义务。(　　)

# 电切削工(职业道德)答案

## 一、填空题

1. 行为规范
2. 社会经济基础
3. 道德关系
4. 人与人之间
5. 基础
6. 职业生活
7. 职业化
8. 接轨世界 牵引未来
9. 合法权益
10. 人类社会
11. 为人民服务
12. 思想道德素质
13. 实力、活力、凝聚力
14. 20 年
15. 与社会实践相联系
16. 用于销售
17. 国家意志
18. 实质条件和程序性条件
19. 违反合同约定的行为
20. 消费者权益
21. 道德品质
22. 心理健康
23. 基础
24. 申请日
25. 30
26. 民事权利义务
27. 合同
28. 知情权
29. 安全
30. 图案
31. 核心价值观
32. 调节
33. 职业行为
34. 道德水平
35. 重要途径

## 二、单项选择题

| | | | | | | | | |
|---|---|---|---|---|---|---|---|---|
| 1. C | 2. A | 3. B | 4. B | 5. B | 6. A | 7. D | 8. B | 9. C |
| 10. D | 11. A | 12. A | 13. C | 14. B | 15. D | 16. C | 17. D | 18. C |
| 19. A | 20. A | 21. D | 22. B | 23. C | 24. A | 25. B | 26. C | 27. B |
| 28. C | 29. C | 30. B | | | | | | |

## 三、多项选择题

| | | | | | | |
|---|---|---|---|---|---|---|
| 1. ABD | 2. AC | 3. CD | 4. ABCD | 5. ABCD | 6. ABC | 7. ABD |
| 8. ABCD | 9. ABC | 10. ABCD | 11. ABCD | 12. ABC | 13. AD | 14. BCD |
| 15. ABC | 16. AB | 17. ACD | 18. ABC | 19. ABD | 20. ABD | 21. ABCD |
| 22. CD | 23. ABC | 24. ABCD | 25. ABCD | | | |

## 四、判断题

| | | | | | | | | |
|---|---|---|---|---|---|---|---|---|
| 1. √ | 2. × | 3. √ | 4. √ | 5. √ | 6. × | 7. × | 8. √ | 9. × |
| 10. × | 11. × | 12. × | 13. √ | 14. √ | 15. √ | 16. √ | 17. × | 18. √ |
| 19. √ | 20. × | 21. √ | 22. √ | 23. × | 24. √ | 25. √ | 26. √ | 27. √ |
| 28. √ | 29. √ | 30. × | | | | | | |

# 电切削工(初级工)习题

## 一、填 空 题

1. 在电火花线切割加工中,在保持一定的表面粗糙度前提下,单位时间内电极丝中心线在工件上切割的( )总和称为切割速度,其单位为 mm²/min。

2. 用一种平行射线,把物体的轮廓、结构、形状投影到与射线垂直的平面上,这种方法叫做( )。

3. 冲模的电火花穿孔加工常用的工艺方法有( )、混合法。

4. 电火花成型加工的工作液循环方式有( )、抽油式两种。

5. 目前在模具型腔电火花加工中,应用最多的电极材料是石墨和( )。

6. 电火花加工中,正极性加工一般用于( )加工,负极性加工一般用于粗加工。

7. 目前在模具型腔电火花成型加工中的工艺方法有单电极平动法、多电极更换法、和( )。

8. 常见的电火花成型加工机床由机床主体、脉冲电源、伺服系统、( )等几个部分组成。

9. 线切割加工编程时,计数长度的单位应为( )。

10. 在型号为 DK7632 的数控电火花线切割机床中,D 表示( )。

11. 电离通道或等离子通道又称为( ),在电火花加工中当介质击穿后电极间形成的导电的等离子体通道。

12. 如果线切割单边放电间隙为 0.02 mm,钼丝直径为 0.18 mm,则加工圆孔时的电极丝补偿量为( )mm。

13. 在电火花加工中,加到间隙两端的电压脉冲的持续时间称为( )。

14. 在电火花加工中,连接两个脉冲电压之间的时间称为( )。

15. 电极丝的进给速度大于材料的蚀除速度,致使电极丝与工件接触,不能正常放电,称为( )。

16. 在电火花线切割加工中,被切割工件的表面上出现的相互间隔的凸凹不平或颜色不同的痕迹称为( )。

17. 在电火花线切割加工中,为了保证理论轨迹的正确,偏移量等于( )与放电间隙之和。

18. 在加工冲孔模具时,为了保证孔的尺寸,应将配合间隙加在( )。

19. 在电火花线切割加工中,在保持一定的表面粗糙度前提下,单位时间内电极丝中心线在工件上切割的面积总和称为( )。

20. 伺服控制系统能自动调节电极丝的进给速度,使电极丝根据工件的( )和极间放电状态进给或后退,保证加工顺利进行。

21. 在火花放电作用下,电极材料被蚀除的现象称为(　　)。

22. 电火花线切割机床控制系统的功能包括(　　)和加工控制。

23. 快走丝线切割最常用的加工波形是(　　)。

24. (　　)电源是高速走丝和低高速走丝两种线切割机床使用效果比较好的电源,比较有发展前途。

25. 采用逐点比较法每进给一步都要经过如下四个工作节拍:(　　)、拖板进给、偏差计算、终点判别。

26. 电火花线切割加工过程中,电极丝与工件之间存在着"(　　)"式轻压放电现象。

27. 为了防止丝杠转动方向改变时出现空程现象,造成加工误差,丝杠与螺母之间不应有传动间隙。消除丝杠与螺母之间的配合间隙,通常采取(　　)和径向调节法。

28. 电极丝的张紧,对运行时电极丝的振幅和加工稳定性有很大影响,故而在上电极丝时应采取(　　)的措施。

29. 激光的特性有(　　)、单色性好、相干性好、方向性好。

30. 所有特种加工方法中最精密、最微细的加工方法是(　　),是当代纳米加工技术的基础。

31. 物质存在的通常三种状态是气、液、固三态,被称为物质存在的第四种状态是(　　)。

32. 按照能够控制的刀具与工件间相对运动的轨迹,可将数控机床分为点位控制数控机床、点位直线控制数控机床、(　　)数控机床。

33. 金属材料的性能主要可分为使用性能和(　　)性能两个方面。

34. 电火花可加工各种金属及其合金材料、(　　)、特殊的热敏感材料、半导体。

35. 放电发生时,工具电极和工件之间发生火花放电的距离称为(　　),在加工过程中,称为加工间隙。

36. 以脉冲方式向工件和工具电极间的加工间隙提供放电能量的装置,称为(　　)。

37. 投影要具备的四个条件,即光源、投射线、物体和(　　)。

38. 电火花加工时,工具电极和工件间的放电间隙一般浸泡在有一定绝缘性能的液体介质中,此液体介质称为(　　)。

39. 电参数主要有脉冲宽度、脉冲间隔、峰值电压、峰值电流、等脉冲参数,又称(　　)。

40. 由加工到电极间隙两端的电压脉冲的持续时间,称为(　　)。

41. 脉冲停歇时间,即相邻两个电压脉冲之间的时间,称为(　　)。

42. 工作液介质击穿后放电间隙中流过放电电流的时间,是放电时间,亦即(　　)。

43. 一个电压脉冲开始到下一个电压脉冲开始之间的时间,称为(　　)。

44. 脉冲宽度与脉冲周期之比称为(　　)。

45. 通过测量获得的尺寸称为(　　)。

46. 开路电压是指间隙开路时电极间的最高电压,又称(　　)或峰值电压。

47. 加工时电压表上指示的放电间隙两端的平均电压,单位为 V,又称(　　)。

48. 加工时电流表上指示的流过放电间隙的平均电流,称为(　　)。

49. 放电间隙短路时电流表上指示的平均电流,称为(　　)。

50. 间隙火花放电时脉冲电流的瞬时最大值,称为(　　)。

51. 间隙短路时脉冲电流的瞬时最大值,称为(　　)。

52. 每秒发生的有效火花放电的次数,称为(　　　)。

53. 有效脉冲频率与脉冲频率之比,即单位时间内有效火花脉冲个数与该单位时间内的总脉冲个数之比,称为(　　　)。

54. 火花放电时间与脉冲宽度之比,称为(　　　)。

55. 某一尺寸减其基本尺寸所得的代数差,称为(　　　)。

56. 国家标准将配合分为三大类,分别为(　　　)、过盈配合和过渡配合。

57. 电极丝在加工过程中沿其自身轴线运动的线速度,称为(　　　)。

58. 同一加工面两次或两次以上线切割加工的精密加工方法,称为(　　　)。

59. 切割相同或不同斜度和上下具有相似或不相似横截面零件的线切割加工方法,称为(　　　)。

60. 在装夹工件前必须以工作台为基准,先将电极丝(　　　)调整好,再根据技术要求装夹加工坯料。

61. 被加工零件的尺寸和形状的几何参数,称为(　　　)。

62. 程序是按照加工轮廓的(　　　)进行编制的,而在加工时,电极丝必须偏离所要加工的轮廓,电极丝实际走的轨迹即为加工轨迹。

63. 工件在加工时,电极丝必须偏移加工轮廓,预留出电极丝半径、放电间隙及后面修整所需余量,加工轨迹和加工轮廓之间的法相尺寸差值称为(　　　)。

64. 加工轮廓 $X$ 轴或 $Y$ 轴或 $X$、$Y$ 轴完全对称,简化程序编制的加工方法称为(　　　)。

65. 切割带有镜面图形且带有锥度的工件时,用于编制程序采用的参考基准面,称为(　　　)。

66. 电火花穿孔加工能加工一般机械加工难以加工的(　　　)、高韧度的金属材料和热处理后的工件,能加工一般机械加工难以完成的复杂型孔的加工。

67. 电火花成型加工型腔时,排屑较困难,只能在电极上打(　　　)或排气孔,要特别防止电弧烧伤。

68. 线切割机床按电极丝移动速度的快慢,分为(　　　)和慢走丝两大类。

69. 电火花线切割加工是利用一个连续地沿其轴线行进的细金属丝做工具电极,并在其与工件间通以(　　　)进行加工。

70. 数控电火花成型加工机床主体由床身、立柱、主轴、(　　　)、工作台等组成。

71. 电火花成型加工机床的脉冲电源是将直流或(　　　)转换为直流、高频率的脉冲电源,提供电火花加工所需要的放电能量。

72. 电火花成型机床的主要控制功能有:多轴控制、多轴联动控制、自动定位与找正、自动电极交换及(　　　)。

73. 电火花成型机床工作液系统是由储液箱、油泵、(　　　)及工作液分配器等部分组成。

74. 电火花成型机床目前广泛采用的工作液是(　　　),因为它的表面张力小、绝缘性能和渗透力好,但缺点是散发呛人的油烟。

75. 电火花成型机床的基本工艺包括:电极的制作、工件的准备、电极与工件的装夹定位、冲抽油方式的选择、加工规准的选择、转换、电极缩放量及(　　　)的分配等。

76. 电火花穿孔加工工艺中,冲模加工可采用直接法、间接法、混合法、(　　　)四种工艺方法。

77. 电火花穿孔加工冲模中,(　　)是指在加工过程中,将凸模长度适当增加,先作为电极,加工后将电极损耗部分切去后作凸模使用。

78. 电火花穿孔加工冲模中,(　　)是指在模具电火花加工中,凸模与加工凹模用的电极分开制造。

79. 电火花穿孔加工冲模中,(　　)就是把电极和凸模连接在一起,然后分开凸模与电极,电极用材加工凹模。

80. 常用的电极结构形式有:整体电极、组合电极、(　　)。

81. 对于冲冷模具而言,为了保证型孔精度,电极的有效长度通常取型孔工作高度的(　　)倍。

82. 电极截面尺寸的确定应根据(　　)及公差、放电间隙的大小及凹模孔不同部位的尺寸而定。

83. 电火花穿孔加工时,对于精度要求较高的冲模具,处理保证其(　　)外,还应考虑到确定合理的放电间隙,并控制凸、凹模间的配合间隙,以便选择与之相适应的电参数。

84. 电火花穿孔加工时,对精度要求不高的工件,可选择最高加工速度的脉冲参数,即脉宽与(　　)。

85. 电火花穿孔加工时,根据加工对象、工件精度及表面粗糙度等要求和机床功能选择采用单电极平动加工法、多电极加工法、(　　)和程控电极加工法等。

86. 电火花穿孔加工时,电极设计主要包括(　　)加工电极设计和损耗加工电极设计。

87. 电极装夹与校正的目的是使电极正确、牢固地装夹在机床主轴的电极夹具上,使电极轴线和机床主轴线一致,保证电极与工件的垂直和(　　)。

88. 石墨电极是一种脆性材料,因此在紧固时,只需施加金属材料的(　　)紧固力就可以。

89. 电极装夹后,应该进行校正,主要是检查电极的(　　),即使其轴线或轮廓线垂直于机床工作台面。

90. 按电极基准面校正电极时,对于侧面有较长直壁面的电极,采用(　　)和千分表进行校正。

91. 按辅助基准面校正电极时,对于型腔外形不规则、侧面没有直壁面的电极,可按电极上端面做辅助基准,用(　　)检验电极平行度。

92. 定位是指已安装完成的电极对准工件的加工位置,以达到位置精度要求,常用的方法有:(　　)、量块角尺法、测量器量块定位法自动找止。

93. 电规准选择的转换,对型腔表面的(　　)、表面粗糙度以及生产效率均有很大影响。

94. 电规准转换的档数,应根据具体的(　　)来确定。

95. 当电流峰值一定时,脉冲宽度越宽,则单个脉冲能量越大,生产效率越高,间隙越大,工件的粗糙度越大,(　　)越小。

96. 电火花加工前,工件型孔部分要加工预孔,并留适当的电火花余量,一般每边留余量(　　)mm。

97. 数控快走丝电火花线切割机床的电极丝做高速往复运动,电极丝可以重复使用,走丝速度为(　　)m/s,一般使用钼丝。

98. 数控快走丝电火花线切割机床主要由锥度切割装置、工作台、(　　)、机床电气箱、工作液循环系统、脉冲电源、数控系统等。

99. 线切割机床走丝机构的主要功能是带动电极丝按一定的线速度,在（　　）保持张力的均匀一致,以完成预订的加工区域、加工任务。

100. 电火花线切割数控机床控制系统的主要功能有（　　）和加工控制。

101. 脉冲宽度的大小标志着单个脉冲的（　　）。

102. 工作液循环系统主要是保证线切割（　　）正常稳定工作,及时带走加工区域的、电蚀物及放电产生的热量。

103. 零件的技术要求主要是指（　　）、形状精度、位置精度、表面粗糙度及热处理。

104. 构成零件轮廓的几何元素为（　　）、线、面。

105. 根据工件外形和加工要求,在线切割加工前,应准备相应的校正和加工基准面,该基准尽量与（　　）一致。

106. 电极丝的直径应根据工件加工的（　　）、工件厚度和拐角尺寸的要求来选择。

107. 电极丝的种类很多,有纯铜丝、（　　）、黄铜丝、及各种专业铜丝。

108. 加工槽宽,一般随电极丝张力的增加而减少,随电参数的增加而增加,因此拐角的大小是随（　　）而变化的。

109. 穿丝孔作为工件加工的工艺孔,是电极丝相对于工件运动的起点,同时也是程序执行的（　　）。

110. 当切割凸模时,穿丝孔的位置可选在加工轨迹的拐角附近,以（　　）。

111. 当切割凹模等零件的内表面时,可将穿丝孔位置设置在工件的（　　）,方便编程加工。

112. 为了保证孔径尺寸精度,穿丝孔可用钻铰、钻镗或（　　）等较精密的机械加工方法。

113. 穿丝孔的位置精度和尺寸精度一般要（　　）工件的精度。

114. 切割加工过程中,电极丝的中心运动轨迹不等于工件的实际轮廓,因此,编程时要进行（　　）。

115. 加工时可以改变的电参数有脉冲宽度、（　　）、脉冲间隔、空载电压及放电电容。

116. 变频进给跟踪是否处于最佳状态,可用（　　）监视工件和电极丝之间的电压波形。

117. 线切割加工刚开始时应取小能量的电源参数,即减少电流或脉冲宽度,增大（　　）,待电极丝切入工件后,改用正常参数加工。

118. 采用较弱的加工条件,减慢（　　）,可以解决工件材料有夹渣、成分不均的问题。

119. 圆形工件的圆度、同轴度,平面的（　　）可用百分表来检测。

120. 电极装夹与找正的目的,是把电极牢固地装夹在主轴的电极夹具上,并使电极轴线与（　　）轴线一致,保证电极与工件的垂直度。

121. 找正时感知表面要干净,电极丝上不得有残留的工作液,以免影响（　　）。

122. 量具、量仪用后应放置在（　　）中。

123. 带动（　　）轴向下运动的动作称为该轴的负方向运动。

124. 采用瑞典 3R 夹具装夹工具电极时,主要解决了工具电极拆装后的（　　）问题。

125. 百分表的分度值为（　　）mm。

126. 表面粗糙度的值越小,零件的（　　）越好。

127. 对计量器具必须按时地进行擦洗、保养,但它不是（　　）的重要措施。

128. 每个企业在建立、发展过程中都有自己特定的（　　），这个方针反映了企业的经营目的和理念。

129. 质量方针是检验（　　）是否有效运行的最高标准。

130. 严格按电切削加工（　　）进行操作,有义务提出提高产品质量和消除安全隐患的合理化建议。

131. 环境是指围绕着人群空间,以及其中可以直接或间接影响人类生活和发展的各种自然因素和（　　）的总体。

132. Ⅰ类水域主要适用于（　　）及国家自然保护区。

133. Ⅴ类水域主要适用于（　　）及一般景观要求水。

134. 环境保护法的主要任务是保护和改善环境,防治污染和（　　）。

135. 只有强化现场文明生产,提高（　　）,才能生产出优质产品,不断提高经济效益。

136. 定置管理的对象是确定定置物的位置,划分定置区域,并做出（　　）。

137. 电解加工对环境的污染主要有两方面,包括电解液对（　　）和电解加工产生的气体对环境的影响。

138. 我国的环境标准分为质量标准、污染物排放标准、基础标准和（　　）四类。

139. 电加工中的防火防爆要特别注意,应以（　　）为主。

140. 为了防止电磁场的危害,主要是采取各种（　　）。

141. "5S"是现场文明生产管理的基础,其中最关键的是（　　）。

142. 提高电磁兼容性,除了采取各种滤波和屏蔽措施之外,最根本的就是消除（　　）。

143. 触电电流通过人体的持续时间越长,对人体的伤害越（　　）。

144. 对于盲孔的成型加工,采用（　　）式工作液循环最好。

145. 千分尺上的隔热装置的作用是防止手温影响（　　）。

146. 慢走丝线切割机床床身一般采用（　　）结构。

147. 快走丝机床工作液循环系统是由液泵、液箱、过滤器、管道、（　　）等组成。

148. 线切割加工中,在一定条件下加工速度随着加工平均电流的增加而（　　）。

149. 快走丝线切割机床电极丝盘绕后必须（　　）后才能使用。

150. 合理利用覆盖效应,有利于降低（　　）。

151. 成型加工中脉冲宽度和电流峰值一定时,随着加工面积的减小,电极损耗将（　　）。

152. 在峰值电流一定的情况下,随着脉冲宽度的减小,电极损耗（　　）。

153. 在主程序调用的子程序中,还可以再调用其他子程序,它的处理和主程序调用子程序相同,这种方式称作（　　）。

154. 在电火花加工中,连接两个脉冲电压之间的时间称为（　　）。

155. 对一些不适用宽脉冲粗加工而又要求电极损耗小的加工,应使用（　　）和低峰值电流的方法。

## 二、单项选择题

1. 零件与标准件相配合时,应选用（　　）。

(A)基孔制 　　　　　　　　　　(B)基轴制

(C)以标准件为准的基准制 　　　(D)基孔制、基轴制均可

2. 图样中书写的数字和字母,可写成( )。

(A)直体和斜体　　　(B)黑体和斜体　　　(C)宋体和斜体　　　(D)直体和黑体

3. 图样中的对称中心线和轴线用( )画出。

(A)细实线　　　(B)粗实线　　　(C)细点画线　　　(D)细虚线

4. 尺寸标注中的符号"$\phi$"表示( )。

(A)半径　　　(B)直径　　　(C)长度　　　(D)角度

5. 平面平行于投影面的投影反映实形,这种性质叫( )。

(A)积聚性　　　(B)类似性　　　(C)真实性　　　(D)放大性

6. 主视图上可以反映零件长、宽、高三个方向尺寸中的( )。

(A)长、宽、高　　　(B)长和宽　　　(C)高和宽　　　(D)长和高

7. 主、俯视图中相应投影的长度相等,简称( )。

(A)长对正　　　(B)高平齐　　　(C)宽相等　　　(D)长相等

8. 机械零件剖视图中的剖面线为距离相等的平行( )。

(A)粗实线　　　(B)细实线　　　(C)细点画线　　　(D)波浪线

9. 移出断面图的剖切平面应与被剖部分的轮廓线( )。

(A)平行　　　(B)垂直　　　(C)相交　　　(D)倾斜

10. 当同一物体有几处被放大的部分时,要用( )依次标明被放大的部位。

(A)罗马数字　　　(B)阿拉伯数字　　　(C)英语字母　　　(D)汉字

11. 某基准孔的基本尺寸为$\phi$50 mm,标准公差为8级,则代号标注是( )。

(A)$\phi$50h8　　　(B)$\phi$50H8　　　(C)$\phi$50F8　　　(D)$\phi$50f8

12. ( )属于形状公差特征项目。

(A)平行度　　　(B)平面度　　　(C)垂直度　　　(D)对称度

13. 下列不属于零件图上标题栏内的项目的是( )。

(A)零件的形位公差　　　(B)零件的材料

(C)零件的名称　　　(D)作图的比例

14. 零件图中的图形只能表达零件的( )。

(A)大小　　　(B)材料　　　(C)技术要求　　　(D)形状结构

15. 冲模、丝锥、卡尺等受较小冲击的工具和耐磨机件可选用( )。

(A)T10　　　(B)45　　　(C)Q255　　　(D)65

16. 合金工具钢包括( )。

(A)高速钢,刀具钢,量具钢　　　(B)刀具钢,模具钢,量具钢

(C)高速钢,模具钢,刀具钢　　　(D)量具钢,模具钢,轴承钢

17. 制造冷冲模、冷压模等冷变形模具应选用( )。

(A)Cr12MoV 或 Cr12　　　(B)W18Cr4V 或 W6Mo5Cr4V2

(C)5CrNiMo 或 3Cr2W8V　　　(D)16Mn 或 15MnV

18. 要求承受压力和消振的床身、结构复杂的箱体及经受摩擦的导轨应采用( )制造。

(A)碳素钢　　　(B)合金钢　　　(C)铸铁　　　(D)特殊性能钢

19. ( )不是对工件进行淬火处理的目的。

(A)提高工件的硬度　　　(B)提高工件的强度

(C)增高工件的耐磨性　　　　　　　　　　　　(D)增加工件的塑性和韧性

20. 万能游标量角器可以测量 0°～180°的外角和(　　)的内角。

(A)0°～180°　　　　　(B)40°～130°　　　　　(C)90°～200°　　　　　(D)20°～150°

21. 一般规定(　　)以下的电压为安全电压。

(A)36 V　　　　　　　(B)38 V　　　　　　　(C)35 V　　　　　　　(D)40 V

22. 为降低淬火应力,提高钢的韧性,保持高硬度和耐磨性,淬火后应(　　)。

(A)高温回火　　　　　(B)中温回火　　　　　(C)低温回火　　　　　(D)完全回火

23. 机械制图图纸中所标注的比例为 1∶1 时,称原值比例,即图样与机件实际大小相同;所标注的比例为 2∶1 时,表示图样大小是机件实际大小的(　　)倍。

(A)0.5　　　　　　　　(B)2　　　　　　　　　(C)0.25　　　　　　　(D)4

24. 渗碳后热处理一般是采用(　　)。

(A)淬火＋低温回火　　　　　　　　　　　　　(B)淬火＋中温回火

(C)淬火＋高温回火　　　　　　　　　　　　　(D)淬火＋退火

25. 下列不是润滑作用的是(　　)。

(A)减少摩擦　　　　　(B)形成密封　　　　　(C)防止锈蚀　　　　　(D)方便拆装

26. 同轴度属于(　　)公差。

(A)定向　　　　　　　(B)定位　　　　　　　(C)跳动　　　　　　　(D)平行度

27. 形成电流的条件是(　　)。

(A)需要电源　　　　　　　　　　　　　　　　(B)需要闭合路径

(C)需要负载　　　　　　　　　　　　　　　　(D)以上三者都需要

28. 电路中 A 点的电位为 15 V,B 点的电位为 7 V,则 AB 间的电压为(　　)V。

(A)15　　　　　　　　　(B)7　　　　　　　　　(C)8　　　　　　　　　(D)22

29. 某一电器使用 3 h 消耗 6 度电,则该元件的功率为(　　)kW。

(A)1　　　　　　　　　(B)2　　　　　　　　　(C)3　　　　　　　　　(D)4

30. 若将一段电阻值为 R 的导线均匀拉长至原来的两倍,则其电阻值为(　　)。

(A)2R　　　　　　　　(B)1/2R　　　　　　　(C)1/4R　　　　　　　(D)4R

31. 两根导线的电阻值都为 R,把两根导线并联在一起,则总的阻值为(　　)。

(A)R　　　　　　　　　(B)2R　　　　　　　　(C)1/R　　　　　　　(D)1/2R

32. 两个电阻串联,一个 50 Ω 电阻上所加的电压为 100 V,则另一个 30 Ω 的电阻上所加的电压为(　　)V。

(A)100　　　　　　　　(B)80　　　　　　　　(C)60　　　　　　　　(D)40

33. 一个 60 Ω 和一个 30 Ω 电阻并联,则总的等效电阻为(　　)Ω。

(A)20　　　　　　　　　(B)30　　　　　　　　(C)60　　　　　　　　(D)90

34. 电加工机床的主要用途是加工导电材料的零件和(　　)零件。

(A)模具　　　　　　　(B)塑料　　　　　　　(C)木材　　　　　　　(D)纸质制品

35. 电切削加工必须采用单向(　　)电源。

(A)交流　　　　　　　(B)脉冲　　　　　　　(C)高压　　　　　　　(D)稳压

36. 在使用带有内、外测量面的卡尺测量内孔时,应将读得的尺寸(　　)量爪的厚度。

(A)加上　　　　　　　　　　　　　　　　　　(B)减去

(C)乘以 　　　　　　　　　　　　　　　(D)与量爪的厚度无关

37. 工作台是通过手动或(　　)带动丝杆,使其作纵、横向移动的。

(A)步进电动机　　(B)液压马达　　(C)导轨　　(D)开合螺母

38. 伺服进给系统是不能控制工具电极和工件(　　)的。

(A)移动位置　　(B)移动方向　　(C)放电间隙　　(D)电流大小

39. 电切削加工常用的工作液有(　　)、变压器油、去离子水等。

(A)机油　　(B)牛油　　(C)煤油　　(D)盐水

40. 大部分电火花成型加工机床采用(　　)机体的形式。

(A)立式　　(B)卧式　　(C)简式　　(D)台式

41. 可调节电极角度夹头是电火花(　　)加工机床常用附件之一。

(A)线切割　　(B)成型　　(C)磨削　　(D)仿形

42. 为保证操作人员安全,可调节工具电极角度夹头部分应单独(　　)。

(A)使用　　(B)操作　　(C)绝缘　　(D)调节

43. 一个放电过程结束后,放电柱消失,两极间恢复绝缘状态,压力与温度迅速(　　)。

(A)下降　　(B)提高　　(C)汽化　　(D)凝固

44. 平动头使用一段时间后,可用(　　)校对 $X$、$Y$ 方向的偏心量是否有差异。

(A)游标卡尺　　(B)千分尺　　(C)百分表　　(D)块规

45. 采用油杯定位工件时,为防止在油杯内积聚气泡,抽油抽气管应紧接在工件的(　　)。

(A)右侧　　(B)左侧　　(C)顶部　　(D)底部

46. 常用的旋具有(　　)和十字两种。

(A)人字　　(B)圆弧　　(C)八角　　(D)一字

47. 校准工件的工具,可采用(　　)。

(A)钢制榔头 　　　　　　　　　　　　　(B)铜棒或橡胶榔头

(C)钢棒 　　　　　　　　　　　　　　　(D)扳手

48. 钻夹头和钻床一般采用(　　)锥度的连接方法。

(A)标准　　(B)小　　(C)大　　(D)莫氏

49. 制造弹簧夹头的材料一般采用(　　)。

(A)高速钢　　(B)硬质合金　　(C)低碳钢　　(D)弹簧钢

50. 工件在分度夹具上的每一个加工位置,称为一个(　　)。

(A)位置　　(B)工序　　(C)工位　　(D)过程

51. 普通钢直尺 0～50 mm 长度内的分度值一般为(　　)mm。

(A)0.1　　(B)0.25　　(C)0.5　　(D)1

52. 游标深度尺主要适用于测量工件的(　　)。

(A)孔径　　(B)轴径　　(C)长度　　(D)沟槽深度

53. 百分表的测量杆每移动 1 mm,指针应转(　　)周。

(A)四分之一　　(B)三分之一　　(C)二分之一　　(D)一

54. 指针式百分表表盘上的分度值每格为(　　)mm。

(A)0.001　　(B)0.005　　(C)0.01　　(D)0.02

55. 电火花成型加工过程中,请将冷却液面设定为加工位置(　　)mm 以上,液面低有引起火灾的危险。

(A)10　　　　　　　(B)20　　　　　　　(C)30　　　　　　　(D)40

56. 表面粗糙度比较样块适宜检验(　　)。

(A)外表面　　　　　(B)内表面　　　　　(C)内孔　　　　　　(D)凹槽

57. 在图纸上画一个同心圆,它的设计基准是(　　)。

(A)大圆　　　　　　(B)小圆　　　　　　(C)中心线　　　　　(D)圆心

58. 使用百分表时,百分表的齿杆的升降范围不能(　　),以减少由于存在间隙所产生的误差。

(A)太大　　　　　　(B)太小　　　　　　(C)正好　　　　　　(D)大小均可

59. 大批量生产中,为提高生产效率,保证加工精度,一般应该采用(　　)装夹法。

(A)直接　　　　　　(B)间接　　　　　　(C)划线　　　　　　(D)夹具

60. 一个零件的多道工序尽可能选择同一个定位基准,称为(　　)原则。

(A)基准统一　　　　(B)基准重合　　　　(C)互为基准　　　　(D)基准组合

61. 在模具的电火花加工中,电火花工艺担负模具成型部分的加工,是整套模具的(　　)。

(A)其中一部分　　　(B)核心部分　　　　(C)组成部分　　　　(D)加工部分

62. 在脉冲宽度不变时,随着脉冲间隙增加,电极损耗(　　)。

(A)减小　　　　　　(B)不变　　　　　　(C)增大　　　　　　(D)没有

63. 对工件型腔面的电加工,一般采用(　　)加工形式。

(A)线切割　　　　　(B)电磨削　　　　　(C)电火花成型　　　(D)穿孔

64. 用电火花穿孔机加工较大的孔时,应先用机械方法粗加工孔,留适当的加工余量,一般单边余量为(　　)mm。

(A)0.05～0.2　　　(B)0.2～0.5　　　　(C)0.5～1　　　　　(D)1～2

65. 为保证电极与工件间始终保持一定的放电间隙,电火花成型加工机必须有(　　)机构。

(A)自动脉冲电流　　(B)自动进给调节　　(C)自动上下平动　　(D)自动控制

66. 电火花线切割机床坐标工作台由两个步进电动机带动,控制器每发出一个进给脉冲信号,工作台就移动(　　)mm。

(A)0.001　　　　　(B)0.005　　　　　(C)0.01　　　　　　(D)0.1

67. 控制系统是根据(　　)控制机床进行加工的。

(A)程序　　　　　　(B)指令代码　　　　(C)加工参数　　　　(D)间隙补偿量

68. 以下 G 代码中表示为直线插补加工的是(　　)。

(A)G00　　　　　　(B)G01　　　　　　(C)G02　　　　　　(D)G03

69. 返回主程序,继续执行下一个程序段可采用(　　)。

(A)M00　　　　　　(B)M02　　　　　　(C)M98　　　　　　(D)M99

70. 补偿量是由(　　)组成的。

(A)电极丝的直径

(B)电极丝的半径

(C)电极丝的半径、单边放电间隙

(D)电极丝的半径、单边放电间隙、精加工余量

71.B 指令编程的指令代码由(　　)组成。

(A)B 分隔符　　　　　　　　　　　(B)J 计数长度

(C)G 计数方向和 Z 加工指令　　　　(D)B、J、G、Z 等指令

72.快走丝线切割在(　　)状态下进行程序输入。

(A)加工　　　　(B)不加工　　　　(C)任意　　　　(D)试运行

73.程序检查时在编辑状态下画轨迹图检查,同时还应该作(　　)检查。

(A)算坐标点　　(B)模拟加工　　　(C)上机加工　　(D)上机输入

74.模拟加工最重要的是要在加工工件的(　　)位置上进行。

(A)同一　　　　(B)任何　　　　　(C)不同　　　　(D)多处

75.用 3B 指令来加工第一象限的直线,请选择正确的加工方向:"B2000B5000B5000GX(　　)"。

(A)L1　　　　　(B)L2　　　　　　(C)L3　　　　　(D)L4

76.用 3B 指令编制逆时针圆弧程序加工的方向有 4 个,(　　)表示逆圆第二象限加工。

(A)SR2　　　　(B)NR1　　　　　(C)NR2　　　　(D)SR4

77.以下 3B 指令程序中,(　　)便是沿着 X 轴正方向加工。

(A)B500BB500GXL1　　　　　　　(B)BB500B500GYL2

(C)B500BB500GXL3　　　　　　　(D)BB500B500GYL4

78.电火花加工完成部位表面变质层过厚的解决方法是(　　)。

(A)减短放电时间　　　　　　　　　(B)选择适当的电规准

(C)脉冲宽度增加　　　　　　　　　(D)抬刀高度减小

79.可生成 3B 指令程序的软件是(　　)。

(A)UG NX6.0　　(B)CAXA XP　　(C)PRE2008　　(D)ESPRIT2008

80.电火花线切割加工零件材料可选用碳素工具钢、合金工具钢、优质碳素结构钢、硬质合金、紫铜和(　　)等导电体。

(A)塑料　　　　(B)铝　　　　　　(C)木材　　　　(D)玻璃

81.电参数是根据被加工零件的材料、厚度、(　　)和表面粗糙度确定的。

(A)圆度　　　　(B)平行度　　　　(C)技术要求　　(D)垂直度

82.编制 3B 指令程序时,以下选项中,(　　)是不需要写进程序的。

(A)坐标位置　　(B)间隙补偿　　　(C)加工方向　　(D)电规准

83.快走丝机床开机时,必须首先合上(　　)开关。

(A)总闸　　　　(B)控制　　　　　(C)任意键　　　(D)机械

84.只读存储器只允许用户读取信息,不允许用户写入信息,只读存储器的英文缩写为(　　)。

(A)CRT　　　　(B)PIOC　　　　　(C)ROM　　　　(D)RAM

85.数控电火花线切割加工机床操作前必须检查丝筒、换向开关、拖板、高频电源和(　　)。

(A)工作液　　　(B)电极丝　　　　(C)穿丝的正确性　(D)安装工件位置

86. 电极丝校正时通过找正基准块,手工调整(　　)轴,放电看火花来进行的。

(A)X　　　　　　　(B)Y　　　　　　　(C)V、U　　　　　　(D)Z

87. 加工精度要求较高时,工件装夹后,必须用百分表找平行和(　　)。

(A)圆度　　　　　　(B)垂直　　　　　　(C)基准　　　　　　(D)平面

88. 工件的定位面要有良好的精度,一般以(　　)加工过的面定位为好,棱边倒钝,孔口倒角。

(A)磨削　　　　　　(B)刨削　　　　　　(C)锉削　　　　　　(D)铣削

89. 被加工工件的定位孔口要倒角,热处理后工件切入处要去积盐及(　　)。

(A)进行表面处理　　(B)进行退火处理　　(C)去氧化皮　　　　(D)去磁

90. 运丝环节包括(　　)、配重、导轮、导电块,检查维护好这些环节是保证运丝平稳的条件。

(A)拖板　　　　　　(B)丝筒　　　　　　(C)步进电动机　　　(D)丝杠

91. 快走丝线切割机床输入或调用程序可用手工键盘或(　　)。

(A)蓝牙　　　　　　(B)磁盘、U 盘　　　(C)DNC　　　　　　(D)WIFI

92. 画轨迹图是为了检查零件的(　　)。

(A)形状　　　　　　(B)加工参数　　　　(C)加工次数　　　　(D)指令代码

93. 试加工要在零件安装定位完毕,程序检查正确后,在加工的(　　)上进行。

(A)任何位置　　　　(B)同一位置　　　　(C)机床　　　　　　(D)电脑

94. 线切割加工前必须检查工作液的质量,调整工作液的上下(　　)。

(A)压力　　　　　　(B)流量　　　　　　(C)导热性　　　　　(D)导电性

95. 电火花成型加工工作液,通常采用(　　)。

(A)煤油　　　　　　(B)乳化液　　　　　(C)去离子水　　　　(D)蒸馏水

96. 电火花成型机"镜面加工"的工作液是(　　)。

(A)蒸馏水　　　　　(B)乳化液　　　　　(C)煤油　　　　　　(D)混粉加工液

97. 用单质铜元素,纯度超过(　　)以上的材质制成的电极称为紫铜电极。

(A)99%　　　　　　(B)97%　　　　　　(C)95%　　　　　　(D)90%

98. 银钨合金电极在加工中(　　)。

(A)损耗大　　　　　(B)损耗较大　　　　(C)没损耗　　　　　(D)损耗小

99. 下列指令中,(　　)是程序完成指令。

(A)M00　　　　　　(B)M02　　　　　　(C)M04　　　　　　(D)M05

100. 下列指令中,(　　)是接触感知指令。

(A)G80　　　　　　(B)G81　　　　　　(C)G90　　　　　　(D)G91

101. 初始加工条件选择原则是,加工效率高、(　　)。

(A)电极损耗小　　　　　　　　　　　　(B)电流小

(C)脉冲放电时间短　　　　　　　　　　(D)脉冲间隔时间长

102. "G01 Z-5.0 M04;"表示 G01 是(　　)插补加工。

(A)顺圆　　　　　　(B)逆圆　　　　　　(C)直线　　　　　　(D)曲线

103. 下述程序中输入错误的是(　　)。

(A)G00 G90 G54 XYZ1.0　　　　　　　(B)G01 Z-30;M04

(C)G92 X0 Y0 Z0　　　　　　　　　　　　　　(D)G01-5.0

104. 电火花线切割机床的脉冲电源与电火花成型加工机床的脉冲电源(　　)。

(A)原理和性能要求都相同　　　　　　　　(B)原理不同,性能要求相同

(C)原理相同,性能要求不相同　　　　　　(D)原理和性能要求都不相同

105. 较为复杂的精密型腔表面,可根据型腔的几何形状把电极分解成主型腔电极和副型腔电极,采用分别加工,这样有利于改善加工表面质量和(　　)。

(A)电极材料　　　　(B)工作液　　　　(C)冲油　　　　(D)提高加工速度

106. 测量与反馈装置的作用是为了(　　)。

(A)提高机床的安全性　　　　　　　　　　(B)提高机床的使用寿命

(C)提高机床的定位精度和加工精度　　　(D)提高机床的灵活性

107. 编制电火花成型加工程序,可在(　　)中自动生成 NC 程序。

(A)手动模块　　　　(B)加工模块　　　　(C)编程系统　　　　(D)设定模块

108. 执行电火花成型加工前需要检查(　　)。

(A)电极材料　　　　　　　　　　　　　　　(B)电极的形状

(C)工作液高度设置是否合理　　　　　　　(D)工件的材料

109. 电火花成型加工机床关机顺序:先断开(　　)开关,保存所需程序,然后断开电源开关。

(A)动力　　　　(B)暂停　　　　(C)总闸　　　　(D)紧急停止

110. 电极装夹紧固时,特别是对小型电极要注意(　　),不要用力过大。

(A)电极的精度　　　　(B)电极的变形　　　　(C)电极的形状　　　　(D)电极的基准

111. 电极水平基准校正时,必须在(　　)两个方向重复操作,才能保证水平基准校正的正确性。

(A)$X$ 和 $Y$　　　　(B)$X$ 和 $Z$　　　　(C)$Y$ 和 $Z$　　　　(D)$Z$ 和 $C$

112. 工件装夹的位置应考虑(　　)。

(A)机床的极限位置　　　　　　　　　　　(B)机床的精度

(C)电极的形状　　　　　　　　　　　　　(D)电机的尺寸

113. 人机交互式图形编程的实现是以(　　)技术为前提。

(A)CAD　　　　(B)CAM C　　　　(C)APT D　　　　(D)CAD/CAM

114. 使工具电极从任意方向与工件相接触,测出端面位置的定位方法称(　　)定位。

(A)端面　　　　(B)角　　　　(C)任意三点　　　　(D)外径

115. 检测工件的两个侧面,确定隔角的位置的定位方法称(　　)。

(A)端面定位　　　　(B)外径定位　　　　(C)内径定位　　　　(D)角定位

116. 在电火花线切割加工过程中,放电通道中心温度最高可达(　　)℃左右。

(A)1 000　　　　(B)10 000　　　　(C)100 000　　　　(D)5 000

117. 在数控电火花线切割机床型号 DK7725 中,K 是(　　)。

(A)机床特性代号,表示快走丝　　　　　　(B)机床类型代号,表示数控

(C)机床特性代号,表示数控　　　　　　　(D)机床类型代号,表示快走丝

118. 使用电火花线切割不可以加工(　　)。

(A)方孔　　　　(B)小孔　　　　(C)阶梯孔　　　　(D)窄缝

119. 下列不属于电火花线切割机床组成部分的是(　　)。

(A)机床本体　　　　　　　　　　(B)脉冲电源

(C)工作液循环系统　　　　　　　(D)电极丝

120. 线切割加工较厚的工件时,电极丝的进口宽度与出口宽度相比(　　)。

(A)相同　　　　(B)进口宽度大　　　　(C)出口宽度大　　　　(D)不一定

121. 在线切割加工中,当穿丝孔靠近装夹位置时,开始切割时电极丝的走向应(　　)。

(A)沿离开夹具的方向

(B)沿与夹具平行的方向

(C)沿离开夹具的方向或与夹具平行的方向

(D)无特殊要求

122. 快走丝线切割加工钢件时,其单边放电间隙一般取(　　)mm。

(A)0.02　　　　(B)0.01　　　　(C)0.03　　　　(D)0.001

123. 操作人员必须站在耐压(　　)kV 以上的绝缘物上工作;加工过程中不可碰触电极工具。

(A)10　　　　(B)15　　　　(C)20　　　　(D)25

124. 在线切割加工中,工件一般接电源的(　　)。

(A)正极,称为正极性接法　　　　　　(B)负极,称为负极性接法

(C)正极,称为负极性接法　　　　　　(D)负极,称为正极性接法

125. 目前快走丝线切割加工中应用较普遍的工作液是(　　)。

(A)煤油　　　　(B)乳化液　　　　(C)去离子水　　　　(D)水

126. 下列选项中不是电火花线切割机床曾采用的控制方式的是(　　)。

(A)靠模仿形　　　　(B)光电跟踪　　　　(C)数字控制　　　　(D)声电跟踪

127. 快走丝线切割加工中,常用的导电块材料为(　　)。

(A)高速钢　　　　(B)硬质合金　　　　(C)金刚石　　　　(D)陶瓷

128. 对于快走丝线切割机床,在切割加工过程中电极丝运行速度一般为(　　)m/s。

(A)3～5　　　　(B)8～10　　　　(C)11～15　　　　(D)4～8

129. 用线切割机床加工直径 10 mm 的圆孔,在加工中当电极丝的补偿量设置为 0.12 mm 时,加工孔的实际直径为 10.02 mm。如果要使加工的孔径为 10 mm,则采用的补偿量应为(　　)mm。

(A)0.10　　　　(B)0.11　　　　(C)0.12　　　　(D)0.13

130. 在慢走丝线切割加工中,常用的工作液为(　　)。

(A)乳化液　　　　(B)机油　　　　(C)去离子水　　　　(D)柴油

131. 在电火花线切割加工过程中,下列参数中属于不稳定参数的是(　　)。

(A)脉冲宽度　　　　(B)脉冲间隔　　　　(C)加工速度　　　　(D)短路峰值电流

132. 电火花线切割加工一般安排在(　　)。

(A)淬火之前,磨削之后　　　　　　(B)淬火之后,磨削之前

(C)淬火与磨削之后　　　　　　　　(D)淬火与磨削之前

133. 电火花线切割机床使用的脉冲电源输出的是(　　)。

(A)固定频率的单向直流脉冲　　　　(B)固定频率的交变脉冲

(C)频率可变的单向直流脉冲　　　　　　　(D)频率可变的交变脉冲

134. 在快走丝线切割加工中,工件的表面粗糙度 $R_a$ 一般可达(　　)$\mu m$。

(A)3.2　　　　　　(B)1.6　　　　　　(C)0.8　　　　　　(D)6.3

135. 利用电火花线切割加工冲孔模具时,孔的尺寸和(　　)相同。

(A)凸模尺寸　　　　　　　　　　　　(B)凹模尺寸

(C)(凸模尺寸+凹模尺寸)/2　　　　　　(D)其他尺寸

136. 在使用 3B 代码编程时,要用到(　　)个指令参数。

(A)2　　　　　　(B)3　　　　　　(C)4　　　　　　(D)5

137. 线切割机床使用的照明灯工作电压为(　　)V。

(A)6　　　　　　(B)36　　　　　　(C)220　　　　　　(D)110

138. 一般习惯于当阳极蚀除速度大于阴极时的极效应称作"正"的,亦称(　　)。

(A)阳极性　　　　　(B)阴极性　　　　　(C)正极性　　　　　(D)负极性

139. 电切削加工时,工具电极与工件表面不(　　)。

(A)切削　　　　　　(B)发热　　　　　　(C)接触　　　　　　(D)放电

140. 三懂即懂生产工艺过程、懂岗位操作技能、懂(　　)。

(A)设备保养技能　　(B)生产安全规程　　(C)劳动保护知识　　(D)防火防爆知识

141. 服从调度和指挥,严格按(　　)或作业指导书,按时完成作业任务,规范化填写相关的质量记录。

(A)产品工艺规范　　(B)生产安全规程　　(C)文明生产管理　　(D)技术管理规程

142. 污水的(　　)处理是工业用水采用封闭循环系统的重要组成部分。

(A)一级　　　　　　(B)二级　　　　　　(C)三级　　　　　　(D)四级

143. 可持续发展包括了经济发展、社会进步、(　　)等方面的内容。

(A)人文发展　　　　(B)科技进步　　　　(C)环境保护　　　　(D)资源节约

144. 定置管理的内容包括定置管理的对象、定置管理的范围、(　　)。

(A)定置管理的类别　　　　　　　　　　(B)定置管理的数量

(C)定置管理的判定　　　　　　　　　　(D)定置物

145. 劳动纪律的主要内容包括(　　)、组织纪律、生产纪律和技术纪律。

(A)工艺纪律　　　　(B)工作纪律　　　　(C)安全纪律　　　　(D)环境管理纪律

146. 最有效地利用资源和最低限度地产生废弃物,是当前世界(　　)的治本之道。

(A)环境问题　　　　(B)资源问题　　　　(C)综合治理　　　　(D)包含前三项

147. 三会即操作动作合格,识别检测准确,保养切实有效。提高质量意识,以(　　)为准则,指导各项行为、活动。

(A)GDP　　　　　　(B)GNP　　　　　　(C)GTP　　　　　　(D)GMP

148. 污水的(　　)处理是采用物理方法、化学方法和生物方法等去除水体中的胶质杂质。

(A)一级　　　　　　(B)二级　　　　　　(C)三级　　　　　　(D)四级

149. 固体废弃物分为(　　)、危险废弃物、和城市垃圾三类。

(A)工业废弃物　　　(B)生活垃圾　　　　(C)医疗垃圾　　　　(D)农业垃圾

150. "5S"是现场文明生产管理的目的是在于改善和增大作业面积,(　　)。

(A)改善职工工作环境　　　　　　　　(B)提高职工操作素养
(C)保证职工工作安全　　　　　　　　(D)提高职工工作效率

151. 电火灾是因输配电线漏电、短路或(　　　)等而引起的火灾。

(A)功率过大　　　　(B)负载过热　　　　(C)电压不稳　　　　(D)电流过大

152. (　　　)是指对生产现场和生产要素(主要是物的要素)所处状态坚持不段地进行整理、整顿、清洁、清扫和提高素养的活动。

(A)4S　　　　　　　(B)5S　　　　　　　(C)6S　　　　　　　(D)7S

153. (　　　)的主要做法是对生产现场摆放和停滞物品进行分类,区分要与不要。

(A)4S　　　　　　　(B)5S　　　　　　　(C)6S　　　　　　　(D)7S

154. 质量方针是由组织的(　　　)正式发布的该组织的总的质量宗旨和方向。

(A)质量管理者　　　(B)规准制定者　　　(C)生产管理者　　　(D)最高管理者

155. 大气污染源是指向大气中排放污染物质的发生源,主要有燃料燃烧、工农业生产过程、(　　　)。

(A)交通运输等　　　(B)农业生产　　　　(C)生活废品燃烧　　(D)医疗废品燃烧

## 三、多项选择题

1. 电火花线切割加工属于(　　　)。

(A)放电加工　　　　(B)特种加工　　　　(C)电弧加工　　　　(D)铣削加工

2. 电火花线切割加工过程中,工作液必须具有的性能是(　　　)。

(A)绝缘性能　　　　(B)洗涤性能　　　　(C)冷却性能　　　　(D)润滑性能

3. 快走丝线切割机床本体包括(　　　)。

(A)工作台　　　　　(B)运丝机构　　　　(C)丝架　　　　　　(D)机床床身

4. 电火花线切割可以加工的材料为(　　　)。

(A)石墨　　　　　　(B)塑料　　　　　　(C)硬质合金　　　　(D)大理石

5. 几何公差包括(　　　)。

(A)形状公差　　　　(B)方向公差　　　　(C)位置公差　　　　(D)跳动公差

6. 跳动公差包括(　　　)。

(A)点跳动　　　　　(B)直线跳动　　　　(C)全跳动　　　　　(D)圆跳动

7. 下列关于尺寸标注描述正确的是(　　　)。

(A)不应成封闭的尺寸链　　　　　　　(B)同一基本体的尺寸尽量分散标注
(C)平行尺寸大内小外　　　　　　　　(D)直径尽量注在非圆视图上

8. 三视图的关系(　　　)。

(A)长对正　　　　　(B)高平齐　　　　　(C)形相符　　　　　(D)宽相等

9. 组合体的尺寸标注可分为(　　　)。

(A)轮廓尺寸　　　　(B)定形尺寸　　　　(C)定位尺寸　　　　(D)总体尺寸

10. 一个完整的尺寸一般应四要素所组成(　　　)。

(A)尺寸界线　　　　(B)尺寸线　　　　　(C)尺寸数字　　　　(D)箭头

11. 尺寸包括(　　　)。

(A)基本尺寸　　　　(B)实际尺寸　　　　(C)极限尺寸　　　　(D)公差尺寸

12. 下列各项形位公差中,无基准要求的是(　　　)。

(A)平行度　　　　　(B)圆跳动　　　　　(C)平面度　　　　　(D)圆柱度

13. 国家标准规定了两种等效的配合基准制,分别为(　　　)。

(A)基轴制　　　　　(B)基准制　　　　　(C)基孔制　　　　　(D)基主制

14. 铸铁可分为以下几种:(　　　)。

(A)灰铸铁　　　　　(B)球墨铸铁　　　　　(C)可锻铸铁　　　　　(D)合金铸铁

15. 按网络覆盖的地理范围大小,可以把计算机网络分为(　　　)。

(A)因特网　　　　　(B)局域网　　　　　(C)城域网　　　　　(D)广域网

16. 切削加工工序的安排,一般应遵循下列原则(　　　)。

(A)基准先行　　　　　(B)先主后次　　　　　(C)先粗后精　　　　　(D)先主后俯

17. 正火处理的目的是(　　　)。

(A)消除切削加工后的硬化现象和内应力

(B)细化晶粒,均匀组织

(C)降低低碳钢工件的硬度,提高切削加工性能

(D)消除过共析钢中网状硬化物,为随后的热处理做好组织准备

18. 在线切割加工中,加工穿丝孔的目的有(　　　)。

(A)保证零件的完整性　　　　　(B)减小零件在切割中的变形

(C)容易找到加工起点　　　　　(D)提高加工速度

19. 关于电火花线切割加工,下列说法中正确的是(　　　)。

(A)快走丝线切割由于电极丝反复使用,电极丝损耗大,所以和慢走丝相比加工精度低

(B)快走丝线切割电极丝运行速度快,丝运行不平稳,所以和慢走丝相比加工精度低

(C)快走丝线切割使用的电极丝直径比慢走丝使用的电极丝直径大,所以加工精度比慢走丝低

(D)快走丝线切割使用的电极丝材料比慢走丝切割使用的电机丝材料差,所以加工精度比慢走丝低

20. 对于线切割加工,下列说法正确的有(　　　)。

(A)使用步进电机驱动的线切割机床在线切割加工圆弧时,其运动轨迹是折线

(B)使用步进电机驱动的线切割机床在线切割加工斜线时,其运动轨迹是一条斜线

(C)在利用 3B 代码编程加工斜线时,取加工的终点为编程坐标系的原点

(D)在利用 3B 代码编程加工圆弧时,取圆心为线切割加工坐标系的原点

21. 线切割加工时,工件的装夹方式一般采用(　　　)。

(A)悬臂式支撑　　　　　(B)V 形夹具装夹

(C)桥式支撑　　　　　(D)分度夹具装夹

22. 线切割加工中,在工件装夹时一般要对工件进行找正,常用的找正方法有(　　　)。

(A)拉表法　　　　　(B)划线法　　　　　(C)电极丝找正法　　　　　(D)固定基面找正法

23. 外径千分尺微分丝杠在全部工作行程内往返转动时微分筒有磨损现象(除有毛刺压坑外),其主要原因是(　　　)。

(A)微分筒与丝杠不同心　　　　　(B)微分筒端面与内孔轴线不垂直

(C)丝杠定位座端面与丝杠轴线不垂直　　　　　(D)丝杠弯曲

24. 淬火处理的目的是(　　　)。
(A)提高钢件的硬度　　　　　　　　　　(B)增加耐磨性
(C)提高切削加工性能　　　　　　　　　　(D)消除内应力

25. 电路图主要用于(　　　)。
(A)详细理解电路的作用原理　　　　　　　(B)分析与计算电路特性
(C)作为编制接线图的依据　　　　　　　　(D)简单的电路图还可以直接用于接线

26. 使用 ISO 代码编程时,关于圆弧插补指令,下列说法正确的是(　　　)。
(A)整圆只能用圆心坐标来编程
(B)圆心坐标必须是绝对坐标
(C)所有圆弧或圆都可以使用圆心坐标来编程
(D)从线切割机床工作台上方看,G03 为顺时针加工,G02 为逆时针加工

27. 快走丝线切割加工中可以使用的电极丝有(　　　)。
(A)黄铜丝　　　　　(B)纯铜丝　　　　　(C)钼丝　　　　　(D)钨钼丝

28. 电火花线切割机床一般的维护保养方法是(　　　)。
(A)定期润滑　　　　(B)定期调整　　　　(C)定期更换　　　　(D)定期检查

29. 在快走丝线切割加工中,当其他工艺条件不变时,增大开路电压,可以(　　　)。
(A)提高切割速度　　　　　　　　　　　　(B)表面粗糙度变差
(C)增大加工间隙　　　　　　　　　　　　(D)降低电极丝的损耗

30. 国家标准规定图样中书写的字体必须做到字体工整、(　　　)。
(A)字体美观　　　　(B)笔画清楚　　　　(C)间隔均匀　　　　(D)排列整齐

31. 制造电极的方法很多,可用的加工方法有(　　　)等。
(A)普通机械加工　　(B)数控加工　　　　(C)电铸加工　　　　(D)挤压成型

32. 消除过定位及其干涉的途径(　　　)。
(A)改变定位元件的结构,减少转化支撑点数目
(B)提高工件定位基准面之间及夹具定位元件工作表面之间的位置精度
(C)使用辅助支承
(D)消除任一定位元件

33. 关于用找正法装夹工件,下列描述正确的是(　　　)。
(A)分为直接找正法和划线找正法　　　　　(B)要求工人技术等级低
(C)生产效率高　　　　　　　　　　　　　(D)劳动强度人

34. 在电火花线切割加工过程中如果产生的电蚀产物如金属微粒、气泡等来不及排除、扩散出去,可能产生的影响有(　　　)。
(A)改变间隙介质的成分,并降低绝缘强度
(B)使放电时产生的热量不能及时传出,消电离过程不能充分
(C)使金属局部表面过热而使毛坯产生变形
(D)使火花放电转变为电弧放电

35. 在快走丝线切割加工中,当其他工艺条件不变时,增大短路峰值电流,可以(　　　)。
(A)提高切割速度　　　　　　　　　　　　(B)将表面粗糙度变好
(C)降低电极丝的损耗　　　　　　　　　　(D)增大单个脉冲能量

36. 在快走丝线切割加工中,当其他工艺条件不变时,增大脉冲宽度,可以( )。
(A)提高切割速度 (B)将表面粗糙度变好
(C)增大电极丝的损耗 (D)增大单个脉冲能量

37. 电火花线切割加工过程中,电极丝与工件间存在的状态有( )。
(A)开路 (B)短路 (C)火花放电 (D)电弧放电

38. 在电火花线切割加工中,采用正极性接法的目的有( )。
(A)提高加工速度 (B)减少电极丝的损耗
(C)提高加工精度 (D)表面粗糙度变好

39. 在快走丝线切割加工中,电极丝张紧力的大小应根据( )的情况来确定。
(A)电极丝的直径 (B)加工工件的厚度
(C)电极丝的材料 (D)加工工件的精度要求

40. 工件在机床上的装夹,一般可采用( )。
(A)直接装夹方式 (B)找正装夹方式
(C)夹具装夹方式 (D)自动装夹的方式

41. 下列关于电极丝的张紧力对线切割加工的影响,说法正确的有( )。
(A)电极丝张紧力越大,其切割速度越大
(B)电极丝张紧力越小,其切割速度越大
(C)电极丝的张紧力过大,电极丝有可能发生疲劳而造成断丝
(D)在一定范围内,电极丝的张紧力增大,切割速度增大;当电极丝张紧力增加到一定程度后,其切割速度随张紧力增大而减小

42. 下列关于尺寸公差说法正确的是( )。
(A)尺寸公差就是尺寸允许的变动量
(B)其值等于上极限偏差减去下极限偏差
(C)尺寸公差分为上极限偏差和下极限偏差
(D)其值等于上极限尺寸减去下极限尺寸

43. 在快走丝线切割加工过程中,如果电极丝的位置精度较低,电极丝就会发生抖动,从而导致( )。
(A)电极丝与工件间瞬时短路,开路次数增多
(B)切缝变宽
(C)切割速度降低
(D)提高了加工精度

44. 关于工件的定位下列说法正确的是( )。
(A)不完全定位是合理的定位方式 (B)欠定位是允许的
(C)只有完全定位是合理的定位方式 (D)过定位不是绝对不允许的

45. 通过电火花线切割的微观过程,可以发现在放电间隙中存在的作用力有( )。
(A)电场力 (B)磁力 (C)热力 (D)流体动力

46. 下列关于游标卡尺说法错误的是( )。
(A)游标卡尺是一种中等精度的量具
(B)游标卡尺可以用来测量铸、锻件毛坯尺寸

(C)游标卡尺只适用于中等精度尺寸的测量和检验

(D)游标卡尺可以测量精密的零件尺寸

47. 步进电动机在"单拍"控制过程中,因为每次只有一相通电,所以在绕组通电切换的瞬间,步进电动机将会(　　)。

(A)失去自锁力矩　　　　　　　　　　(B)容易造成丢步

(C)容易损坏　　　　　　　　　　　　(D)发生飞车

48. 使用步进电动机控制的数控机床具有(　　)优点。

(A)结构简单　　　　(B)控制方便　　　　(C)成本低　　　　(D)控制精度高

49. 步进电动机驱动器是由(　　)组成。

(A)环形分配器　　　　(B)功率放大器　　　　(C)频率转换器　　　　(D)多谐振荡器

50. 电火花线切割加工中,当工作液的绝缘性能太高时会(　　)。

(A)产生电解　　　　(B)放电间隙小　　　　(C)排屑困难　　　　(D)切割速度缓慢

51. 润滑的作用是(　　)等。

(A)减少摩擦　　　　(B)减少磨损　　　　(C)防止锈蚀　　　　(D)形成密封

52. 关于机械制图的比例,下列说法正确的是(　　)。

(A)放大比例是比值大于 1 的比例

(B)绘图,应向规定系列选取适当的比例

(C)无论什么情况都不允许同一视图铅垂方向和水平标注不同的比例

(D)必要时,图样比例可采用比例尺的形式

53. 同步齿形带传动的特点是(　　)。

(A)无滑动,传动比准确　　　　　　　(B)传动效率高

(C)不需要润滑　　　　　　　　　　　(D)过载保护

54. 快走丝机床的走丝机构中电动机轴与储丝筒中心轴一般利用联轴器将二者联在一起,这个联轴器可以采用(　　)。

(A)刚性联轴器　　　　　　　　　　　(B)弹性联轴器

(C)摩擦锥式联轴器　　　　　　　　　(D)它们都可以用

55. 内循环式结构的滚珠丝杠螺母副有(　　)。

(A)丝杠　　　　(B)螺母与滚珠　　　　(C)反向器　　　　(D)回珠管

56. 使用 ISO 代码编程时,在下列有关圆弧插补中利用半径 $R$ 编程说法正确的是(　　)。

(A)因为 $R$ 代表圆弧半径,所以 $R$ 一定为非负数

(B)$R$ 可以取正数,也可以取负数,它们的作用相同

(C)$R$ 可以取正数,也可以取负数,但它们的作用不同

(D)利用半径 $R$ 编程比利用圆心坐标编程方便

57. 关于建立和取消电极丝半径补偿功能,下列说法中正确的是(　　)。

(A)在用 G41 、G42 建立电极丝补偿时,该程序段可以使用 G00 、G01 和 G02 、G03 四个指令来建立

(B)在用以 G40 取消电极丝补偿时,该程序段可以使用 G00 、G01 和 G02 、G03 四个指令来取消

(C)在用 G41、G42 建立电极丝补偿时,该程序段必须使用 G00 和 G01 两个指令来建立

(D)在用 G40 取消电极丝补偿时,该程序段必须使用 G00 和 G01 两个指令来取消

58. 在符合线切割加工工艺的条件下,应重点在( )方面仔细考虑。

(A)表面粗糙度　　　　(B)尺寸精度　　　　(C)尺寸大小　　　　(D)工件厚度

59. 冲模间隙的合理选用,是关系到模具( )关键因素。

(A)尺寸大小　　　　(B)尺寸精度　　　　(C)寿命　　　　(D)冲件毛刺大小

60. 线径补偿又称( )。

(A)间隙补偿　　　　(B)长补偿　　　　(C)钼丝偏移　　　　(D)短补偿

61. 互换性在机械制造行业中具有重大意义,所以按互换性进行生产具有( )等特点。

(A)提高劳动生产率　　　　　　　　(B)适用于高精度装配和小批量生产

(C)保证产品质量　　　　　　　　　(D)降低生产成本

62. 滚珠丝杠螺母副是一种( )的机构。

(A)低摩擦　　　　(B)高精度　　　　(C)高效率　　　　(D)高硬度

63. 要消除丝杠和螺母间的配合间隙,可采取的措施是( )。

(A)轴向调解法　　　　(B)垂直方向调节　　　　(C)径向调节法　　　　(D)平行度调节

64. 将钢件加热到某一定温度,保持一段时间,然后以适当的速度冷却,最后获得( )组织的工艺称为淬火。

(A)马氏体　　　　(B)奥氏体　　　　(C)渗碳体　　　　(D)贝氏体

65. 坐标工作台的纵、横托板对导轨的( )有较高的要求。

(A)精度　　　　(B)高度　　　　(C)长度　　　　(D)耐磨性

66. 电火花切割加工的工件报废或质量差的原因很多,主要包括( )。

(A)机床　　　　(B)材料　　　　(C)工艺参数　　　　(D)操作人员素质

67. 电火花切割加工指标包括( )。

(A)切割速度　　　　(B)表面粗糙度　　　　(C)长度　　　　(D)加工精度

68. 在检修( )时,应注意适当地切断电源,防止触电和损坏电路元件。

(A)机床　　　　(B)机床电器　　　　(C)脉冲电源　　　　(D)控制系统

69. 研磨剂是由( )调和而成的混合剂。

(A)磨料　　　　(B)研磨液　　　　(C)机油　　　　(D)黄粘油

70. 电火花线切割加工模具或零件的过程有( )。

(A)加工　　　　(B)选材　　　　(C)编程　　　　(D)分析图样

71. 以下不适合电火花线切割加工的工件有( )。

(A)尺寸精度高的工件　　　　　　　(B)导电材料

(C)切割后无法进行手工研磨的工件　　(D)窄缝小于电极丝直径加放电间隙的工件

72. 桥式支撑方式的特点有( )。

(A)通用性强,装夹方便

(B)对大中小工件装夹都比较方便

(C)夹具可根据经常加工工件的尺寸而定

(D)装夹精度高,适用于常规生产和批量生产

73. 板式支撑方式的特点有( )。

(A)通用性强,装夹方便

(B)对大中小工件装夹都比较方便

(C)夹具可根据经常加工工件的尺寸而定

(D)装夹精度高,适用于常规生产和批量生产

74. 悬臂式支撑方式的特点有(　　)。

(A)通用性强,装夹方便

(B)对大中小工件装夹都比较方便

(C)夹具可根据经常加工工件的尺寸而定

(D)装夹精度要求不高

75. 复式支撑方式的特点有(　　)。

(A)装夹方便　　　　　　　　　　　　(B)节省工件找正时间

(C)夹具可根据经常加工工件的尺寸而定　(D)批量零件加工

76. 工艺孔在电火花线切割加工中的作用有(　　)。

(A)保证位置精度　　　　　　　　　　(B)保证大型(超行程)工件的切割精度

(C)减少加工中的变形量　　　　　　　(D)更换电极丝

77. 产生断丝,烧丝的原因有(　　)。

(A)导轮磨损　　　(B)工件变形夹杂　　(C)工作液脏　　　(D)导电不良

78. 曲线编辑时功能工具栏功能包括(　　)。

(A)裁剪　　　　　(B)切点　　　　　　(C)打断　　　　　(D)拉伸

79. 工具菜单的内容有(　　)。

(A)拉伸　　　　　(B)平移　　　　　　(C)最近点　　　　(D)圆心

80. 钳工工具錾子的持握方法有(　　)。

(A)立握法　　　　(B)正握法　　　　　(C)反握法　　　　(D)斜握法

81. 钳工錾削的挥摧方法有(　　)。

(A)腕击法　　　　(B)肘击法　　　　　(C)臂击法　　　　(D)拢击法

82. 根据不同的刮削平面,刮刀可分为(　　)。

(A)平面刮刀　　　(B)曲面刮刀　　　　(C)球面刮刀　　　(D)斜面刮刀

83. 划线一般可分为(　　)。

(A)简单划线　　　(B)平面划线　　　　(C)立体划线　　　(D)复杂划线

84. 手锯由(　　)组成。

(A)锯弓　　　　　(B)锯条　　　　　　(C)锯体　　　　　(D)弓架

85. 形状轨迹出错的原因有(　　)。

(A)步进电动机失步　　　　　　　　　(B)编程出错

(C)图样理解错误　　　　　　　　　　(D)操作不当

86. 现场安全文明工作中的"3N",具体内容为(　　)。

(A)不接受不合格产品　　　　　　　　(B)不制作不合格产品

(C)不转交不合格产品　　　　　　　　(D)不生产不合格产品

87. 颗粒污染物有(　　)等。

(A)粉尘　　　　　(B)烟尘　　　　　　(C)雾尘　　　　　(D)煤尘

88. 气态污染物有含硫污染物和(　　)等。

(A)含氮污染物　　　(B)有机污染物　　　(C)碳的污染物　　　(D)卤素化合物

89. 水体是指河流、湖泊、池塘和(　　)和等水的集聚体。

(A)水库　　　(B)沼泽　　　(C)海洋　　　(D)地下水

90. 固体废弃物的"三化"即(　　)。

(A)治理化　　　(B)无害化　　　(C)减量化　　　(D)资源化

91. 污染源按人类社会活动功能,可分为(　　)等。

(A)工业污染源　　　(B)医疗污染源　　　(C)农业污染源　　　(D)生活污染源

92. 污染源按排放时间可分为(　　)。

(A)恒定源　　　(B)连续源　　　(C)间断源　　　(D)瞬时源

93. 污染源按污染的主要对象,可分为(　　)。

(A)大气污染源　　　(B)水体污染源　　　(C)土壤污染源　　　(D)数量源

94. 由物理性因素引起的污染有(　　)等。

(A)噪声污染　　　(B)电磁辐射污染　　　(C)放射性污染　　　(D)热污染

95. 严格执行有关的生产、技术管理标准规程,做到(　　)。

(A)工作有标准　　　(B)办事有秩序　　　(C)预防有措施　　　(D)行动有准则

## 四、判 断 题

1. 图框右下角必须要有一标题栏,标题栏中的文字方向为看图方向。(　　)
2. 投射线平行于投影面的平行投影法称为正投影法。(　　)
3. 零件的结构形状表达方案中,左视图是核心。(　　)
4. 当零件所有表面具有相同的表面粗糙度要求时,可不标注表面粗糙度。(　　)
5. 零件图上的技术要求应该包括作图的比例。(　　)
6. 60Si2Mn 表示平均含碳量为 0.6%,含硅量约为 2%,含锰量小于 1.5%。(　　)
7. 退火和正火目的相同,完全可以相互替代。(　　)
8. 双头螺柱连接适用于被连接件之一较厚,难以穿孔并需经常拆装的场合。(　　)
9. 目前最常用的齿廓曲线是渐开线。(　　)
10. 对两个元件加相同的电压,电阻大的流过的电流小。(　　)
11. 在液体介质小间隙中进行单个脉冲放电时,材料电腐蚀过程不需要形成放电通道。(　　)
12. 电火花数控机床 DK7725 中的 25 表示工作台横向行程为 250 mm。(　　)
13. 辅助装置包括油箱、油管及管接头、滤油器和蓄能器等。(　　)
14. 可以用大规格的扳手来旋紧小尺寸螺钉或螺母,以增加锁紧力。(　　)
15. 磁性夹具具有装夹快但夹紧力不大的特点。(　　)
16. 用杠杆式百分表测量零件的尺寸,一般采用比较法。(　　)
17. 在大批量生产时,为提高生产效率,应该采用直接找正法。(　　)
18. 游标深度尺使用时,不需将尺架贴紧工件的平面。(　　)
19. 应根据被测件的尺寸和精度要求选择计量器具。(　　)
20. 游标卡尺的读数部分由尺身读数和游标读数组成。(　　)
21. 用比较法评定表面粗糙度,不但精确而且简单。(　　)

22. 平行度的检测可选用百分表。(　　)

23. 对计量器具中的相对运动表面,应定期加注仪表油,以使各部分相对运动自如。(　　)

24. 设备操作者应经培训考试合格,持证上岗。(　　)

25. 不锈钢料件与碳钢料架不能直接接触,需要用非金属材料隔开。(　　)

26. 图样上标注的表面粗糙度 $R_a12.5\mu m$ 要比标注粗糙度 $R_a6.3\mu m$ 的表面质量要求高。(　　)

27. 孔径直接用外径千分尺测量。(　　)

28. 引起粗大误差的原因不是错误读取示值;而是计量器具缺陷造成。(　　)

29. 数控机床的气源的空气压力太低,会对气动装置起损坏作用。(　　)

30. 对于伺服进给类型,采用开环控制、步进电机进给系统为中、高挡数控机床。(　　)

31. 计算机控制机床,也可称为 CNC 机床。(　　)

32. 数控机床按坐标轴分类,有两坐标、三坐标和多坐标等。它们都可以三轴联动。(　　)

33. 一般将信息输入、运算及控制、伺服驱动中的位置控制、PLC 及相应的系统软件和称为数控系统。(　　)

34. 开环伺服系统的精度优于闭环伺服系统。(　　)

35. 光栅属于光学元件,是一种高精度的位移传感器。(　　)

36. 当被剖部分的图形面积较大时,可以只沿轮廓周边画出剖面符号。(　　)

37. 当位置检测器,安装在工作台上并将信号反馈到位置偏差检测时,就构成了半闭环控制系统。(　　)

38. 首件鉴定时,首件鉴定单上填的尺寸为图上尺寸。(　　)

39. 如果不能在操作台上排除故障,而需要干预机床本身,则务必要操作紧急停机按钮。(　　)

40. 公差等级选用由国标规定。(　　)

41. 使用千分尺测量工件时,测量力的大小完全任凭经验控制。(　　)

42. 使用千分尺测量数值时,要特别留心不要读错 0.5 mm。(　　)

43. 千分尺固定后可当卡规用测量工件通止。(　　)

44. 游标卡尺受到损伤后,应立即拆开修理后方可使用。(　　)

45. 使用游标卡尺测量工件时,应用手握尺身,拇指推动游标测量力不应过人凭经验控制。(　　)

46. 提高表面粗糙度,可以增加零件的耐腐蚀性。(　　)

47. 次要尺寸应从主要基准直接注出,以免加工误差积累。(　　)

48. T8 钢的含碳量为 0.8%。(　　)

49. 同一接合面上的定位销数目不得少于 3 个。(　　)

50. 采用压板压紧工件时,其夹紧点必须大于加工部位。(　　)

51. 采用电阻法确定电极丝相对于工件的坐标位置,有电表法、电压法等几种形式。(　　)

52. 普通钢、优质钢、高级优质钢分类的依据是 S、P 含量的高低。(　　)

53. 利用穿丝孔处划出的十字线进行目测比不用十字线的精度高。（　　）

54. 从电火花的加工原理来说,任何导电材料都可以作为电极。（　　）

55. 电火花成型加工,当以宽脉冲、大电流加工时,石墨材料不容易起弧烧伤工件表面。（　　）

56. T84 为打开液泵指令,T85 为关闭液泵指令。（　　）

57. 电火花成型加工机床在与外部机器连接时,要使用光电缆。（　　）

58. 电火花线切割加工程序可用 ISO 代码或 B 代码编制。（　　）

59. 3B 程序"B5000BB20000GYSR1"表示沿着 Y 坐标轴从第一象限开始加工直径为 8.0 mm 的逆圆弧。（　　）

60. CAXA XP 线切割编程软件是只能用于编制 3B 指令格式的软件。（　　）

61. 用程序"B100B200B200GXL1"来加工圆弧,其 3B 格式是正确的。（　　）

62. 数控电火花线切割加工机床操作前必须检查丝筒、换向开关、拖板、高频电源和工作液。（　　）

63. 在丝筒的任意位置都能安装电极丝。（　　）

64. 角定位可通过手工放电目测法和接触感知法来进行。（　　）

65. 电规准选用只对加工速度有影响,对加工精度没有影响。（　　）

66. 由于加工前准备工作都已完成,执行加工后操作人员可去干别的工作。（　　）

67. 零件内形线性尺寸精度为 0.001～0.01 mm 可选用内径千分尺检测。（　　）

68. 型腔垂直度的检测也可选用百分表或千分表。（　　）

69. 电火花线切割工作台的导轨和工作台丝杆必须每天注油润滑。（　　）

70. 电火花线切割工作液起导电作用。（　　）

71. G 指令时机床实施轨迹运行、坐标设置、原点复归、补偿方向等判断的命令。（　　）

72. 放电加工只要选择粗、精两条加工条件即可。（　　）

73. 初始条件即为零件表面粗糙度要求。（　　）

74. 铜电极可以加工任何要求的工件。（　　）

75. 采用摇动方式加工是为了修正侧面和底面的表面粗糙度及尺寸精度。（　　）

76. 某零件为正方形,其摇动模式是 LN02。（　　）

77. 采用内径千分尺可正确进行内径定位。（　　）

78. 电火花成型加工工作液放不出一定是试加工状态。（　　）

79. 电火花成型加工机床,要定期对需润滑的摩擦表面加注润滑油,防止灰尘和异物等进入丝杆、导轨等摩擦表面。（　　）

80. 工具电极的安装轴,可以作上下运动的轴系称为 X 轴。（　　）

81. 石墨电极常采用大峰值电流加工,一是减少损耗,二是提高加工效率。（　　）

82. G 指令是控制程序暂停或终止执行、调用子程序、回归主程序等功能的命令。（　　）

83. "G92X0Y0Z0;"表示 X、Y、Z 零点设定。（　　）

84. 放电面积即电极的表面积。（　　）

85. 工具电极单边间隙即加工后工件尺寸和电极尺寸之差。（　　）

86. 试加工可设置为未加工深度方向相同。（　　）

87. 电极与工件之间的定位可通过面板操作来完成。（　　）

88. 工件校正可以借助于杠杆式百分表或千分表。（　　　）

89. 角定位也可直接采用模块方法进行。（　　　）

90. 在电火花线切割加工中工件受到的作用力较大。（　　　）

91. 在数控电火花线切割机床型号 DK7632 中，D 表示电加工机床。（　　　）

92. 目前我国主要生产的电火花线切割机床是快走丝电火花线切割机床。（　　　）

93. 线切割机床通常分为两大类，一类是快走丝线切割机床，另一类是慢走丝线切割机床。（　　　）

94. 快走丝线切割加工速度快，慢走丝线切割加工速度慢。（　　　）

95. 线切割加工工件时，电极丝的进口宽度与出口宽度相同。（　　　）

96. 快走丝线切割加工中，常用的电极丝为钨丝。（　　　）

97. 在电火花线切割加工过程中，电极丝与工件间不会发生电弧放电。（　　　）

98. 在电火花线切割加工过程中，可以不使用工作液。（　　　）

99. 3B 代码编程法是最先进的电火花线切割编程方法。（　　　）

100. 在 G 代码编程中，G04 属于延时指令。（　　　）

101. 工件被限制的自由度少于 6 个，称为欠定位。（　　　）

102. 上一程序段中有了 G01 指令，下一程序段中如果仍然是 G01 指令，则 G01 可省略。（　　　）

103. 低碳钢的硬度比较小，所以线切割加工低碳钢的速度比较快。（　　　）

104. 快走丝线切割机床的导轮要求使用硬度高、耐磨性好的材料制造，如高速钢、硬质合金、人造宝石或陶瓷等。（　　　）

105. 数控线切割机床的坐标系采用右手笛卡尔直角坐标系。（　　　）

106. 电火花线切割加工可以用来制造成型电极。（　　　）

107. 在电火花线切割加工中，程序运行 M02 后可以关闭储丝筒电动机。（　　　）

108. 对工件的夹紧力要均匀，不得使工件变形或翘起。（　　　）

109. 线切割机床在加工过程中产生的气体对操作者的健康没有影响。（　　　）

110. 接班人员对故障修复的部位，应重点检查是否还有缺陷和隐患，发现问题要及时处理，不许设备带病运行。（　　　）

111. 孔的最小极限尺寸即为其最大实体尺寸。（　　　）

112. 在一定的测量条件下，多次测量同量值时，其绝对值和符号以不可预定的方式变化的误差叫随机误差。（　　　）

113. 一个主程序中只能有一个子程序。（　　　）

114. 放电加工时，工作台上不允许放置任何杂物，否则会影响切割精度。（　　　）

115. 如果某一零件正好加工到其基本尺寸，那么该零件必然是合格品。（　　　）

116. 圆弧切削路径若只知起点、终点、圆弧半径值时，可能产生两种不同路径。（　　　）

117. 在执行 G00 指令时，刀具路径一定为一直线。（　　　）

118. 对工件进行调质处理可以获得高的韧性和足够的强度。（　　　）

119. 触电急救时首先要尽快地使触电者脱离电源，然后根据触电者的具体情况进行相应地救治。（　　　）

120. 机床零点也是参考点。一台数控机床可以有多个参考点。（　　　）

121. 表面处理工序一般均安排在工艺过程的最后进行。（　　）

122. G40 的作用是取消刀具半径补偿。（　　）

123. 形位公差就是限制零件的形状误差。（　　）

124. 子程序在使用时必须在主程序内调用，不可单独使用。（　　）

125. G02、G03、G01、G04 都是模态指令。（　　）

126. G 功能又叫准备功能。（　　）

127. 固定循环的参数都是固定的。（　　）

128. 在加工零件时，工件的零点可以随意设定，既可以设在零件内也可以设在机床加工范围外。（　　）

129. 在编制程序时，加工平面的选择必须在程序中表示出来。（　　）

130. 电火花电极的轮廓尺寸应与型孔要求的尺寸一致。（　　）

131. 根据工件的表面粗糙度要求确定最终加工条件。（　　）

132. 根据放电面积和损耗要求确定最初加工条件。（　　）

133. 使用量具前要查看量具是否具有无检定合格证，合格证是否在有效期内。（　　）

134. 上丝用的套筒手柄使用后不用取下。（　　）

135. 禁止用湿手按开关或接触电气部分，也要防止工作液或其他导电物体进入电气部分而引起火灾。（　　）

136. 千分尺若受到撞击造成旋转不灵时，操作者应立即拆卸，进行检查和调整。（　　）

137. 在装夹工件前必须以工作台为基准，先将电极丝垂直度调整好，再根据技术要求装夹加工坯料。（　　）

138. 线切割加工中工件几乎不受力，所以加工中工件不需要定位。（　　）

139. 操作人员必须站在耐压 30 kV 以上的绝缘物上工作，加工过程中不可碰触电极工具。（　　）

140. 万能角度尺的读数值是长度单位数值。（　　）

141. I 型万能角度尺可以测量 0°～360° 范围内任何的角度。（　　）

142. 电火花不能加工热处理后其表面硬度高达 50HRC 以上的高硬度零件。（　　）

143. 一般一级处理水达不到排放标准，必须进行再处理；二级处理水可以达标排放；三级处理水可直接排放地表水系或回用。（　　）

144. 可维持发展是既满足当代人的需要又不危及后代人满足其需求的发展，其核心是人类社会要发展和发展无限度。（　　）

145. 强化环境管理主要包括强化环境准入，建立严格的产业淘汰制度，实施污染物排放总量控制和许可证制度等。（　　）

146. 保护和改善人类环境是关系到全世界各国人民的幸福和经济发展的重要问题，也是全世界各国人民的迫切希望和各国政府的职责。（　　）

147. 在实际意义方面，加强现场文明生产管理，能够减少事故发生，因为事故发生的最重要的间接因素就是现场文明生产管理因素。（　　）

148. 加强现场文明生产管理，将会促进各项基础管理工作的提高，避免或减少因管理不当或失误造成的事故，提高生产现场的安全系数，达到安全生产的目的。（　　）

149. 操作者对本工序的产品质量承担质量责任。（　　）

150. 机械制图的视图一般只画出机件的可见部分,必要时才画出其不可见的部分。(　　)

151. "三不放过"是指:原因分析不清不放过;事故责任者和群众未受到教育不放过;没有防范措施不放过。(　　)

152. 电磁辐射的波谱很宽,按生物学作用不同,可分为电离辐射和电磁辐射。(　　)

153. 一般情况下,电磁波频率越高,人体内偶极子激励程度越轻。(　　)

154. 电加工中的防火防爆要特别注意,应以预防为主。(　　)

155. 最有效地利用资源和最低限度地产生废弃物,是当前世界环境问题的治本之道。(　　)

## 五、简 答 题

1. 简述电火花成型加工的范围。

2. 常用电极材料有什么有哪些?

3. 简述石墨电极的特点。

4. 简述纯铜电极的加工特点。

5. 简述黄铜电极的特点。

6. 简述钢电极的特点。

7. 简述铜钨合金与银钨合金电极的特点。

8. 为了实现电火花成型加工,应具备哪些电加条件?

9. 电火花成型加工的电参数主要包括哪些方面?

10. 简述电火花成型加工操作流程。

11. 电火花成型加工前,需要做好哪些工作?

12. 电火花成型加工时,非电参数的选择包括哪些?

13. 电火花成型放电加工过程中的调整包括哪些?

14. 简述电切削加工工件支撑装夹的方法。

15. 常用夹具的名称和用途包括哪些?

16. 简述导致模具零件加工完成后加工部位实测尺寸不合格的原因。

17. 电火花成型加工中常见的异常问题有哪些?

18. 电火花加工放电腐蚀过程是什么样?

19. 依据哪些要求设定最终加工条件?

20. 如何解决电火花线切割加工结束时发生断丝现象?

21. 简述数控电火花线切割快走丝机床日常维护保养。

22. 简述数控慢走丝线切割加工工艺。

23. 简述数控电火花线切割慢走丝机床日常维护保养。

24. 简述对电火花线切割脉冲电源的基本要求。

25. 电火花线切割机床有哪些常用的功能?

26. 什么叫电极丝的偏移?

27. 偏移对于电火花线切割加工来说有何意义?

28. 简述电火花的加工原理。

29. 简述电火花线切割机床对工作环境的要求。
30. 选择线切割加工路线时,应注意哪些方面?
31. 简述快速走丝电火花线切割加工的应用范围。
32. 简述电火花成型机床日常维护及保养应注意什么。
33. 简述程序段的组成有哪些部分。
34. 简述数控电火花线切割加工的应用。
35. 简述电火花加工的六大类分别包括哪些。
36. 简述电火花线切割工件装夹的一般要求。
37. 加工时脉冲电源的主要参数包括哪些?
38. 简述在编制线切割程序时,需要考虑哪些方面问题。
39. 简述电火花机床的主要数控功能。
40. 简述电火花成型加工工艺包括哪些内容。
41. 简述电火花线切割加工的四个步骤。
42. 简述电火花线切割机床常用的装夹方式有哪些。
43. 简述电火花线切割工艺参数指标有哪些。
44. 简述电火花成型机所使用电极材料的基本要求是什么。
45. 简述电火花成型加工前工具电极的找正方法有哪些。
46. 数控系统用户操作中准备主界面包括哪些子界面?
47. 线切割加工中电参数的改变对工艺指标的影响有哪些规律?
48. 简述不能或不易用电火花线切割加工的工作图样大致有几种。
49. 简述线切割机床机械传动精度对工艺指标有哪些影响。
50. 简述电火花成型加工必须具备的要求有哪些。
51. 特种加工与传统切削加工方法在加工原理上的主要区别有哪些?
52. 什么叫做表面粗糙度?
53. 简述定位元件应满足哪些要求。
54. 简述电火花成型加工的缺点有哪些。
55. 简述影响材料放电腐蚀的因素。
56. 什么叫极性效应发生的原因?
57. 简述金属材料热学常数对电蚀量的影响。
58. RC线路脉冲电源的组成?
59. 电火花加工的自动进给调节系统主要组成部分有哪些?
60. 简述线切割机床工作液循环系统有哪些。
61. 简述什么叫做加工精度。
62. 简述什么叫做基本视图。
63. 简述投影原理。
64. 简述正投影的定义。
65. 简述俯视图的定义。
66. 简述剖视图的定义。
67. 简述看零件图的要求。

68. 简述什么叫做极限尺寸。

69. 简述什么叫基准制。

70. 简述形位公差的选用原则。

## 六、综 合 题

1. 简述电火花加工完成部位表面质量不合格的原因及解决办法。

2. 电火花工作液槽中发生意外火灾的情况怎样解决？

3. 电火花线切割加工中黑白条纹产出的原因是什么？

4. 加工时工件装夹的一般要求有哪些？

5. 简述电火花加工过程中经常出现的问题及解决方法。

6. 简述不能或不宜采用电火花线切割的情况。

7. 简述非加工过程中断丝主要有哪些及解决办法。

8. 简述运丝机构故障引起的断丝及解决方法。

9. 简述加工刚开始发生断丝的原因及解决方法。

10. 简述线切割加工过程中发生的断丝及解决方法。

11. 简述数控快走丝电火花线切割机床安全操作规程。

12. 线切割加工的工件在装夹过程中应注意什么？

13. 简述线切割用八方来判定机床精度的注意事项。

14. 机床掉电的原因包括哪些？

15. 简述数控电火花成型机床安全操作规程。

16. 床身为什么会带电？

17. 电火花线切割加工与电火花先成型加工相比较，有什么特点？

18. 简述慢走丝电火花线切割加工的特点和应用范围。

19. 电火花加工的特点是什么？

20. 简述数控慢走丝电火花线切割机床安全操作规程。

21. 简述去除断在工件中的钻头或丝锥的放电加工步骤。

22. SE 数控电火花机床的数控系统有哪些主要界面？其功能是什么？

23. 在电火花加工中，工作液的作用有哪些？

24. 简述电火花加工用的脉冲电源的作用和输出要求。

25. 简述 RC 线路脉冲电源的工作过程。

26. 简述工作液对电蚀量的影响。

27. 简述影响加工精度的主要因素。

28. 简述对电火花加工用脉冲电源的要求。

29. RC 线路脉冲电源的原理是什么？

30. 电脉冲机床工安全操作规程是什么？

31. 安全生产监督管理的具体内容是什么？

32. 电火花线切割加工中黑白条纹解决的对策是什么？

33. 常见的触电原因有哪些？

34. 电击和电伤对人体的伤害程度包括哪些？

35. 通常情况下采用的安全用电措施有哪些？

# 电切削工(初级工)答案

## 一、填空题

| | | | |
|---|---|---|---|
| 1. 面积 | 2. 正投影 | 3. 直接配合法 | 4. 冲油式 |
| 5. 紫铜 | 6. 精 | 7. 分解电极法 | 8. 工作液循环系统 |
| 9. $\mu m$ | 10. 电加工机床 | 11. 放电通道 | 12. 0.11 |
| 13. 脉冲宽度 | 14. 脉冲间隔 | 15. 短路 | 16. 条纹 |
| 17. 电极丝半径 | 18. 凹模 | 19. 切割速度 | 20. 蚀除速度 |
| 21. 电蚀 | 22. 轨迹控制 | 23. 矩形波 | 24. 分组脉冲 |
| 25. 偏差判别 | 26. 疏松接触 | 27. 轴向调节法 | 28. 张紧电极丝 |
| 29. 强度高 | 30. 离子束加工 | 31. 等离子体 | 32. 轮廓控制 |
| 33. 工艺性能 | 34. 导电超硬材料 | 35. 放电间隙 | 36. 脉冲电源 |
| 37. 投影面 | 38. 工作液 | 39. 电规准 | 40. 脉冲宽度 |
| 41. 脉冲间隔 | 42. 电流脉宽 | 43. 脉冲周期 | 44. 脉冲系数 |
| 45. 实际尺寸 | 46. 空载电压 | 47. 间隙平均电压 | 48. 加工电流 |
| 49. 短路电流 | 50. 峰值电流 | 51. 短路峰值电流 | 52. 有效脉冲频率 |
| 53. 脉冲利用率 | 54. 相对放电时间率 | 55. 尺寸偏差 | 56. 间隙配合 |
| 57. 走丝速度 | 58. 多次切割 | 59. 锥度切割 | 60. 垂直度 |
| 61. 加工轮廓 | 62. 几何参数 | 63. 偏移量 | 64. 镜像加工 |
| 65. 主程序面 | 66. 高硬度 | 67. 冲油孔 | 68. 快走丝 |
| 69. 脉冲电流 | 70. 工作液槽 | 71. 交流电 | 72. 可编程功能 |
| 73. 过滤器 | 74. 煤油 | 75. 平动量 | 76. 二次放电法 |
| 77. 直接法 | 78. 间接法 | 79. 混合法 | 80. 镶拼式电极 |
| 81. 2~3 | 82. 凹模孔尺寸 | 83. 表面精度 | 84. 峰值电流 |
| 85. 分解电极加工法 | 86. 低损耗 | 87. 相对位置 | 88. 1/5 |
| 89. 垂直度 | 90. 精密角尺 | 91. 千分表 | 92. 划线法 |
| 93. 加工精度 | 94. 加工对象 | 95. 电极损耗 | 96. 0.3~1.5 |
| 97. 8~10 | 98. 走丝机构 | 99. 线速度 | 100. 轨迹控制 |
| 101. 能量强弱 | 102. 放电区域 | 103. 尺寸精度 | 104. 点 |
| 105. 图纸的设计 | 106. 切割宽度 | 107. 钼丝 | 108. 加工条件 |
| 109. 起始位置 | 110. 简化编程 | 111. 对称中心 | 112. 钻车 |
| 113. 高于或等于 | 114. 电极丝半径补偿 | 115. 峰值电流 | 116. 示波器 |
| 117. 间隙 | 118. 切割速度 | 119. 平面度 | 120. 主轴进给 |
| 121. 定位精度 | 122. 专用保护盒 | 123. Z | 124. 重复定位 |

125. 0.01　　126. 耐磨性　　127. 预防变形　　128. 经营总方针

129. 质量管理体系　　130. 安全操作规程　　131. 社会因素　　132. 源头水

133. 农业用水　　134. 保障人体健康　　135. 工艺水平　　136. 明显的标志

137. 水的污染　　138. 方法标准　　139. 预防　　140. 屏蔽措施

141. 人的素养　　142. 电磁干扰　　143. 严重　　144. 冲油

145. 测量精度　　146. 铸造　　147. 控制阀　　148. 提高

149. 张紧　　150. 电极损耗　　151. 增大　　152. 增大

153. 嵌套　　154. 脉冲间隔　　155. 窄脉冲

## 二、单项选择题

1. C　2. A　3. C　4. B　5. C　6. D　7. A　8. B　9. B
10. A　11. B　12. B　13. A　14. D　15. A　16. B　17. A　18. C
19. D　20. B　21. A　22. C　23. B　24. A　25. D　26. B　27. D
28. C　29. B　30. D　31. D　32. C　33. A　34. A　35. B　36. A
37. A　38. D　39. C　40. A　41. B　42. C　43. A　44. C　45. D
46. D　47. B　48. D　49. C　50. C　51. D　52. D　53. D　54. C
55. D　56. A　57. D　58. A　59. D　60. A　61. B　62. C　63. C
64. C　65. B　66. A　67. A　68. B　69. C　70. D　71. D　72. B
73. B　74. A　75. A　76. C　77. A　78. B　79. B　80. B　81. C
82. D　83. A　84. C　85. B　86. C　87. B　88. A　89. C　90. B
91. B　92. A　93. B　94. B　95. A　96. D　97. A　98. D　99. B
100. A　101. A　102. C　103. D　104. C　105. D　106. C　107. C　108. C
109. A　110. B　111. A　112. A　113. A　114. A　115. D　116. B　117. C
118. C　119. D　120. B　121. A　122. B　123. C　124. A　125. D　126. D
127. B　128. B　129. D　130. C　131. C　132. C　133. C　134. A　135. A
136. D　137. D　138. C　139. D　140. A　141. A　142. C　143. C　144. D
145. B　146. A　147. D　148. B　149. A　150. D　151. B　152. B　153. B
154. D　155. A

## 三、多项选择题

1. AB　2. ABC　3. ABCD　4. AC　5. ABCD　6. CD　7. AD
8. ABD　9. BCD　10. ABCD　11. ABC　12. CD　13. AC　14. ABCD
15. BCD　16. BC　17. ABD　18. AB　19. AB　20. AD　21. AC
22. ABCD　23. ABCD　24. AB　25. ABCD　26. AC　27. CD　28. ABCD
29. ABC　30. BCD　31. ABCD　32. AB　33. AD　34. ABD　35. AD
36. ACD　37. ABCD　38. ABC　39. ABC　40. ABC　41. CD　42. ABD
43. ABC　44. AD　45. ABCD　46. BD　47. AB　48. ABC　49. AB
50. BCD　51. ABCD　52. ABD　53. ABC　54. BC　55. ABC　56. CD
57. CD　58. ABCD　59. CD　60. AC　61. ACD　62. ABC　63. AC

64. AD    65. ABD    66. ABCD    67. ABD    68. ABCD    69. AB    70. ACD
71. ACD    72. AB    73. CD    74. AD    75. ABD    76. ABCD    77. ABCD
78. ACD    79. CD    80. ABCD    81. ABCD    82. AB    83. BC    84. AB
85. ABCD    86. ABC    87. ABCD    88. ABCD    89. ABCD    90. BCD    91. ACD
92. BCD    93. ABC    94. ABCD    95. ABCD

## 四、判 断 题

1. √   2. ×   3. ×   4. ×   5. ×   6. √   7. ×   8. √   9. √
10. √   11. ×   12. √   13. ×   14. ×   15. √   16. ×   17. ×   18. ×
19. √   20. √   21. ×   22. √   23. √   24. √   25. √   26. ×   27. ×
28. ×   29. √   30. √   31. ×   32. √   33. √   34. √   35. √   36. √
37. ×   38. √   39. √   40. ×   41. √   42. √   43. √   44. √   45. √
46. √   47. ×   48. √   49. ×   50. √   51. ×   52. √   53. ×   54. √
55. ×   56. √   57. √   58. √   59. √   60. √   61. √   62. √   63. √
64. ×   65. √   66. √   67. √   68. √   69. ×   70. √   71. √   72. √
73. √   74. √   75. √   76. √   77. √   78. √   79. √   80. √   81. √
82. √   83. √   84. √   85. √   86. √   87. √   88. √   89. √   90. √
91. √   92. √   93. √   94. √   95. ×   96. √   97. √   98. √   99. √
100. √   101. √   102. √   103. √   104. √   105. √   106. √   107. √   108. √
109. ×   110. √   111. √   112. √   113. √   114. √   115. √   116. √   117. √
118. √   119. √   120. √   121. √   122. √   123. ×   124. √   125. √   126. √
127. ×   128. √   129. √   130. √   131. √   132. √   133. √   134. √   135. √
136. ×   137. √   138. √   139. √   140. √   141. ×   142. √   143. √   144. √
145. √   146. √   147. √   148. √   149. √   150. √   151. √   152. ×   153. ×
154. √   155. √

## 五、简 答 题

1. 答:①加工高硬度零件(1分);②加工型腔尖角部位(1分);③加工模具上的肋(1分);④加工深腔部位(1分);⑤加工小孔和表面处理(1分)。

2. 答:纯铜(1分)、石墨(1分)、黄铜(1分)、铜钨合金(1分)和钢及铸铁等(1分)。

3. 答:石墨电极特别适用于大脉宽、大电流型腔加工(1分);电极损耗可达到小于0.5%(1分);抗高温,变形小,制造容易,质量轻(1分);缺点是容易脱落、掉渣,加工质量较差(1分);精加工时易拉弧(1分)。

4. 答:纯铜电极质地细密,加工稳定性好(1分),相对电极损耗小(1分),适应性广,尤其适用于制造精密花纹模的电极(1分),其缺点为精车、精磨等机械加工困难(2分)。

5. 答:黄铜电极最适用于中小电规准的加工(1分),稳定性好,制造也容易(1分),其缺点是电极的损耗比一般电极都大(1分),不容易使被加工件一次成型(1分),所以一般只用于简单的模具加工、通孔加工、取断丝锥等(1分)。

6. 答:钢电极在我国应用比较多(1分),它和铸铁电极相比,加工稳定性差,效率也较低

(1分),但它可把电极和冲头合为一体,只要一次成型(1分),可缩短电级与冲头的制造工时(1分)。电极损耗与铸铁电极相似,适用于"钢打钢"冷冲模加工(1分)。

7. 答:由于含钨量较高(1分),所以在加工中电极损耗小,机械加工成型也容易(1分),特别适用于工具钢、硬质合金等模具加工及特殊异性孔、槽的加工(1分)。加工稳定,在放电加工中是一种性能较好的材料(1分)。缺点是价格较贵,尤其是银钨合金电极(1分)。

8. 答:电参数(1分);电介液(1分);伺服条件(1分);平动条件(1分);电极(1分)。

9. 答:极性(1分)、峰值电流(1分)、脉冲宽度(1分)、脉冲间隔(1分)、抬刀周期及抬刀高度(1分)。

10. 答:①图样分析(0.5分);②选择加工方法(0.5分);③选择与放电脉冲有关的参数(0.5分);④选择电极材料(0.5分);⑤设计电极(0.5分);⑥制造电极(0.5分);⑦加工前准备(0.5分);⑧热处理安排(0.5分);⑨编制、输入程序和装夹与定位(0.5分);⑩开机加工和加工结束(0.5分)。

11. 答:①工具电极的装夹与找正(1分);②工件电极的装夹与找正(1分);③选择电参数(1分);④工件电极上钻头或丝锥孔位置定位(1分);⑤Z方向起始位置定位(1分)。

12. 答:冲油方式(1分);冲油压力(1分);液面高度(1分);加工深度(1分);平动量(1分)。

13. 答:①冲油压力的调整(1分);②进给的调节(1分);③规准转换(1分);④平动量调节(2分)。

14. 答:①悬臂支撑方式(1分);②两端支撑方式(1分);③桥式支撑方式(1分);④板式支撑方式(1分);⑤复式支撑方式(1分)。

15. 答:①压板夹具,它主要用于固定平板状工件,对于稍大的工件要成对使用(1分)。②磁性夹具,采用磁性工作台或磁性表座夹持工件,不需要压板和螺钉,操作快捷方便,定位后不会因压紧而变动(2分);③分度夹具,是为加工电动机转子、定子等多型孔的旋转形工件设计的,可保证高的分度精度(2分)。

16. 答:①电极尺寸缩放量的影响(1分)。②电极实际尺寸、平动量控制的影响(1分)。③电极校正精度的影响(1分)。④电参数调节因素的影响(1分)。⑤加工中电极损耗和深度控制的影响(1分)。

17. 答:①模具零件加工完成后加工部位实测尺寸不合格(1分)。②加工完成部位表面质量不合格(1分)。③加工位置偏差(1分)。④加工中异常(1分)。⑤人为误操作造成的加工异常(1分)。

18. 答:①放电的产生(1分)。②电离作用与绝缘破坏(1分)。③熔化、气化(1分)。④冲击力产生与材料去除(1分)。⑤加工完成与绝缘恢复(1分)。

19. 答:①根据工件的表面粗糙度要求确定最终加工条件(1分)。②根据放电面积和损耗要求确定最终加工条件(2分)。③确定中间各档加工条件(1分)。④确定转换加工条件时的进给量(1分)。

20. 答:①对小型工件,在切削2/3后,用强磁铁吸住即将下落的部分(2分)。②对大型工件,在切割开始应在工件上加工几个起吊孔(在切除材料部分),切割进行到1/2~2/3后,利用该起吊孔将即将切下的部分固定在压板上,防止工件变形或下落(3分)。

21. 答:①严格遵守电火花线切割快走丝机床的操作规程(1分)。②定期检查和润滑

(1分)。③定期调整和更换易损耗件(1分)。④定期清洁和更换工作液(1分)。⑤每天工作结束后清洗机床(1分)。

22. 答:①零件图纸分析(1分)。②工艺准备(1分)。③工艺分析(1分)。④穿丝孔的选择和加工(1分)。⑤电极丝的选择(1分)。

23. 答:①严格遵守电火花线切割慢走丝机床的操作规程(1分)。②定期检查(1分)。③定期润滑(1分)。④定期调整与更换(根据慢走丝电火花线切割机床导电块的磨损情况,及时变更引电块的位置或予以更换(1分)。⑤每天工作结束后清理工作区域,擦净夹具和附件,喷浇防锈油(1分)。

24. 答:①脉冲峰值电流要适当,并便于调整(1分)。②脉冲宽度要窄,并可以在一定范围内调整(1分)。③脉冲重复频率要尽量高(1分)。④有利于减少电极丝的损耗,同时参数调节方便,适应性强(1分)。⑤脉冲电源必须输出单向直流脉冲(0.5分)。⑥脉冲波形的前沿和后沿以陡些为好(0.5分)。

25. 答:①轨迹控制(1分)。②加工控制,其中主要包括对伺服进给速度、电源装置、走丝机构、工作液系统以及其他的功能控制等(2分)。③电极丝半径补偿功能、图形的缩放、对称、旋转和平移功能、锥度加工功能、自动找中心功能、信息显示功能等(2分)。

26. 答:线切割加工时电极丝中心的运动轨迹与零件的轮廓有一个平行位移量(2分),也就是说电极丝中心相对于理论轨迹要偏在一边,这就是偏移(2分),平行位移量称为偏移量(1分)。

27. 答:对于电火花线切割来说,电极丝的偏移是为了在加工中保证理论轨迹的正确,保证加工工件的尺寸(5分)。

28. 答:电火花加工是利用两极间脉冲放电时产生的电腐蚀现象(2分),对材料进行加工的方法,是一种利用电能和热能进行加工的工艺方法(2分),由于在放电加工过程中有火花产生,因此称为电火花加工(1分)。

29. 答:①满足线切割机床所要求的空间尺寸(1分)。②选择能承受机床重量的场所(1分)。③选择没有振动和冲击传入的场所(1分)。④选择没有粉尘,通风条件好宽敞的场地(1分)。⑤选择温度变化小的场所,避免直射及靠近热流的地方(1分)。

30. 答:①切割起始点位置的选择(1分);②预制穿丝孔(1分);③穿丝孔位置及数量(1分);④合理确定加工路线(1分);⑤多孔穿丝多次切割(1分)。

31. 答:①模具加工和特殊形状、难加工的零件(1分)。②特殊和贵重材料的加工(1分)。③可多件叠加起来加工,能获得一致的尺寸(1分)。④可制造电火花成型加工用的粗、精工具电极(1分)。⑤新产品试制(1分)。

32. 答:①机床的零部件不允许随意拆卸,以免影响机床精度(2分)。②工作液槽和油箱中不允许进水,以免影响加工和引起机件生锈(1分)。③直线滚动导轨和滚珠丝杠内不允许掉入赃物和灰尘(1分)。④注意保护工作台面,防止工具或其他物件砸伤、磕伤工作台面(1分)。

33. 答:①程序段号(1分);②准备功能字(2分);③尺寸指令(1分);④辅助功能字(1分)。

34. 答:①形状复杂、带穿孔的、带锥度的电极(1分);②注塑模、挤压模、拉伸模冲模(1分);③成型刀具、样板、轮廓量规的加工(1分);④试制品、特殊形状、特殊材料、贵重材料的加工(2分)。

35. 答:电火花加工可分为电火花成型加工(1分);电火花线切割加工(1分);电火花磨削和镗削(1分);电火花同步共轭回转加工(0.5分);电火花高速小孔加工(1分);电火花表面强化与刻字(0.5分)。

36. 答:①装夹时,工件基准面应清洁、无毛刺(1分)。②所有夹具精度要高,工件应牢固的固定在夹具或工作台上,装夹工件的作用力要均匀,不能引起工件的变形和翘曲(1分)。③工件装夹的位置必须保证切割部位位于机床工作台纵、横进给各允许范围内和电极丝的运行空间,避免工作台移动时和丝架臂相碰(1分)。④加工精密,细小的工件应该使用不易变形的专用辅助夹具(1分)。⑤加工成批零件,应采用专用夹具,以提高工作效率(1分)。

37. 答:峰值电流(1分)、平均加工电流(1分)、脉冲电流前沿(1分)、空载电压(1分)、脉冲宽度(0.5分)、脉间间隔(0.5分)。

38. 答:①配合间隙(1分);②过渡圆(1分);③起割点(1分);④切割路线(2分)。

39. 答:多轴控制(1分)、多轴联动控制(1分)、自动定位与找正(1分)、自动电极交换(1分)、可编程功能(1分)。

40. 答:①电极的制作与工件的准备(1分);②电极与工件的装夹定位(1分);③冲抽油方式的选择(1分);④加工规准的选择、转换(1分);⑤电极缩放量的确定及平动量的分配等(1分)。

41. 答:①对图样进行审核与分析(2分);②编制加工程序(1分);③工件的找正预加工(1分);④工件的检验(1分)。

42. 答:①悬臂支撑式(1分);②两端支撑式(1分);③桥式支撑式(1分);④复式支撑式(1分);⑤弱磁力夹具(1分)。

43. 答:切割速度(1分)、切割精度(2分)、切割表面粗糙度(1分)和电极丝在加工过程中的损耗(1分)。

44. 答:①具有良好的导电性(1分);②损耗小造型容易(1分);③具有加工稳定、效率高(1分);④材料来源丰富(1分);⑤价格便宜等特点(1分)。

45. 答:①用精密刀口角尺找正工具电极(1分)。②用百分表找正工具电极(2分)。③用划针盘找正工具电极(1分)。④用工件模板找正工具电极(1分)。

46. 答:①原点子界面(0.5分);②置零子界面(0.5分);③回零子界面(0.5分);④移动子界面(0.5分);⑤感知子界面(0.5分);⑥选坐标系子界面(0.5分);⑦找内中心子界面(0.5分);⑧找外中心子界面(0.5分);⑨找角子界面(1分)。

47. 答:在工艺条件大体相同的情况下电参数的改变对工艺指标有如下规律:①加工速度随着加工平均电流的增加而提高(1分)。②加工表面粗糙度随着加工电流峰值、脉冲宽度及起始放电电压的减小而提高(1分)。③加工间隙随着起始放电电压的提高而增大(1分)。④在电流峰值一定的情况下起始放电电压的增大,有利于提高加工稳定性和脉冲利用率(2分)。

48. 答:①表面粗糙度和尺寸精度要求很高,切割后无法进行手工研磨的工件(1分)。②窄缝或图形内拐角处小于电极丝直径加放电间隙的工件(1分)。③非导电材料(1分)。④厚度超过丝架跨距的零件(1分)。⑤加工长度超过 XY 有效行程长度,且精度要求较高的工件(1分)。

49. 答:机械传动精度对工艺指标有较大影响,传动精度高,加工产品精度好(1分),传动精度低,加工产品精度差(2分),如果传动精度达不到起码的要求,就无法实现工件的尺寸加工(2分)。

50. 答:①由于在电火花加工的不同阶段,金属蚀除的速度不同,因此必须具有工具电极的自动进给和调节装置,使工具和工件之间保持合适的放电间隙(2分);②火花放电必须是瞬时的、单极性、脉冲放电(2分);③火花放电必须在有一定绝缘性能的液体介质中进行(1分)。

51. 答:①特种加工是用机械能以外的其他能量去除工件上多余的材料,以达到图样上全部技术要求(2分)。②特种加工打破传统的硬刀具加工软材料的规律,刀具硬度可低于被加工材料的硬度(2分)。③特种加工过程中,工具与工件不受切削力的作用(1分)。

52. 答:表面粗糙度就是指零件表面经加工后遗留的痕迹(1分),在微小的区间内形成得高低不平得程度(2分),用数值表现出来(1分),作为评价表面状况的一个依据(1分)。

53. 答:①要有与工件相适应的精度(1分)。②要有足够的刚度,不允许受力后发生变形(2分)。③要有耐磨性,以便在使用中保持精度(2分)。

54. 答:电火花成型加工的缺点主要体现在以下两个方面:①用于加工的金属必须是导电材料(2.5分);②加工速度较慢(需进行预加工,去除大部分余量)且存在一定的电极损耗(2.5分)。

55. 答:①极性效应(1分);②吸附效应(1分);③电参数(1分);④金属材料的热学常数(1分);⑤工作液(1分)。

56. 答:定义:单纯由于正、负极性不同,而彼此电蚀量不同的现象叫极性效应(2分)。原因:由于在不同的脉冲宽度下,工作液中所电离出来的电子与离子对电极发生作用的大小是不同的(3分)。

57. 答:①金属材料的熔点、沸点、比热容、熔化热、气化热愈高,电蚀量将愈小,愈难加工(2.5分);②导热率大的金属材料,能将热量传导、散失到其他部位,降低本身的蚀除量(2.5分)。

58. 答:两个回路:充电回路和放电回路(1分)。①充电回路:直流电源、充电电阻、电容器(2分);②放电回路:电容器、工具电极、极间间隙(2分)。

59. 答:①测量环节(1分);②比较环节(1分);③放大驱动环节(1分);④执行环节(1分);⑤调节对象(1分)。

60. 答:由工作液、工作液箱、工作液泵和循环过滤系统等组成(1分)。工作液起绝缘、排屑、冷却的作用(1分)。低速走丝线切割机床大多采用去离子水作工作液(1分);高速走丝线切割机床大多采用专用乳化液作工作液(1分)。供液方式有:浇注式和浸液式两种(1分)。

61. 答:所谓的加工精度指的是零件在加工后的几何参数(尺寸、形状和位置)与图样规定的理想零件的几何参数符合程度(5分)。

62. 答:基本视图是指机件向基本投影面投影所得的视图(5分)。

63. 答:在光源的照射下(2分),通过投射线(2分),将物体形状反映在平面上,这就是投影原理(1分)。

64. 答:用一组平行射线(1分),把物体的轮廓(1分)、结构(1分)、形状投影到与射线垂直的平面上,这种方法叫做正投影(2分)。

65. 答:俯视方向在水平面投影所获得的平面图形,称为俯视图(5分)。

66. 答:剖视图主要用于表达机件内部的结构形状(1分),它是假想用一剖切面(平面或曲面)剖开机件(2分),将处在观察者和剖切面之间的部分移去(1分),而将其余部分向投影面上投射,这样得到的图形称为剖视图(1分)。

67. 答:①了解零件的名称、材料和用途(1分)。②了解组成零件各部分构成型状的特点、功用以及它们之间的相对位置(2分)。③了解零件的技术要求和探讨零件的制造方法(2分)。

68. 答:是指允许尺寸变化的变动两个极限值(1分),上极限值为最大极限尺寸(1分),下极限值为最小极限尺寸(1分),它是以基本尺寸为基数来确定(1分),它可能大于、等于或小于基本尺寸,用了控制加工好的零件的实际尺寸(1分)。

69. 答:基准制是指以两个相配合的零件中的一个零件为基准件(2分),并确定其公差带位置(1分),然后按使用要求的最小间隙确定非基准件的公差带位置(1分),从而形成各种配合的一种制度(1分)。

70. 答:①同一要素上给出的形位公差值应小于位置公差值(2分)。②圆柱零件的形位公差值一般情况下应小于其尺寸公差值(2分)。③平行度公差值应小于其相应的距离尺寸公差值(1分)。

## 六、综合题

1. 答:①积炭(2分);解决方法是调节电参数,将放电时间减短,抬刀高度增大,脉冲宽度减小,脉冲间隙增大,伺服压力减小等(1分);正确选择冲(抽)油方式及适时更换清洁的工作液(1分)。②表面粗糙度不符合要求(2分);解决方法是选择适当的电参数和冲(抽)油方式,减小电极材料表面粗糙度值(1分)。③表面变质层过厚(2分);解决方法是选择适当的电规准(1分)。

2. 答:①电极和喷油嘴相碰引起火花放电(2分);②绝缘外皮多次弯曲而意外破裂的导线和工件夹具间发生火花放电(2分);③加工的工件在工作液槽中位置过高(2分);④在加工液槽中没有足够的工作液(2分);⑤电极和主轴连接不牢固,意外脱离时,电极和主轴之间发生火花放电(1分);⑥电极的一部分和工件夹具间发生意外放电,并且放电又在非常接近液面的地方(1分)。

3. 答:产生黑白条纹的最根本原因是电极丝往复运动时都放电切割加工,如果电极丝只在一个方向运动时放电,而在另外一个方向运动时不放电,就没有黑白相间的条纹。但若只在单方向运动时放电切割,生产率就太低了。(10分)

4. 答:①工件的基准面应清洁无毛刺,经热处理的工件,在穿丝孔内及扩孔的台阶处,要清除热处理残留物及氧化皮;②夹具应具有必要的精度,将其稳固地固定在工作台上,拧紧螺钉时用力要均匀;③工件装夹的位置应有利于工件找正,并应与机床行程相适应,工作台移动时工件不得与丝架相碰。④对工件的夹紧力要均匀,不得食工件变形或翘起;⑤大批零件加工时,最好采用专用夹具,以提高效率;⑥细小、精密、薄壁的工件应固定在不易变形的辅助夹具上。(10分)

5. 答:①加工效率很低;解决方法:a. 选择较大的电流,提高粗加工效率。b. 确定适当的精加工余量。c. 选择适当的电参数(加大脉冲宽度、减小脉冲间隙)抬刀次数及冲(抽)油方式。②电极损耗很大;解决方法:选择适当的电参数及冲(抽)油压力。③放电状态不稳定;解决方法:a. 选择适当的电参数(减小电流及脉冲宽度,增大脉冲间隙)。b. 清理加工部位的杂物、毛刺。c. 检查冲油压力和方式是否合理。④电极发生变形。解决方法：a. 选择适当的电参数(减小放电电流和放电时间)。b. 增大冲油压力。c. 设计电极时，应考虑使电极具有足够的强度。⑤型孔加工中发生"放炮"。解决方法：适当抬刀或者在油杯顶部周围开出气槽、排气孔，以利于排出积聚的气体。(10 分)

6. 答：①表面粗糙度和尺寸精度要求很高，切割后无法进行手工研磨的工件；②窄缝宽度小于电极丝直径加放电间隙的工件，或图形内拐角处不允许带有电极丝半径加放电间隙所形成的圆角的工件。③非导电材料；④厚度超过丝架跨距的工件。⑤加工长度超过 X、Y 向滑板的有效行程，切精度要求较高的工件。(10 分)

7. 答：①储丝筒轴向窜动，解决方法是检修轴承端盖，消除轴向窜动。②储丝筒上电极丝叠绕，解决方法是调整排丝轮位置，保证排丝距均匀。③电极丝打折，解决方法是重新上丝和穿丝。④运丝机构故障引起断丝。⑤电极丝陈旧，有锈斑，在高速运行下会断丝。解决方法是换用新丝。(10 分)

8. 答：①导丝轮径向跳动、轴向窜动、转动不灵活，容易造成掉丝，引起断丝。解决方法是消除超差跳动与窜动。②导丝轮轴承卡死或导丝轮转动阻滞，可使导丝轮 V 形槽被电极丝拉出深槽，造成电极丝拉断。解决方法是更换导丝轮及轴承。③挡丝块、导电轮被电极丝拉出深槽或在电极丝高速运行中发热变形夹丝，也会造成断丝。解决方法是更换挡丝块或导电轮。(10 分)

9. 答：工件端面切割条件恶劣，是点接触，放电点不分散，以及电源参数和进给速度不合适等。解决方法是加工刚开始时应去小能量的电源参数，即减小电流或脉冲宽度，增大间隙，待电极丝切入工件中，改用正常参数。(10 分)

10. 答：①高频电源参数选用不当。解决方法是调小峰值电流和脉冲宽度，适度调大脉冲间隔。②进给速度调节不当。解决方法是适度调整进给速度，一般电极丝进给速度调制 6~8 挡(有 0~9 共 10 挡)比较合适。③工作液浓度和导电率不合适。解决方法是按规定浓度配置工作液并注意工作液导电率变化，适当调整。④工件变形或工件受污、有夹渣或成分不均。解决方法是清理工件；正确选择切入口和切割路线；采用较弱的加工条件，减慢切削速度；加大脉冲宽度。(10 分)

11. 答：①操作者必须经过操作培训，了解机床基本结构，掌握机床的使用方法。②操作者必须熟悉线切割加工工艺，正确选择加工参数，按要求操作。③装卸电极丝是应要求操作。④加工前应检查工作液箱中的工作液是否足够。⑤正式加工前，应检查确认所有的装备工作正确无误。⑥必须在机床的允许范围内加工，不得超重或超行程加工。⑦加工前要安装防护罩。⑧加工时，操作者不得同时接触工件与机床工作台，以防触电。⑨机床附近不得放置易燃、易爆物品。(10 分)

12. 答：①确认工件的设计基准或加工基准，尽可能使用设计或加工的基准面与 X、Y 平行。②工件的基准面应清洁、无毛刺。经热处理的工件，在穿丝孔内及扩孔的台阶处，要清理热处理残留物及氧化皮。③工件装夹的位置及应有利于工件找正，并应于机床行程相适应。④工件的装夹应确保加工中电极丝不会过分靠近或误切割机床工作台。⑤工件的夹紧力大小要适中、均匀，不得使工件变形或翘起。⑥按公斤按图纸要求用百分表或其他量具找正基准面，使基准面与工作台的 X 向或 Y 向平行。⑦工件装夹位置应使工件切割范围在机床允许行程范围之内。⑧工件装夹完毕，要清除干净工作台面上的一切杂物。⑨调整好机床线架高度，

切割时,保证工件和家具不会碰到线架的任何部分。(10分)

13. 答:①防止切割路线或材料本身的变形。②切割方向和上下面要作好标记。③八方中途不得再调任何一项工艺参数或变频速度。④一次完成,中途不得停机。⑤要校正钼丝,保证它的垂直度。⑥不得设置齿隙,间隙补偿。(10分)

14. 答:①三相四线制供电电源的三相严重失衡,会导致空气开关相平衡保护。零线上的压降过大,会因自身或同网邻居负荷的变化招致零线电位浮动,瞬间一个峰值会直接干扰各控制回路。②保险或供电回路上的某一接点接触不良。③断丝保护继电器接触不够稳定。当然与继电器本身和进电块的接触都有关系。④电机或变压器绝缘强度降低,当然这会伴随着爆保险。⑤向断丝保护继电器提供电源的12 V直流源损坏。⑥行程保护开关和停止按钮的常闭触点闭合不好。⑦走丝刹车电容或向电容充电的二极管击穿。(10分)

15. 答:①检查机床各部位的润滑,检查显示液面是否正确,由于错误信息,各移动轴是否正常,行程限位开关是否可靠。②检查空气过滤器是否良好可靠。③工作液面高于工件40 cm才能加工。④操作人员随时观察加工情况,以免出现短路、拉弧烧伤工件。⑤若机床出现故障应停机,及时维修。⑥使用不同的电极机加工不同的材料应注意参数的变化。(10分)

16. 答:①没加装地线或地线接地电阻太大。②电网零线电位过高,三相用电严重失衡或零线在输送途中的接触不良所致。③机床内的电源变压器的绝缘强度不够。④交流电机绕组与壳体间击穿。⑤水泵定子或接线盒处进水。所以换水时水泵严防横放或倒置。防止残存污水流入水泵电机里。⑥污物或杂物造成了某带电部位与床身的短路。所以在狭窄、污浊、潮湿、无序的场地放置机床是危险的。⑦刹车电容外壳漏电。(10分)

17. 答:①不需要制造成型电极,工件材料的预加工量少。②由于采用移动的长电极丝进行加工,单位长度电极丝损耗较少,对加工精度影响小。③电极丝材料不必比加共材料硬,可以加工难切削的材料。④由于电极丝很细,能够方便地加工复杂形状、微细异型孔、窄缝等零件,由于切缝很窄,零件切除量少,材料损耗少。可节省贵重材料,成本低。⑤由于加工中点击死不直接接触工件,故工件几乎不受切削力,适宜加工低刚度工件和细小工件。⑥直接利用电、热能加工,可以方便的对影响加工精度的参数进行调整,有利于加工精度的提高,操作方便,加工周期短,便于实现加工过程中的自动化。(10分)

18. 答:①不需要制造成型电极,用一个细电极丝做电极,按一定的切割程序进行轮廓加工,工件材料的预加工量少。②电极丝张力均匀恒定,运行平稳,重复定位精度高,可进行二次或多次切割,从而提高加工效率。③可以使用多种规格的金属丝进行切割加工,尤其是贵重金属切割加工,采用直径比较细的电极丝,可节约材料。④慢走丝电火花线切割机床配用的脉冲电源峰值电流很大,特别适用于微细超精密工件的加工。⑤慢走丝电火花线切割机床采用去离子水作为冷却液,因此有利于实现无人化连续加工。⑥有自动穿丝,自动切断电极丝运行功能。⑦慢走丝电火花线切割采用单向运丝,即新的电极丝只一次性通过加工区域,因为电极丝的损耗对加工精度几乎没有影响。⑧加工精度稳定性高,切割锥度表面平整、光滑。慢走丝电火花线切割广泛应用于精密冲模、粉末冶金压膜、样板、成型的刀具及特殊材料工件。(10分)

19. 答:①加工时工具电极和工件不直接接触,可用较软的电极材料加工任何高硬度的导电材料,因此工具电极制造比较容易。②在加工过程中不是明显的机械力,所以工件无机械变形,因而可以加工某些刚性较差的薄壁、窄缝和小孔、弯孔、深孔、曲线孔及各种复杂型腔等。③加工时不受热影响,加工时脉冲能量是间歇地已极短得的时间作用在材料上,工作液是流动的,起散热作用,这可以保证加工不收热变形的影响。④电火花加工不需要复杂的切削运动,直接利用电能加工可以加工形状复杂的零件表面,易于实现加工过程的自动化。⑤加工时不用刀具,可减少昂贵的切削刀具。⑥减少机械加工工序,加工周期短,劳动强度低,使用维护方便。⑦电火花加工需要制造精度高的电极,而电机在加工中有一定损耗。增加了成本、降低了精度。(10分)

20. 答:①操作者必须经过操作培训,了解机床基本结构、掌握机床的使用方法。②操作者必须熟悉线切割加工工艺,正确选择电参数,按要求操作,防止造成断电等故障。③装卸电极丝时应按要求操作。④防止工作液等导电物进入机床的电器部分,一旦发生因电器短路造成火灾时,应先切断电源,立即用四氯化碳等合适的灭火器灭火,不准使用水灭火。⑤正式加工前,应确认工件位置已正确安装,防止出现运动干涉或者超程等现象。⑥必须在机床的允许范围内加工,不得超重或超行程工作。⑦加工之前要安装好防护罩,并尽量消除工件的残余应力,防止切割过程中工件爆炸伤人。⑧加工时,操作者不得将身体任何部位伸入加工区域,以防触电。⑨机床附近不得放置易燃、易爆物品,防止因工作液一时供应不足产生的放电火花引起事故。⑩禁止用湿手按开关或解除电气部分。工作结束后,关掉总电源。(10分)

21. 答:①工具电极的装夹和找正。②工件电极的装夹和定位。③选择电参数。④工件电极上钻头或丝锥孔位置定位。⑤Z方向起始位置定位。⑥放电加工。(10分)

22. 答:①准备界面,此界面主要完成零件的装夹和找正功能。②加工界面,此界面主要完成零件的实际加工,自动编程也在这个界面完成。③编辑界面,此界面进行手工编程或修改及程序文件的管理。(10分)

23. 答:①形成火花放电通道,并在放电结束后迅速恢复放电间隙的绝缘状态;②压缩放电通道,并限制其扩展,使放电能量高度集中在极小的区域内,既加强了蚀除的效果,又提高了放电仿型的精确性;③加速电极间隙的冷却和消电离过程,有助于防止出现破坏性电弧放电;④加速电蚀产物的排除。(10分)

24. 答:脉冲电源作用:把工频交流电流转变成频率较高的单向脉冲电流,向工件和工具电极间的加工间隙提供所需要的放电能量,以蚀除金属。脉冲电源输入为380 V、50 Hz的交流电,其输出应满足如下要求:①足够的放电能量;②短时间放电;③波形单向;④主要参数有较宽的调节范围;⑤有适当的脉冲间隔时间。(10分)

25. 答:RC线路脉冲电源的工作过程:①当直流电源接通后,电流经限流电阻向电容器充电,电容器两端的电压上升,电能往电容器上储存;②当电容器两端的电压上升到工具与工件之间间隙的击穿电压时,电容器上储存的电能就瞬间释放,形成较大的脉冲电流;③电容器上的电能释放后,电压下降到接近于0,极间工作液又迅速恢复到绝缘状态;此后,电容器再次充电,重复上述过程。(10分)

26. 答:①形成火花放电通道,并在放电结束后迅速恢复间隙的绝缘状态;②压缩放电通道,并限制其扩展,使放电能量高度集中在极小的区域内,既加强了蚀除的效果,又提高了放电仿型的精确性;③加速电极间隙的冷却和消电离过程,有助于防止出现破坏性电弧放电;④加速电蚀产物的排除。

实验表明:介电性好、密度和粘度大的工作液有利于压缩放电通道,提高放电的能量密度,强化电蚀产物的抛出效应;但是,粘度过大不利于电蚀产物的排出,影响正常放电。所以,粗加工使用粘度大的机油,精加工时使用粘度小的煤油;提高加工速度的途径:①选用适当的脉冲宽

度;②选用适当的脉冲间隔;③增加单位脉冲能量(主要是增加峰值电流);④提高脉冲频率 $f$。(10 分)

27. 答:①放电间隙大小及其一致性:采用较小的电规准,可以缩小放电间隙;这样,可以提高仿形精度,也使间隙变化量小,从而提高加工精度。②工具电极的损耗及其稳定性:电火花穿孔加工时,电极在长度方向上可以贯穿型孔,因此得到补偿;但电火花成型加工时,电极损耗后无法得到补偿,需要更换电极。③二次放电电火花加工的表面质量:表面粗糙度、表面变质层、表面力学性能。(10 分)

28. 答:总体要求:有较高的加工速度、工具电极损耗低、加工过程稳定性好、工艺范围广,从而,能适应粗加工、半精加工、精加工的要求;能适应不同材料的加工;能采用不同工具电极材料进行加工。具体要求:①所产生的脉冲应该是单向的;目的:最大限度地利用极性效应,以提高生产率和减少工具电极的损耗。②脉冲电压波形的前后沿应该较陡(一般采用矩形波脉冲电源);目的:保证加工工艺过程比较稳定。③脉冲电源的主要参数应能在很宽的范围内可以调节;目的:满足粗加工、半精加工、精加工的要求。④工作可靠、成本低、操作方便、节能省电。(10 分)

29. 答:①当直流电源接通后,电流经限流电阻向电容器充电,电容器两端的电压上升,电能往电容器上储存;②当电容器两端的电压上升到工具与工件之间间隙的击穿电压时,电容器上储存的电能就瞬间释放,形成较大的脉冲电流;③电容器上的电能释放后,电压下降到接近于 0,极间工作液又迅速恢复到绝缘状态;此后,电容器再次充电,重复上述过程。(10 分)

30. 答:①开机后先看电压是否在额定值范围内,检查各油压表数值是否正常,再接通高频电源。油泵压力正常后,用手上下移动主轴,待全部正常后,方可进行自动加工。②抽油时,要注意真空表指数,不许超过真空额定压力,以免油管爆裂。③电脉冲在加工时,应使冷却液高于工件 20～30 mm,以免火花飞溅而着火。④发生故障,应立即关闭高频电源,并使电极与工件分离,再分析故障原因。电箱内不准放入其他物品,尤其金属器件。禁止用湿手接触开关或其他电气部分。⑤发生火警时,应立即切断电源,应用四氯化碳或干粉,干砂等扑救,严禁用水或泡沫灭火机。并应及时报告。⑥工作后或离开机床时,应即关断高频电源和切断控制台交流稳压电源,先关高压开关,后关电源开关。⑦通电后,严禁用手或金属接触电极或工件。操作者应站在绝缘橡皮或木垫板上。(10 分)

31. 答:①负有安全生产监督管理职责的部门。②负有安全生产监督管理职责的部门依法监督检查时行使的职权。③安全生产监督管理部门和人员进行检查的规定。④行政监察机关的职责。⑤安全生产中介机构的监督管理。⑥安全生产违法行为举报的规定。⑦安全生产社会监督,舆论监督的规定。⑧对举报安全生活违法行为有功人员的奖励。(10 分)

32. 答:对策是采用较合理的工作液喷射方式,使电极丝出口和进口处工作液供应情况尽量一致,尤其要改善工件下部工作液的供应情况,这样对限制黑白条纹有一定效果。(10 分)

33. 答:①思想上对安全生产不重视,存在麻痹大意和侥幸心理。②不遵守电气设备安装规程、检修规程、运行规程和安全操作规程,违章作业,这是造成触电事故最主要的原因。③电气线路、电气设备安装不规范,或者存在绝缘老化等缺陷,又缺乏正常的维护检查。④电气设备接地(零)装置安装维护不良。⑤缺乏安全用电知识,缺乏必要的安全装置,这也是引起违章作业和引发扩大触电事故的一个重要原因。(10 分)

34. 答:①电流强度的影响。触电时流过人体的电流强度不同,引起人体的不适反应和造成的伤害也不同。②持续时间的影响。触电电流通过人体的持续时间越长,对人体的伤害越严重。③电压高低的影响。触电电压越高,对人体的伤害越大。④电流频率的影响。电流频率对触电的伤害程度有很大的影响。⑤电流途径的影响。电流流过人体的途径与触电伤害程度有直接的关系。⑥人体身体状况的影响。人体身体状况不同,触电时受到伤害的程度也不同。(10分)

    35. 答:①火线必须接入开关。②合理选择照明电压。③合理选择导线和熔丝。④电气设备要有一定的绝缘电阻。⑤电气设备的安装要正确。⑥采用各种保护用具。⑦电气设备的保护接地和接零。(10分)

# 电切削工(中级工)习题

## 一、填 空 题

1. 数控编程一般分为手工编程和（　　）两种编程方式。

2. 分析零件图样、确定加工工艺过程，数值计算、编写零件加工程序，程序的输入或传输，程序校验都是由人工完成的,这种编程方法叫（　　）。

3. 实现自动编程的方法主要有语言式自动编程和（　　）自动编程两种。

4. 手工编程是电切削操作者必备的基本功，它能使操作者比较清楚的了解编程所需的各种计算和（　　）。

5. 数控系统是机床实现（　　）的核心。

6. 数控系统按照运动轨迹分类,可分为点位控制系统、直线控制系统、（　　）。

7. 数控机床的进给伺服系统是（　　）与机床本体间电传动联系的环节,也是数控系统的执行部分。

8. 伺服电动机是系统的（　　）,驱动控制系统则是伺服电动机的动力源。

9. 数控系统发出的指令信号与位置反馈信号比较后作为（　　）,再经过驱动电动机运转,通过机械传动装置拖动工作台或刀架运动。

10. 强电控制柜主要用来安装机床强电控制的各种（　　）。

11. 脉冲放电的能量密度高,便于加工用普通的机械加工难于加工或无法加工的特殊材料和（　　）的工件,不受材料硬度及热处理状况的限制。

12. 电加工是利用电能进行腐蚀加工,所以要求工具电极、被加工材料必须是（　　）。

13. 脉冲性放电在时间上是（　　）的,在空间上放电点是分散的。

14. 在电火花加工中,一般我们把工件接脉冲电源阳极、工具电极接脉冲电源负极的加工方法称为（　　）。

15. 覆盖效应在材料放电腐蚀过程中,一个电极的电蚀产物转移到另一电极表面上,形成一定厚度的覆盖层,这种现象叫（　　）。

16. 放电发生时电极丝与工件的距离叫（　　）。

17. 电极工具的进给速度大于材料的蚀除速度,致使电极工具与工件接触,不能正常放电,称为（　　）。

18. 电极工具的进给速度小于材料的蚀除速度,致使电极工具与工件距离大于放电间隙,不能正常放电,称为（　　）。

19. 线切割加工时电极丝中心的运动轨迹与零件的轮廓有一个平行位移量,也就是说电极丝中心相对于理论轨迹要偏在一边,这就是（　　）。

20. 不同的数控系统,由于机床及系统本身的特点,为了编程的需要,都有一定的（　　）。

21. 编程人员在按数控程序的常规格式进行编程的同时,还必须严格按照（　　）的格式进行编程。

22. 子程序结束有专用的结束标记,ISO 代码中用(    )来表示子程序结束后返回主程序。

23. 程序结束通过(    )指令来实现,它必须写在程序的最后。

24. 所谓顺序号,就是加在每个程序段前的编号,可以省略。顺序号用 N 或 O 开头,后接四位(    ),以表示各段程序的相对位置。

25. 程序的注释应放在程序的最后,(    )将注释插在地址和数字之间。

26. 计算机编程根据方式不同分为(    )和语言式编程。

27. 增量坐标指令是(    ),即当前点坐标值是以上一点为参考点得出的。

28. 把当前点的坐标设置成需要的值是(    )代码。

29. 定位指令为(    )代码,用来快速移动轴。

30. 用 G01 代码,可指令各轴(    )加工,最多可以有四个轴标识及数据。

31. G20、G21(单位选择)这组代码应放在 NC 程序的(    )。

32. G20 是英制代码,有小数点表示计量单位为英寸,否则计量单位为(    )英寸。

33. G21 是公制代码,有小数点表示计量单位为(    ),否则计量单位为 $\mu m$。

34. 电切削编程的目的是产生电切削控制系统所需要的(    )。

35. 对于一般的自由曲线,通常可以用直线插补或(    )的方法进行加工。

36. 对于一般的数控加工,刀具补偿包括(    )和刀具长度补偿。

37. 数控编程的核心工作是生成刀具(线电极)轨迹,然后将其离散成(    ),再经后置处理产生数控加工程序。

38. 在主程序调用子程序中,还可以再调用其他子程序,它的处理和主程序调用子程序相同,这种方式称作(    )。

39. 后置处理程序的输入信息是前置处理输出的刀位文件,它的输出是数控机床及其配置的数控系统使用的(    )。

40. G41 为电极(    ),G42 为电极右补偿。

41. 当补偿值为(    )时,运动轨迹与撤销补偿一样,但补偿模式并没有被取消。

42. 当补偿值大于圆弧半径时,就会发生(    )。

43. 当补偿值大于两线段间距的 1/2 时,会发生(    )。

44. 在某些情况下,过切有可能中断(    )。

45. 执行含有(    )指令的语句后,机床液泵自动打开。

46. 执行含有(    )指令的语句后,机床液泵自动关闭。

47. 执行含有(    )指令的语句后,机床运丝机构开启,为线切割机床放电加工作好准备。

48. 执行含有(    )指令的语句后,机床运丝机构停止,线切割机床停止放电加工。

49. 在实际加工中,电火花线切割数控机床是通过控制电极丝的(    )来加工的。

50. 加工凸模时,电极丝中心轨迹应在所加工图形的(    )。

51. 加工凹模时,电极丝中心轨迹应在图形的(    )。

52. 所加工工件图形与电极丝中心轨迹间的距离,在圆弧的半径方向和线段垂直方向都等于(    )。

53. 感知的回退量是感知后向( )移动的距离。

54. 启动 YH 软件通常有( )种方式,选用其中任何一种方式均能进入 YH 绘图软件。

55. 如果上下导轮都不精确,两导轮的跳动方向又不可能相同,在工件加工部位各空间位置上的( )均可能降低。

56. 用于电火花加工的纯铜必须是无杂质的( ),最好经过锻造。

57. 纯铜电极通常采用低损耗的加工条件,由于低损耗加工的平均电流较小,其生产率不高,故常需对工件进行( )。

58. 控制柜中装有脉冲电源控制系统、伺服控制系统、( ),能进行电加工参数设置、自动编程和对机床坐标工作台的运动进行数字控制。

59. 线切割快走丝机床在加工过程中,钼丝的质量及钼丝的( )对加工质量起主要的影响。

60. 快走丝线切割机床是利用工具电极对工件进行脉冲放电时产的( )来进行加工。

61. 电火花线切割加工( )制作成型电极。

62. 电加工常用材料有 T7、T8、TIOA、T12A。其特点是淬火硬度高,淬火后表面硬度约为( )HRC。

63. 碳素工具钢以 TIO 应用最广泛,一般用于制造尺寸不大、形状简单、受轻负荷的( )。

64. 碳素工具钢由于含碳量高,加之淬火后切割中( ),其切割性能不是很好。

65. 低合金工具钢,其特点是淬透性、耐磨性、淬火变形均比( )好。

66. 低合金工具钢有良好的切割加工性能,其加工速度和( )均较好。

67. 高合金工具钢,其特点是有高的淬透性、耐磨性,热处理变形小,能承受较大的( )。

68. 纯铜电极可适用于( )模具的电火花加工,如加工中小型型腔、花纹图案、细微部位等均非常合适。

69. 45 号钢具有较高的强度,经调质处理有较好的综合力学性能,可进行表面或整体淬火以提高硬度,常用于制造( )和压铸模。

70. 碳素结构钢的线切割性能一般,淬火件的切割性能较未淬火件好,加工速度较合金工具钢稍慢,( )较差。

71. 虽然硬质合金切割后表面粗糙度好,但是( )较低,而且由于使用水质工作液,所以表面产生显微裂纹的变质层。

72. 紫铜的线切割速度较低,是合金工具钢的 50%～60%,表面粗糙度较大,( )也较大,但其切割稳定性较好。

73. 石墨完全是由碳元素组成的,具有导电性和( ),因而也可制作电极。

74. 石墨的线切割性能很差,效率只有合金工具钢 20%～30%,其放电间隙小,不易排屑,加工时易( ),属不易加工材料。

75. 由于快走丝切割的加工作用力小,不像金属切削机床要承受很大的切削力,因而其装夹夹紧力要求不大,有的地方还可用( )定位。

76. 线切割是一种贯通加工方法,因而工件装夹后被切割区域要悬空于工作台的有效切割区域,因此一般采用( )或桥式支撑方式装夹。

77. 工件的定位面要有良好的精度,一般以(　　)加工过的面定位为好,棱边倒钝,孔口倒角。

78. 在加工石墨电极前,将石墨在(　　)中浸泡一段时间,可防止加工崩角,减少灰尘。

79. 待电加工的热处理件要充分(　　)去应力,平磨件要充分退磁方可准备加工。

80. 石墨电极的加工稳定性较好,在粗加工或窄脉宽的(　　)时,电极损耗很小。

81. 石墨电极的导电性能好,加工速度快,能节省大量的(　　),在粗加工中更显优势。

82. 桥式支撑方式是快走丝线切割最常用的装夹方式,适用于装夹多种工件,特别是(　　)工件,装夹后稳定。

83. V形夹具装夹方式适合于圆形工件的装夹,工件母线要求与端面(　　)。

84. 快走丝线切割机床新配制工作液的切割效果并不是最好,在使用(　　)h左右后,其切割速度、表面质量最好。

85. 解决应力变形问题,一般可采用(　　)方法,如在余料上钻孔、切割热处理件充分回火消除应力,采用穿丝并选择合理的加工路径,以限制应力释放。

86. 定位孔自身的精度及找正此孔的精度都会影响(　　)。

87. 为了提高找正精度,找正面的粗糙度要(　　),孔口倒角以防产生毛刺。

88. 在制造石墨电极的微细面时,受加工限制无法达到好的表面粗糙度,所以石墨电极不能用于(　　)。

89. G00 是快速移动的(　　)指令。

90. G01 是直线插补的(　　)指令。

91. G02 是(　　)圆弧插补指令。

92. G03 是(　　)圆弧插补指令。

93. G04 是(　　)指令。

94. G09 是(　　)镜像和 $X-Y$ 轴交换指令。

95. 铜钨合金和银钨合金电极的缺点是(　　),材料来源困难。

96. 在冲模加工时,可以采用"(　　)"的方法,用加长的上冲头钢凸模作为电极,直接加工凹模。

97. 在冲模加工时,如果用钢材质凸模作为工具电极,那么凹模不可以使用(　　)的钢材,否则电火花加工时将极不稳定。

98. G28 是尖角(　　)过渡指令。

99. G29 是尖角(　　)过渡指令。

100. 执行(　　)代码后,程序运行暂停。它的作用和单段暂停作用相同,按 Enter 键后,程序接着运行。

101. (　　)代码是整个程序结束命令,其后的代码将不被执行。

102. (　　)代码只在本程序段有效,而且只忽略一次。

103. 原点的作用是回机械零点,即各轴的(　　)极限。选择"三轴"时,执行顺序为 $Z$ 轴、$Y$ 轴、$X$ 轴。

104. 置零的作用是把当前点设为当前坐标系的任一点。开机后,若没有返回上次的零点就进行(　　),系统会提示操作者确认后再置零。

105. 回零的作用是回(　　)坐标系的零点,可选任一轴或都回零。

106. 加工时,工具电极与工件材料(　　　),两者之间宏观作用力极小,工具电极不需要比加工材料硬,即可以柔克刚,故电极制造容易。

107. 感知的作用是通过电极与(　　　)接触来定位。

108. 螺纹的牙顶线画的是(　　　)。

109. 螺纹的牙底线用(　　　)表示。

110. 统一规定机床坐标轴和运动正负方向的目的是(　　　)。

111. ISO规定标准的坐标系是用右手直线坐标系表示,即(　　　)坐标系。

112. 基点是构成轮廓的不同几何素线的(　　　)或切点。

113. 斜楔、螺旋、凸轮等机械夹紧机构的夹紧原理是利用(　　　)的自锁来夹紧工件。

114. 设计电极时要按照一定的顺序进行,以防漏设计。这点对于(　　　)的电极设计非常重要。

115. 零件加工后的实际几何参数与(　　　)的符合程度称为加工精度。

116. 在加工过程中,电极的尖角、棱边等凸起部位已形成尖端放电,所以这些部位比平坦部位损耗要(　　　)。

117. 常见钢的退火种类有(　　　)、球化退火和去应力退火(或低温退火)。

118. 装配工艺中装配单元划分成零件、合件、(　　　)、部件、机器。

119. 不同热处理状态下45钢的加工优劣顺序为(　　　)、调质、淬火。

120. 永磁式交流伺服电机主要由定子、转子和(　　　)三部分组成。

121. 最大间隙与最小间隙的统称为(　　　)。

122. 在满足工件精度、表面粗糙度、生产率等要求下,要尽量简化数学处理时(　　　)的工作量,简化编程工作。

123. 百分表在测量工件时,量杆要与被测表面(　　　),否则会产生较大的误差。

124. 退火的目的主要是(　　　)硬度,便于切削加工。

125. 为提高其加工精度,在设计电极时可将其分解为(　　　)和副电极,先用主电极加工型腔或通孔的主要部分,再用副电极加工尖角、窄缝等部分。

126. 热应力是由于工件加热或冷却时,各部温度不同,使之(　　　)不同而产生的应力叫热应力。

127. 减少变形与防止开裂的方法很多,但主要的是靠正确的选材、合理的结构设计、冷热加工工艺的密切配合以及正确的(　　　)来保证。

128. 力学性能是指材料在(　　　)作用下表现出来的抵抗力。

129. 滚动轴承的滚珠不允许有软点,因为软点会使滚珠过早的(　　　)及疲劳损坏。

130. 化学成分和结构类型发生变化的(　　　)过程叫做相变。

131. 低于共析成分的奥氏体,从高温慢冷下来之际,在发生共析转变之前析出的铁素体叫(　　　)。

132. 对于一些薄小、高低跌差很大的电极,在CNC铣削制作和(　　　)时都非常容易变形,设计电极时,应采用加强电极、防止变形的方法。

133. 表面粗糙度是反映零件表面微观几何形状(　　　)的一个重要指标。

134. 对机加工应力大的,而变形要求严格,热处理过程又难以校正的工件,在淬火前应采用(　　　)退火,以减少淬火回火后的形状畸变。

135. 淬火件作外观检验时,主要检验表面是否有（　　）、磕碰、腐蚀、和烧伤。

136. 设计电极时,应将能延伸的（　　）尽量地延伸,以达到完美的加工效果。

137. 电极需要避空的部位必须避空处理,以避免在电火花加工中发生加工部位以外（　　）的情况。

138. 耐火材料的稳定性包括热稳定性、体积稳定性和（　　）。

139. 在光学显微镜下看到的（　　）呈羽毛状,下贝氏体呈针片状。

140. 电阻与导体的长度成（　　）,与导体的横截面积成反比,单位长度和单位面积的导体所具有的电阻值称为该导体的电阻率。

141. 使用脆性材料时应主要考虑（　　）。

142. 低碳钢拉伸试验中,经过（　　）阶段后,材料开始产生塑性变形。

143. 金属材料在常温下的机械性能包括刚度、强度、硬度、疲劳极限、冲击韧性和（　　）。

144. 高温下金属材料抵抗变形而不断裂的能力称为（　　）。

145. 金属材料在承受压力加工时,能改变形状而不产生裂纹的能力称为（　　）。

146. 可调支承常用于毛坯形状和尺寸变化较大而以（　　）基准定位的场合。

147. 金属材料的可锻性好坏取决于材料的塑性和（　　）。

148. 为了减小由于存在间隙所产生的误差,百分表齿杆的（　　）不能太大。

149. 筋板在剖切时可以不画（　　）。

150. 垂直于螺纹轴线的视图中表示牙底的细实线只画约（　　）圈。

151. 单位时间内电极的体积损耗 Ve 或长度损耗 Veh,称为（　　）。

152. 电极绝对损耗与工件加工速度的百分比,称为（　　）。

153. 在电火花加工中（　　）正极性损耗小,精加工负极性损耗小。

154. 一般情况下,加工电流越大损耗就越大,但对（　　）打钢,窄脉宽小电流并不一定能收到低损耗的效果。

155. 在电火花加工时冲抽油压越大损耗越大,这是由于冲抽油会破坏"（　　）",但对石墨打钢影响不大。

156. 由于城市化、工业化、交通现代化以及人口暴增和矿物能源的大量消耗等原因,使得地球温度明显上升,出现"（　　）"。

157. 环境保护法的主要任务是保护和改善环境,防治污染和（　　）。

158. （　　）原则的核心是要解决因环境污染造成的损害以及治理污染所支付的费用究竟应该由谁来承担的问题。

159. 我国的《污水综合排放标准》(GB 8978—1996)将排放的污染物按性质及控制方式分为（　　）类。

160. 《地表水环境质量标准》中水域功能区划分为（　　）类。

161. 职业健康安全管理体系是（　　）的一个组成部分,包括为制定、实施、实现、评审和保持职业健康安全方针所需的组织机构、规划、活动、职责、制度、程序、过程和资源。

162. 职业健康安全管理体系产生的另外一个重要原因是（　　）和国际贸易发展的需要。

163. 职业健康安全管理方案要与组织的实际情况（　　）,并且必须具备职责、权限和完成时间表等要素,否则就不是一个完整的、规范的管理方案。

164. 最高管理者应指定一名管理成员作为管理者代表承担（　　）,管理者代表的职责是负责体系的建立和实施。

165. 从业人员既是安全生产保护的对象,又是实现安全生产的(　　　)。

## 二、单项选择题

1. 是指数控机床工作台等移动部件在确定的终点所达到的实际位置精度,即移动部件实际位置与(　　　)之间的误差。

(A)移动位置　　　　(B)绝对位置　　　　(C)理论位置　　　　(D)相对位置

2. 加工的圆弧较小时,刀具半径应选(　　　)。

(A)大一点　　　　(B)小一点　　　　(C)无需考虑　　　　(D)最大

3. 图样中标注∠1:5 的含义是(　　　)。

(A)斜度 1:5　　　　(B)锥度 1:5　　　　(C)垂直度 1:5　　　　(D)平行度 1:5

4. 若已知两圆弧的圆心 $O_1$、$O_2$,半径 $R_1$、$R_2$,连接弧半径 $R$,则连接弧与两已知圆弧外切时,分别以 $O_1$、$O_2$ 为圆心,以(　　　)为半径画弧,两弧交点为连接弧圆心。

(A)$R-R_1$ 及 $R-R_2$　　　　　　　　(B)$R+R_1$ 及 $R+R_2$

(C)$R-R_1$ 及 $R+R_2$　　　　　　　　(D)$R+R_1$ 及 $R-R_2$

5. 视图中的一个封闭线框表示(　　　)。

(A)物体上一个平面或曲面的投影　　　　(B)两个不同位置面的投影

(C)具有积聚性的表面的投影　　　　　　(D)面与面交线的投影

6. 分析组合形体相邻表面间的连接关系时主要分为三种情况,不包括(　　　)。

(A)共面　　　　(B)交错　　　　(C)相交　　　　(D)相切

7. 当两个简单形体的邻接表面相切时,相切处(　　　)。

(A)用粗实线画出切线　　　　　　(B)用点画线画出切线

(C)不用画线　　　　　　　　　　(D)用虚线画出切线

8. 画好图形底稿后用铅笔加深时,下列(　　　)的顺序是不可取代的。

(A)先画粗线后画细线,先画曲线后画直线

(B)同类型同方向图线成批画出

(C)先画图的上方后画下方,先画图的左方后画右方

(D)先标注尺寸后画粗线

9. G00 速度是由(　　　)决定的。

(A)编程　　　　(B)操作者输入　　　　(C)进给速度　　　　(D)机床内参数

10. 程序校验与首件试切的作用是(　　　)。

(A)检查机床是否正常

(B)提高加工质量

(C)检验参数是否合适

(D)检验程序是否正确及零件的加工精度是否满足图纸要求

11. 下列各项中不属于硬度指标的是(　　　)。

(A)布氏硬度　　　　(B)冲击韧性　　　　(C)洛氏硬度　　　　(D)维式硬度

12. 制造高温工作的零件所用的金属材料,要有良好的(　　　)。

(A)耐腐蚀性　　　　(B)抗氧化性　　　　(C)热稳定性　　　　(D)导热性

13. 密度小于( )的金属叫轻金属。

(A)4 g/cm³ 　　(B)4.5 g/cm³ 　　(C)5 g/cm³ 　　(D)5.5 g/cm³

14. 常用的硬度合金有( )。

(A)钨钛钴类、万能合金类、铸铁类 　　(B)万能合金类、钨钴类、铸铁类

(C)钨钛钴类、钨钴类、铸铁类 　　(D)钨钴类、钨钛钴类、万能合金类

15. 测量与反馈装置的作用是为了( )。

(A)提高机床的安全性 　　(B)提高机床的定位精度和加工精度

(C)提高机床的使用寿命 　　(D)提高机床的灵活性

16. 选用材料能否保证顺利地加工制成零件的关键因素是( )。

(A)使用性能 　　(B)工艺性能 　　(C)经济性能 　　(D)机械加工性能

17. 数控编程时,应首先设定( )。

(A)机床原点 　　(B)固定参考点 　　(C)工件坐标系 　　(D)机床坐标系

18. 闭环控制系统的位置检测装置安装在( )。

(A)传动丝杠上 　　(B)伺服电动机轴上

(C)数控装置中 　　(D)机床移动部件上

19. 去应力退火是将钢加热至 A₁ 以下某一温度,经保温后( )冷却的热处理工艺。

(A)空气 　　(B)水中 　　(C)随炉 　　(D)油中

20. 加减平衡力系公理和力的可移性原理适用于( )。

(A)变形物体 　　(B)运动的物体 　　(C)静止的物体 　　(D)钢体

21. 光滑接触约束反力的指向是( )。

(A)沿接触处公法线方向背离受力物体

(B)沿接触处公法线方向指向受力物体

(C)沿接触处切线方向背离受力物体

(D)沿接触处切线方向指向受力物体

22. 数控机床的柔性是指( )。

(A)生产率较高 　　(B)加工精度高

(C)能批量生产 　　(D)对产品更新适应性强

23. 若力系中的各力对物体的作用效果彼此抵消,该力系为( )。

(A)平衡力系 　　(B)汇交力系 　　(C)等效力系 　　(D)等效平衡力系

24. 连接件发生剪切变形的同时,连接件和被连接件的接触面发生相互压紧的现象称为( )现象。

(A)压缩 　　(B)拉伸 　　(C)弯曲 　　(D)挤压

25. 材料的承载的冲击越大,说明其韧性就( )。

(A)越好 　　(B)越差 　　(C)无影响 　　(D)难以确定

26. 二力平衡条件是两个力大小相等,方向( ),作用线相同。

(A)相同 　　(B)相反 　　(C)向上 　　(D)向下

27. 受拉杆件的轴力( )。

(A)与杆件的截面积有关 　　(B)与杆件的材料有关

(C)是杆件轴线上的载荷 　　(D)是杆件横截面上的内力

28. 有急回运动特征的平面连杆机构,其行程速度变化系数( )。

(A)$K=1$ (B)$K>1$ (C)$K<1$ (D)$K\geqslant1$

29. 盘形凸轮与( )结合使用时,在理论上就认为该凸轮机构可适应任何运动规律而不失真。

(A)尖顶从动件 (B)平底从动件 (C)滚子从动件 (D)曲线从动件

30. 工程中应该按( )对传力螺旋的螺杆进行强度校核。

(A)螺纹大径 (B)螺纹中径 (C)螺纹小径 (D)螺纹的平均直径

31. ( )不适弹簧的功用。

(A)控制机构的运动和构件的位置 (B)缓冲和吸振

(C)实现构件的连接和紧固 (D)储存能量和测量力的大小

32. 不属于生产服务工程的是( )。

(A)原材料的供应 (B)设计人员的确定

(C)产品的运输及检验 (D)产品的仓库管理

33. 不属于大量生产的是( )。

(A)产品制造数量很大的生产

(B)多数工件地点经常重复进行某道工序的生产

(C)试制车间的生产

(D)轻型零件年产量大于 50 000 件以上的生产

34. 轴类零件被包容面得尺寸,工序尺寸偏差取( ),工序基本尺寸为最大极限尺寸。

(A)单向正偏差 (B)双向正偏差 (C)单向负偏差 (D)双向负偏差

35. 热处理在零件加工顺序的安排中,退火处理通常安排在( )。

(A)粗加工前 (B)粗加工后 (C)精加工前 (D)精加工后

36. 二极管加正向电压,但没有电流,说明二极管处在( )状态。

(A)正向导通 (B)死区 (C)反向截止 (D)反向击穿

37. 如果流过三极管集电极的电流为零,说明三极管工作在( )。

(A)放大区 (B)饱和区 (C)截止区 (D)不能确定

38. 国标中常用的视图有三个,即( )和左视图。

(A)主视图,俯视图 (B)主视图,右视图

(C)俯视图,剖视图 (D)主视图,剖视图

39. 一般来说,优先选择的配合基准制是( )。

(A)基轴制 (B)基孔制 (C)基准线 (D)中心线

40. ( )不是共集放大电路的特点。

(A)输入电阻大 (B)输出电阻小

(C)放大倍数近似等于 1 (D)放大倍数大于 1

41. 当电极丝的走丝速度为 10~15 m/min 时,此机床为( )线切割机床。

(A)普通走丝 (B)一般走丝 (C)高速走丝 (D)低速走丝

42. DK77 系列的线切割机床,其加工表面的粗糙度一般可达( )$\mu$m。

(A)6.4 (B)2.5 (C)1.6 (D)0.8

43. 电火花线切割只对工件进行平面轮廓加工,故材料的蚀除量( ),余料还可以

利用。

(A)大      (B)小      (C)不一定      (D)没有

44. 为保证钼丝的运行平稳,防止走丝时产生振动和变形,丝架必须具有足够的( )和强度的要求。

(A)厚度      (B)宽度      (C)刚度      (D)高度

45. 高速走丝加工机床的储丝筒,应彻底消除( )。

(A)外圆振摆      (B)反向间隙      (C)轴向窜动      (D)爬行

46. 电火化线切割机床的机体一般为铸铁,是( )、储丝机构及丝架的固定基础。

(A)平动头      (B)伺服进给机构      (C)工作系统      (D)坐标工作台

47. 电火花成型加工时,主轴头最重要的附件是平动头,它是实现( )型腔电火花加工所必备的工艺装备。

(A)单电极      (B)多电极      (C)分解电极      (D)较小电极

48. 线切割机床为保证机床精度,对导轨的精度、( )和耐磨性有较高的要求。

(A)直线度      (B)平直度      (C)表面粗糙度      (D)刚度

49. 慢走丝线切割机床的加工步骤:根据图样安排工序、编程、加工、检验。下面不属于编程范围里的是( )。

(A)穿丝孔起割点确定      (B)切割次数和电参数确定

(C)编写和校对程序      (D)加工和检验零件

50. 在检测电加工机床工作台的失动量时,对纵、横坐标分别进行检验,一般允许误差在( )mm。

(A)0.005      (B)0.012      (C)0.2      (D)0.5

51. 在检测电加工机床工作台的动、静摩擦力和阻力大小是否一致、装配预紧力是否合适时,一般采用( )精度检验。

(A)切削力      (B)重复定位      (C)失动量      (D)进给

52. 拖板、导轨、丝杆传动副、齿轮副的精度决定了快走丝( )的几何精度。

(A)工作台      (B)主轴      (C)机床      (D)机构

53. 一般情况下,电火花加工时的单面放电间隙为( )mm。

(A)0.001~0.005      (B)0.005~0.01      (C)0.01~0.1      (D)0.1~0.15

54. 目前电火花加工最常用的是( )脉冲电源。

(A)RC线路      (B)电子管      (C)闸流管      (D)晶体管

55. 电火花成型加工机的伺服进给系统,保证工具电极与工件在加工过程中,保持一定的平均端面( )。

(A)平行度      (B)放电间隙      (C)放电功率      (D)放电电流

56. 电加工时所用的电规准包括电压、电流、脉冲宽度、( )等电参数。

(A)电蚀      (B)脉冲间隔      (C)电弧放电      (D)脉冲放电

57. 一般来讲,当增大脉冲宽度时,可使( )减小。

(A)表面粗糙度      (B)电极损耗      (C)变质层      (D)加工斜度

58. 一般来讲,提高击穿电压,可增大( )。

(A)表面粗糙度      (B)放电间隔      (C)脉冲宽度      (D)加工斜度

59. 电火花成型加工的工作液,粗加工时应该选用(    )。
(A)煤油          (B)机油          (C)蒸馏水          (D)乳化液

60. 选用(    )小的工作液,有利于电蚀物的排出,保证正常放电。
(A)温度          (B)性价比          (C)黏度          (D)排屑

61. 电火花加工速度是指在单位时间内从工件上蚀除下来的金属(    )
(A)面积          (B)体积          (C)质量          (D)数量

62. 在电火花加工中,正确选择电极材料和电加工(    ),可减少工具电极的损耗。
(A)方法          (B)路线          (C)规准          (D)工艺

63. 在电火花加工中,极性效应越显著,则工具电极的损耗越(    )。
(A)大          (B)小          (C)快          (D)深

64. 以下属于非电参数的是(    )。
(A)脉冲宽度          (B)脉冲间隔          (C)峰值电流          (D)冷却液

65. 根据作用和应用场合的不同,基准可分为(    )基准和工艺基准两大类。
(A)设计          (B)定位          (C)工艺          (D)加工

66. 用V形架装夹台阶轴的小圆来铣削大圆,其定位基准为(    )。
(A)大圆外圆          (B)小圆外圆          (C)大圆圆心          (D)小圆圆心

67. 将一个双联齿轮孔以一定的配合精度安装在一根轴上,此时(    )就是装配基准。
(A)齿轮根圆          (B)齿轮外圆          (C)齿轮节圆          (D)齿轮内孔

68. 当定位基准与设计基准重合时,属于(    )原则。
(A)基准统一          (B)基准互为          (C)基准重合          (D)基准不重合

69. 工件未定位时,有(    )个自由度。
(A)3          (B)4          (C)5          (D)6

70. 当实际设置的支撑点少于工件必须限制的自由度时,就成为(    )定位。
(A)完全          (B)不完全          (C)欠          (D)重复

71. 选择被加工表面的设计基准作为精定位基准,称为基准(    )原则。
(A)精确          (B)统一          (C)重合          (D)一致

72. 自动外径定位时,必须输入(    )。
(A)测定方向          (B)线径          (C)角度          (D)象限

73. 自动端面定位时,必须设置(    )。
(A)角度          (B)象限          (C)轴方向          (D)线的种类

74. 为满足夹具的其他功能要求,某些夹具还可能设计(    )等元件或装置。
(A)连接          (B)V形架          (C)圆销          (D)支架

75. 采用支撑板定位平面零件时,能限制工件(    )个自由度。
(A)1          (B)2          (C)3          (D)4

76. 采用短心棒来定位内圆柱零件时,能限制工件(    )个自由度。
(A)1          (B)2          (C)3          (D)4

77. 夹紧力方向应该有助于(    )稳定。
(A)夹紧          (B)装夹          (C)定位          (D)装卸

78. 如采用压板夹具来装夹较大型工件,必须(    )使用。

(A)单个　　　　　　(B)成对　　　　　　(C)绝缘　　　　　　(D)分开

79. 作为冲裁模凸、凹模具材料,最常用的有(　　　)。

(A)35 钢　　　　　　(B)45 钢　　　　　　(C)铸铁　　　　　　(D)合金工具钢

80. 采用电火花成型加工的模具材料,在确保硬度的情况下,应尽可能使用较(　　　)的淬火温度。

(A)高　　　　　　　(B)低　　　　　　　(C)快　　　　　　　(D)慢

81. 主机主要由 $X$ 轴、$Y$ 轴、$U$ 轴、$V$ 轴、工作台、丝筒、立柱(或丝架)、(　　　)等部分组成。

(A)高频电源　　　　(B)伺服驱动　　　　(C)控制系统　　　　(D)工作液箱

82. 运丝系统正反向运丝时造成张力不一致,会产生换向(　　　)。

(A)烧痕　　　　　　(B)条纹　　　　　　(C)凹凸　　　　　　(D)倾斜

83. 金属在冲击载荷作用下抵抗变形的能力叫(　　　)。

(A)硬度　　　　　　(B)塑性　　　　　　(C)韧性　　　　　　(D)强度

84. (　　　)可分为定向公差、定位公差和跳动公差三大类。

(A)形状公差　　　　(B)平行度公差　　　(C)位置公差　　　　(D)同轴度公差

85. 金属疲劳的判断依据是(　　　)。

(A)强度　　　　　　(B)塑性　　　　　　(C)抗拉强度　　　　(D)疲劳强度

86. 常用游标卡尺是一种利用机械式游标读数装置制成的测量长度的(　　　)测量量具。

(A)绝对式　　　　　　　　　　　　　　(B)相对式

(C)既可以是绝对式,也可以是相对式　　(D)既不是绝对式,也不是相对式

87. 装夹较大平板状工件可采用(　　　)。

(A)压板夹具　　　　(B)专用夹具　　　　(C)精密虎钳　　　　(D)3R 三向调整仪

88. (　　　)的工件不可采用精密虎钳来装夹。

(A)装夹余量小　　　　　　　　　　　　(B)精度要求高

(C)多次装夹形状复杂　　　　　　　　　(D)大于 100 mm

89. 瑞典 3R 夹具(三向调整仪),可装夹的种类有(　　　)。

(A)轴类　　　　　　(B)方形类　　　　　(C)单角尺类　　　　(D)以上都是

90. 机头撞过之后,再加工零件必须做(　　　)。

(A)丝垂直度校正　　　　　　　　　　　(B)程序重新调用

(C)机床重新启动　　　　　　　　　　　(D)导丝嘴重新拆装

91. 慢走丝线切割进行 1 轴或同时 2 轴的端面定位,都采用(　　　)。

(A)放电　　　　　　(B)接触感知　　　　(C)看火花大小　　　(D)目测

92. 慢走丝线切割进行工件内径尺寸的测定和中心定位,一般采用(　　　)。

(A)手动和自动　　　(B)目测　　　　　　(C)看火花　　　　　(D)塞规

93. 穿丝孔位置至进刀点路径要短,一般选在(　　　)mm。

(A)0.5~1　　　　　(B)2~3　　　　　　(C)5~10　　　　　(D)10~20

94. 当穿丝孔作为定位孔来用,一般在 5 mm 左右,是为了保证孔的加工(　　　)。

(A)位置度　　　　　(B)精度　　　　　　(C)方法　　　　　　(D)孔距

95. 钻床加工穿丝孔,材料硬度一般应在(　　　)以下。

(A)30 HRC　　　　　(B)40 HRC　　　　　(C)50 HRC　　　　　(D)60 HRC

96. 决定电参数的因素是(　　)。

(A)材料及厚度　　　(B)电极丝直径　　　(C)加工精度　　　(D)以上都是

97. 选用电参数除了要考虑电极丝直径和加工精度外,最重要的是(　　)。

(A)加工速度　　　(B)材料和厚度　　　(C)冷却液电阻率　　　(D)冷却液流量

98. 决定加工次数的是(　　)。

(A)加工精度　　　(B)加工速度　　　(C)冷却液流量　　　(D)电极丝流量

99. 电参数和电极丝直径决定放电间隙和(　　)。

(A)补偿量　　　(B)电极丝种类　　　(C)冷却液流量　　　(D)冷却液压力

100. 垂直度的符号是(　　)。

(A)∥　　　(B)—　　　(C)◎　　　(D)⊥

101. G41 的作用是(　　)。

(A)取消补偿　　　(B)取消斜度　　　(C)左补偿　　　(D)右补偿

102. 当前点坐标值是以上一点为参考点得出的,指令为(　　)。

(A)G91　　　(B)G90　　　(C)G92　　　(D)G97

103. 沙迪克机床采用的接触感知的指令是(　　)。

(A)G81　　　(B)G80　　　(C)G90　　　(D)G91

104. 整个程序结束,其后的代码将不被执行,可选用(　　)。

(A)M00　　　(B)M02　　　(C)M03　　　(D)M05

105. 当程序需进入子程序时可用指令(　　)。

(A)M00　　　(B)M02　　　(C)M98　　　(D)M99

106. 子程序结束,返回主程序时,需采用(　　)指令。

(A)M98　　　(B)M99　　　(C)M00　　　(D)M02

107. 打开水泵开关的指令是(　　)。

(A)T82　　　(B)T83　　　(C)T84　　　(D)T85

108. 打开喷流开关的指令是(　　)。

(A)T86　　　(B)T87　　　(C)T84　　　(D)T85

109. 沙迪克机床采用的自动穿丝指令(　　)。

(A)T91　　　(B)T90　　　(C)M60　　　(D)M59

110. 线切割编程软件分为两部分:CAD 作图和生成(　　)。

(A)加工轨迹　　　(B)穿丝点位置　　　(C)3B 代码　　　(D)ISO 代码

111. 检查程序的方法可以用(　　)。

(A)校对程序　　　(B)画轨迹图　　　(C)计算坐标点　　　(D)调用程序

112. 调用程序可选用外部装置来进行,以下各项属于外部装置的是(　　)。

(A)磁盘　　　(B)TF 卡　　　(C)DNC 传送　　　(D)以上都是

113. 设计时确定的基准称为(　　)。

(A)设计基准　　　(B)工艺基准　　　(C)装配基准　　　(D)制造基准

114. 被加工工件的材料、厚度、电极丝直径和加工精度决定了它的(　　)。

(A)加工参数　　　(B)加工位置　　　(C)定位　　　(D)加工速度

115. 加工中放电声音异常、电流和电压表产生晃动,如不及时调整会发生(　　)。

(A)断丝 　　　　　(B)速度变慢 　　　　　(C)速度变快 　　　　　(D)精度变差

116. 压板夹具适用于(　　)。

(A)圆料 　　　　　(B)板料 　　　　　(C)多次加工工件 　　　　　(D)局部加工零件

117. 自动编制的复杂程序一般都采用(　　)。

(A)手工键盘输入 　　　(B)磁盘输入 　　　(C)DNC 传送 　　　(D)SD 卡输送

118. 中温回火是指回火温度在(　　)。

(A)300~450℃ 　　(B)400~500℃ 　　(C)500~600℃ 　　(D)550~700℃

119. 导轮、导电块一定要定期清洗和交换,否则会影响加工(　　)。

(A)精度 　　　　　(B)速度 　　　　　(C)粗糙度 　　　　　(D)以上都是

120. 造成运丝电机打不开,除了机床电器板故障外,还和(　　)有关。

(A)换向开关 　　　(B)上下导轮 　　　(C)断丝、无丝 　　　(D)配重块

121. 为保护冷却装置,若关闭电源后重新启动电源,请等待(　　)min 以上。

(A)1 　　　　　　(B)2 　　　　　　(C)10 　　　　　　(D)15

122. 由于电火花加工为有损耗加工,所以一般深度应按(　　)加工。

(A)正公差 　　　　(B)负公差 　　　　(C)标准尺寸 　　　　(D)以上三项均错

123. 进行镜面加工,可选择(　　)作为电极材料。

(A)铁 　　　　　　(B)铝 　　　　　　(C)铜 　　　　　　(D)石墨

124. 粗加工选择电规准加工时,应兼顾电极损耗和(　　)两项指标。

(A)加工速度 　　　(B)表面粗糙度 　　　(C)峰值电流 　　　(D)伺服速度

125. 自动生成单电极加工无摇动的程序时,需要输入加工深度、电极材料、投影面积和(　　)粗糙度值等条件。

(A)粗加工 　　　　(B)半精加工 　　　　(C)精加工 　　　　(D)最终加工

126. 当(　　)为无穷大时,渐开线变为直线。

(A)齿顶圆 　　　　(B)分度圆 　　　　(C)基圆 　　　　(D)节圆

127. 程序发生错误情况有(　　)。

(A)输入错误 　　　(B)格式错误 　　　(C)指令错误 　　　(D)以上三项均是

128. 进给量的计算依据是加工间隙和(　　)。

(A)加工电流 　　　(B)加工速度 　　　(C)电极损耗 　　　(D)表面粗糙度

129. 电极的装夹和校正的目的是使电极正确牢靠地装夹在机床主轴的电极夹具上,使电极轴线和机床主轴线(　　),保证电极和工件的垂直度。

(A)垂直 　　　　　(B)一致 　　　　　(C)偏移 　　　　　(D)倾斜

130. 用校表校正时工件必须要有一个明确的、容易定位的基准面。这个基准面必须经过(　　)。

(A)机加工 　　　　(B)粗加工 　　　　(C)精密加工 　　　　(D)热处理

131. 试加工用于(　　)的运作检测,对多个加工的运作确认特别有效。

(A)程序 　　　　　(B)加工参数 　　　　(C)加工轴 　　　　(D)极性

132. 放电加工长时间工作时,要经常观察(　　)。

(A)加工的稳定性 　　　　　　　　　(B)加工液的温度

(C)加工屑的排除状况 　　　　　　　(D)以上三项均正确

133. 百分表的分度值为( )mm。

(A)0.001　　　　(B)0.01　　　　(C)0.02　　　　(D)0.1

134. 在轮廓仪上测量 $R_a$ 值时,在一个工件上至少应在( )个不同部位进行测量,取其平均值作为最终结果。

(A)2　　　　(B)3　　　　(C)4　　　　(D)5

135. 已知被测零件深度尺寸为 50.10 mm,选择深度千分尺的规格是( )mm。

(A)25～50　　　(B)50～75　　　(C)75～100　　　(D)100～125

136. 定期向工作液箱添加工作原液,保证( )。

(A)工作台面干净　(B)工作液干净　(C)加工正常进行　(D)以上均不正确

137. ( )对滚珠丝杠注润滑油。

(A)每天　　　　(B)每周　　　　(C)每月　　　　(D)每三个月

138. 工件加工深度很浅时,排屑容易,只需要( )。

(A)上冲油　　　(B)下冲油　　　(C)上抽油　　　(D)以上三项均正确

139. 小模数齿轮是指法向模数 Mn( )。

(A)<1　　　　(B)>1　　　　(C)=1　　　　(D)≠1

140. 如工件与电极接触,则轴动作无条件停止。解除报警后,可同时按( )和 Z+键。

(A)ACK　　　　(B)ST　　　　(C)ENT　　　　(D)HALT

141. ( )不可能引起游标卡尺的测量误差。

(A)工件的尺寸误差　　　　　　　(B)尺身平行度误差
(C)尺身直线度误差　　　　　　　(D)游标框架与尺身之间的间隙

142. ( )的选择对加工后零件的位置度和尺寸精度、安装角度的可靠性极为重要。

(A)设计基准　　(B)制造基准　　(C)定位基准　　(D)工艺基准

143. 氮化处理前应进行( )处理。

(A)调质　　　　(B)正火　　　　(C)退火　　　　(D)回火

144. 电火花加工的成型部位一般在加工完成后采用抛光的方法去除火花纹迹达到预定表面粗糙度要求,所以在确定这类成型部位( )时应准确确定抛光余量。

(A)电极缩放量　(B)工艺要求　　(C)精度要求　　(D)加工要求

145. 电火花成型加工时粗加工的( )对精加工效果的影响很大。如果留的太少,会产生精加工修不光的现象。

(A)加工条件　　(B)脉冲电源　　(C)加工留量　　(D)冲油方式

146. 下列不是金属力学性能的是( )

(A)强度　　　　(B)硬度　　　　(C)韧性　　　　(D)压力加工性能

147. 属于材料物理性能的是( )

(A)强度　　　　(B)硬度　　　　(C)热膨胀性　　(D)耐腐蚀性

148. 适于测试硬质合金、表面淬火钢及薄片金属的硬度的测试方法是( )。

(A)布氏硬度　　(B)洛氏硬度　　(C)维氏硬度　　(D)以上方法都可以

149. 大多塑料模零件通常采用电火花加工来完成最终精加工,加工完成的质量直接影响模具零件的装配性能或( )。

(A)组装精度　　(B)整体精度　　(C)工艺精度　　(D)成型精度

150. 材料的冲击韧度越大,其韧性就(　　)。
(A)越好　　　　　(B)越差　　　　　(C)无影响　　　　　(D)难以确定

151. 电火花成型加工时一般粗加工为精加工留(　　)mm 进行修光。
(A)0.1　　　　　(B)0.5　　　　　(C)0.15　　　　　(D)0.3

152. 一般情况下,表面变质层对加工结果的影响是不利的。尤其是表面变质层过厚,会使加工表面耐磨性、耐疲劳性大大降低,对工件(　　)产生不利的影响。
(A)加工精度　　　　　(B)形位精度　　　　　(C)使用寿命　　　　　(D)热处理

153. 在电火花成型加工中表面变质层过厚的情况,一般发生在加工部位(　　)的地方,因为这些加工部位放电能量很大。
(A)集中　　　　　(B)分散　　　　　(C)比较大　　　　　(D)比较小

154. 在电火花成型加工中,如果遇到大面积精加工时应该将放电时间长度设为很短,(　　)。只有这样才能保证加工的顺利进行,在放电稳定的情况下,实质上提高了加工效率。
(A)不抬电极头　　　　　(B)勤抬电极头　　　　　(C)加大冲油　　　　　(D)减小冲油

155. 粗加工为精加工预留的深度余量不宜太多,尤其在大面积的情况下,因为精加工规则的电蚀能力很低,当余量过多时会提高加工难度而影响(　　)。
(A)加工精度　　　　　(B)表面粗糙度　　　　　(C)加工效率　　　　　(D)硬度

156. 斜度是指一直线(或一平面)对另一直线或(一平面)的(　　)。
(A)平行程度　　　　　(B)垂直程度　　　　　(C)倾斜程度　　　　　(D)水平程度

157. 石墨电极的密度小只有铜的(　　)。
(A)1/2　　　　　(B)1/5　　　　　(C)1/4　　　　　(D)1/3

158. 在保证加工精度的前提下,选择电极材料应以大幅度提高(　　)为目的。
(A)加工精度　　　　　(B)表面粗糙度　　　　　(C)加工效率　　　　　(D)电极损耗

159. 感知的目的是进行(　　)。
(A)移动　　　　　(B)坐标定位　　　　　(C)空运行　　　　　(D)置零

160. 环境因素是 ISO 14000 系列标准的一个专业术语,它是指:(　　)。
(A)对组织中非环境专业人员的理解
(B)一个组织的活动、产品或服务中能与环境发生相互作用的要素
(C)对环境因素理解的深度与广度则可能大不一样
(D)组织本身对自身发展方向和对环境保护的重视程度

161. 制定环境管理方案是为了(　　)。
(A)最大限度的减少污染的发生　　　　　(B)解决相关方提出的抱怨
(C)改善违反环境法律法规的事项　　　　　(D)有效的完成环境目标和指标

162. 安全设备的设计、制造、安装、使用、检测、维修、改造和报废,应当符合国家标准或者(　　)。
(A)行业标准　　　　　(B)地方标准　　　　　(C)企业标准　　　　　(D)法律标准

163. 一般电火花自制表面粗糙度样板上提供(　　)个表面粗糙度要求。
(A)5　　　　　(B)4　　　　　(C)6　　　　　(D)8

164.《安全生产法》规定,生产经营单位应当在具有较大危险因素的生产经营场所和有关设施、设备上,设置明显的(　　)。

(A)安全宣传标语　　　　　　　　　　　　(B)安全宣教挂图
(C)安全警示标志　　　　　　　　　　　　(D)设备操作规程
165. 正多边形中心角是(　　　)。
(A)180°　　　　　(B)360°　　　　　(C)360°　　　　　(D)180°/n

### 三、多项选择题

1. 圆弧的连接方式分别为(　　　)。
(A)内切圆弧连接　　(B)外切圆弧连接　　(C)曲线圆弧连接　　(D)样条曲线连接
2. 几种常见的正多边形包括(　　　)。
(A)正三角形　　　　(B)正四方形　　　　(C)正六边形　　　　(D)正五边形
3. 正多边形的特点是(　　　)。
(A)各边相等　　　　　　　　　　　　　(B)各角相等
(C)边数大于等于三　　　　　　　　　　(D)内角和 180
4. 锥度是指(　　　)之比,如果是圆台,则为上、下两底圆的直径差与锥台高度之比值。
(A)大圆直径　　　　　　　　　　　　　(B)小圆直径
(C)圆锥的底面直径　　　　　　　　　　(D)锥体高度之比
5. 塑件脱模斜度的大小,与塑件的(　　　)及几何形状有关。
(A)性质　　　　　　(B)收缩率　　　　　(C)摩擦因数　　　　(D)塑件壁厚
6. 平面图形的作图步骤包括(　　　)。
(A)定出图形的基准线　　　　　　　　　(B)画出各种相关线段
(C)去除多余线段　　　　　　　　　　　(D)标注尺寸
7. 投影作图的方法,首先分析组合体是由哪些基本几何体组成,弄清它们的形状、(　　　)。
(A)公差　　　　　　(B)形状　　　　　　(C)大小　　　　　　(D)相对位置关系
8. 尺寸公差的标注方法是(　　　)。
(A)标注公差带代号　　　　　　　　　　(B)标注极限偏差
(C)公差带代号和极限偏差一起标注　　　(D)极限偏差不用标注
9. 数控编程后置转换处理的步骤包括(　　　)。
(A)判断走刀类型　　　　　　　　　　　(B)刀位点坐标数据转换
(C)数型转化　　　　　　　　　　　　　(D)编辑输出加工程序段
10. 钨丝的特点有(　　　)。
(A)耐腐蚀　　　　　(B)抗拉强度高　　　(C)脆而不耐弯曲　　(D)价格昂贵
11. 石墨电极机械加工的特点有(　　　)。
(A)切削阻力小　　　(B)容易磨削　　　　(C)无加工毛刺　　　(D)容易制造成型
12. 铜钨合金和银钨合金类电极适用于加工的金属工件有(　　　)。
(A)钨钢　　　　　　　　　　　　　　　(B)高碳钢
(C)耐高温超硬合金　　　　　　　　　　(D)铍铜镶件
13. 合理选择电极材料应考虑的问题有(　　　)。
(A)电极是否容易加工成型　　　　　　　(B)电极的放电加工性能如何

(C)加工精度、表面质量如何　　　　　　(D)电极材料的成本是否合理

14. 电极材料选择的优化方案有(　　)。

(A)高精度部位的加工,可选用铜作为粗加工电极材料,选用铜钨合金作为精加工电极材料

(B)较高精度部位的加工,粗精加工均可选用铜材料

(C)一般精度加工可用石墨作为粗加工电极材料,精加工可选用铜材料或石墨

(D)精度要求不高的情况下,粗精加工均可选用石墨

15. 电火花在加工中存在"面积效应",解决办法就是将整体电极分拆成几个电极进行分别加工,否则加工中会出现(　　)。

(A)放电加工不稳　　(B)加工速度慢　　(C)电极损耗大　　(D)精度难以保证

16. 设计电极时,要考虑电切削加工工艺,具体包括(　　)。

(A)侧向加工或多轴联动　　　　　　(B)电极要便于装夹定位

(C)应根据具体情况开设排屑、排气孔　　(D)电极成本

17. 设计电极时,$X$、$Y$、$Z$ 三轴的底座偏移尺寸有两种确定方法是(　　)。

(A)以工件中心点为零点偏移尺寸

(B)以电极边沿最大点均匀放大,结果是偏移尺寸往往为小数

(C)三轴预设整数,不考虑电极边沿放大问题

(D)以工件最大外沿偏移尺寸

18. 电极的设计要求必须保证(　　)。

(A)满足表面粗糙的要求　　　　　　(B)电切削加工的质量

(C)尽量提高加工效率　　　　　　　(D)尽可能降低加工成本

19. 下列属于渐开线传动特性的是(　　)。

(A)渐开线上任意一点的法线切于基圆

(B)渐开线从基圆开始向外展开,故基圆内无渐开线

(C)发生线在基圆上滚过的线段长度等于基圆上被滚过的圆弧长度

(D)渐开线的形状取决于基圆的大小

20. 当齿数一定的情况下,模数 $m$ 的增大会引起的变化有(　　)。

(A)齿轮尺寸成比例放大　　　　　　(B)轮齿变高变厚

(C)基圆直径增大　　　　　　　　　(D)渐开线齿廓曲率半径不变

21. 当模数 $m$ 一定的情况下,齿数造成的影响有(　　)。

(A)齿高不变　　　　　　　　　(B)齿轮直径会随着齿数的变化而变化

(C)齿轮厚度不变　　　　　　　(D)中心距不变

22. 机床夹具的主要作用有(　　)。

(A)保证发挥机床的基本工艺性能　　(B)扩大机床的使用工作范围

(C)保证加工精度　　　　　　　　　(D)提高劳动效率

23. 公称尺寸相同的并且相互结合的孔和轴公差带之间的关系叫配合,其分为(　　)。

(A)间隙配合　　(B)过盈配合　　(C)过渡配合　　(D)基孔制配合

24. 渐开线齿轮传动特点有(　　)。

(A)传动的速度和功率范围大

(B)传动效率高,一对齿轮可以达到 $98\%\sim99.5\%$

(C)对中心距的敏感性低

(D)互换性好,装配和维修方便

25. 我国齿轮压力角有多种,下列属于常用的有(　　　)。

(A)14.5° 　　　　(B)20° 　　　　(C)17.5° 　　　　(D)22°

26. 齿轮在进行热处理时的变形大小是确定余量的关键因素,热处理变形主要取决于下列那些因素(　　　)。

(A)齿轮的材料 　　(B)热处理工艺 　　(C)齿轮结构 　　(D)齿形压力角

27. 数控系统的硬件包括(　　　)等。

(A)印刷线路板 　　　　　　　　　(B)数字化集成电路

(C)电缆 　　　　　　　　　　　　(D)显示器

28. 万能角度尺是由(　　　)和直尺组成。

(A)基尺 　　　　(B)主尺 　　　　(C)游标 　　　　(D)直角尺

29. 测量的要素是(　　　)。

(A)测量对象 　　(B)标准器具 　　(C)测量方法 　　(D)测量结果

30. 齿轮的定位基准一般有(　　　)、内孔、外圆等。

(A)分度圆 　　　(B)中心孔 　　　(C)端面 　　　　(D)减重孔

31. 数控线切割机床的精度检验可分为(　　　)

(A)机床几何精度检验 　　　　　　(B)机床数控精度检验

(C)工件装配精度检验 　　　　　　(D)工作精度检验

32. 电火花成型加工中,下列非电参数对电极损耗有较大影响的为(　　　)。

(A)加工面积 　　(B)冲油或抽油 　　(C)加工极性 　　(D)电极材料

33. 电火花成型加工时工作液循环的压力大小,应遵循的原则有(　　　)。

(A)粗加工时小些 　　　　　　　　(B)精加工时大些

(C)开始加工小些 　　　　　　　　(D)正常加工时大些

34. 数控电火花线切割机床数控精度的检验项目包括(　　　)。

(A)工作台运动的失动量 　　　　　(B)工作台运动的重复定位精度

(C)工作台运动的定位精度 　　　　(D)每一脉冲指令的进给精度

35. 电火花穿孔成型加工机床的工作精度(加工技术指标考核)项目包括(　　　)。

(A)最佳加工表面粗糙度

(B)电极相对损耗率、侧面粗糙度和工件材料去除率等三合一综合指标

(C)加工孔的数控坐标精度

(D)加工孔的数控孔间距精度和加工孔径的一致性

36. 线径补偿又称(　　　)。

(A)间隙补偿 　　(B)长补偿 　　　(C)钼丝偏移 　　(D)短补偿

37. 在快走丝线切割加工中,当其他工艺条件不变时,增大开路电压,可以(　　　)。

(A)提高切割速度 　　　　　　　　(B)表面粗糙度变差

(C)增大加工间隙 　　　　　　　　(D)降低电极丝的损耗

38. 在线切割加工中,加工穿丝孔的目的有(　　　)。

(A)保证零件的完整性 　　　　　　(B)减小零件在切割中的变形

(C)容易找到加工起点　　　　　　　　(D)提高加工速度

39. 在电火花线切割加工过程中如果产生的电蚀产物如金属微粒、气泡等来不及排除、扩散出去,可能产生的影响有(　　)。

(A)改变间隙介质的成分,并降低绝缘强度

(B)使放电时产生的热量不能及时传出,消电离过程不能充分

(C)使金属局部表面过热而使毛坯产生变形

(D)使火花放电转变为电弧放电

40. 数控系统的软件包括(　　)等。

(A)系统软件　　　　(B)用户编程软件　　　　(C)插补软件　　　　(D)软盘

41. 数控机床按照数控机床的功能分类,可分为(　　)。

(A)简单型数控机床　　　　　　　　(B)经济型数控机床

(C)全功能数控机床　　　　　　　　(D)复杂性数控机床

42. 关于电火花线切割加工,下列说法中正确的是(　　)。

(A)快走丝线切割由于电极丝反复使用,电极丝损耗大,所以和慢走丝相比加工精度低

(B)快走丝线切割电极丝运行速度快,丝运行不平稳,所以和慢走丝相比加工精度低

(C)快走丝线切割使用的电极丝直径比慢走丝线切割大,所以加工精度比慢走丝低

(D)快走丝线切割使用的电极丝材料比慢走丝线切割差,所以加工精度比慢走丝低

43. 在快走丝线切割加工中,当其他工艺条件不变时,增大短路峰值电流,可以(　　)。

(A)提高切割速度　　　　　　　　(B)表面粗糙度会变好

(C)降低电极丝的损耗　　　　　　　　(D)增大单个脉冲能量

44. 在快走丝线切割加工中,当其他工艺条件不变时,增大脉冲宽度,可以(　　)。

(A)提高切割速度　　　　　　　　(B)表面粗糙度会变好

(C)增大电极丝的损耗　　　　　　　　(D)增大单个脉冲能量

45. 计算机数字控制系统,是整个机床的大脑,一切控制指令都是由此发出,包括(　　)等。

(A)插补运算　　　　(B)轨迹控制　　　　(C)位置控制　　　　(D)报警显示

46. 在电火花线切割加工中,采用正极性接法的目的有(　　)。

(A)提高加工速度　　　　　　　　(B)减少电极丝的损耗

(C)提高加工精度　　　　　　　　(D)表面粗糙度变好

47. 在快走丝线切割加工中,电极丝张紧力的大小应根据(　　)的情况来确定。

(A)电极丝的直径　　　　　　　　(B)加工工件的厚度

(C)电极丝的材料　　　　　　　　(D)加工工件的精度要求

48. 线切割加工中,在工件装夹时一般要对工件进行找正,常用的找正方法有(　　)。

(A)拉表法　　　　(B)划线法　　　　(C)电极丝找正法　　　　(D)固定基面找正法

49. 为防止电极丝烧断和工件表面局部退火,必须充分冷却,要求工作液具有较好的(　　)性能。

(A)吸热　　　　(B)传热　　　　(C)散热　　　　(D)循环

50. 下列对冷却液解释正确的是(　　)。

(A)工艺条件相同时,改变工作液的种类对加工效果产生较大影响

(B)工作液太脏会降低加工的工艺指标

(C)纯净的工作液也并非加工效果最好

(D)纯净的工作液经过一段放电加工后,悬浮的放电产物容易形成放电通道,有较好的加工效果

51. 石墨的线切割性能很差,效率只有合金工具钢的 20%～30%,其加工特点是(　　)。

(A)放电间隙小　　　　　　　　　　(B)加工时易短路

(C)属不易加工材料　　　　　　　　(D)不易排屑

52. 数控机床根据故障出现的必然性和偶然性,可分为(　　)。

(A)系统性故障　　(B)随机性故障　　(C)有诊断故障　　(D)五诊断故障

53. 下列关于电极丝的张紧力对线切割加工的影响,说法正确的有(　　)。

(A)电极丝张紧力越大,其切割速度越大

(B)电极丝张紧力越小,其切割速度越大

(C)电极丝的张紧力过大,电极丝有可能发生疲劳而造成断丝

(D)在一定范围内,当电极丝张紧力增加到一定程度,其切割速度随着张紧力增大而减小

54. 电火花线切割机床一般的维护保养方法是(　　)。

(A)定期润滑　　(B)定期调整　　(C)定期更换　　(D)定期检查

55. 在快走丝线切割加工过程中,如果电极丝的位置精度较低,电极丝就会发生抖动,从而导致(　　)。

(A)电极丝与工件间瞬时短路,开路次数增多

(B)切缝变宽

(C)切割速度降低

(D)提高了加工精度

56. 数控机床从发生故障的部位分类,可将故障分为和有(　　)。

(A)一般故障　　(B)复杂故障　　(C)硬件故障　　(D)软件故障

57. 通过电火花线切割的微观过程,可以发现在放电间隙中存在的作用力有(　　)。

(A)电场力　　(B)磁力　　(C)热力　　(D)流体动力

58. 目前已有的慢走丝电火花线切割加工中心,它可以实现(　　)。

(A)自动搬运工件　　　　　　　　　(B)自动穿电极丝

(C)自动卸除加工废料　　　　　　　(D)无人操作的加工

59. 步进电动机在"单拍"控制过程中,因为每次只有一相通电,所以在绕组通电切换的瞬间,步进电动机将会(　　)。

(A)失去自锁力矩　　(B)容易造成丢步　　(C)容易损坏　　(D)发生飞车

60. 使用步进电动机控制的数控机床具有(　　)优点。

(A)结构简单　　(B)控制方便　　(C)成本低　　(D)控制精度高

61. 步进电动机驱动器是由(　　)组成。

(A)环形分配器　　(B)功率放大器　　(C)频率转换器　　(D)多谐振荡器

62. 材料的内应力一般包括(　　)。

(A)物理应力　　(B)热应力　　(C)组织应力　　(D)体积效应

63. 常用乳化液种类有( )。

(A)DX-1 型皂化液　　　　　　　　　(B)502 型皂化液

(C)植物油皂化液　　　　　　　　　(D)线切割专用皂化液

64. 电火花加工表层包括( )。

(A)熔化层　　　　(B)热影响层　　　　(C)基体金属层　　　　(D)气化层

65. 同步齿形带传动的特点是( )。

(A)无滑动,传动比准确　　　　　　　(B)传动效率高

(C)不需要润滑　　　　　　　　　　(D)过载保护

66. 快走丝机床的走丝机构中电动机轴与储丝筒中心轴一般利用联轴器将二者联在一起,这个联轴器可以采用( )。

(A)刚性联轴器　　　　　　　　　　(B)弹性联轴器

(C)摩擦锥式联轴器　　　　　　　　(D)它们都可以用

67. 内循环式结构的滚珠丝杠螺母副有( )。

(A)丝杠　　　　(B)螺母与滚珠　　　　(C)反向器　　　　(D)回珠管

68. 使用 ISO 代码编程时,在下列有关圆弧插补中利用半径 $R$ 编程说法正确的是( )。

(A)因为 $R$ 代表圆弧半径,所以 $R$ 一定为非负数

(B)$R$ 可以取正数,也可以取负数,它们的作用相同

(C)$R$ 可以取正数,也可以取负数,但它们的作用不同

(D)利用半径 $R$ 编程比利用圆心坐标编程方便

69. 位置检测装置通常有( )等。

(A)光电编码器　　　　(B)旋转变压器　　　　(C)光栅尺　　　　(D)感应同步器

70. 下列说法中不正确的是( )。

(A)电火花线切割加工属于特种加工的方法

(B)电火花线切割加工属于放电加工

(C)电火花线切割加工属于电弧放电加工

(D)电火花线切割加工属于成型电极加工

71. 数控机床进给伺服系统中的速度环是一个非常重要的环,由( )等部分组成。

(A)速度调节器　　　　(B)电流调节器　　　　(C)功率放大器　　　　(D)封闭环

72. 根据回火温度和淬火力学性能的要求分类,一般分为( )。

(A)低温回火　　　　(B)中温回火　　　　(C)高温回火　　　　(D)真空回火

73. 对电火花线切割脉冲电源的基本要求( )。

(A)脉冲峰值电流要适当,并便于调整

(B)脉冲宽度要窄,并可以在一定范围内调整

(C)脉冲重复频率要尽量高

(D)有利于减少电极丝的损耗

74. 电火花线切割机床常用的功能包括( )。

(A)轨迹控制　　　　　　　　　　　(B)加工控制

(C)电极丝半径补偿功能　　　　　　(D)图形的缩放、对称、旋转和平移

75. 电火花线切割加工的主要工艺指标有( )。

(A)切割速度　　　　　(B)表面粗糙度　　　　(C)电极丝损耗量　　(D)加工精度

76.影响表面粗糙度的主要电参数有(　　　)。

(A)短路峰值电流　　　(B)工件厚度　　　　　(C)脉冲宽度　　　　(D)脉冲间隔

77.钢的表面淬火方法包括(　　　)。

(A)火焰加热淬火　　　(B)感应加热淬火　　　(C)高温加热淬火　　(D)低温加热淬火

78.渗碳的方法有(　　　)。

(A)固体渗碳　　　　　(B)液体渗碳　　　　　(C)气体渗碳　　　　(D)真空渗碳

79.冲模的电火花穿孔加工常用的工艺方法有(　　　)。

(A)直接加工法　　　　(B)间接加工法　　　　(C)混合加工法　　　(D)比较加工法

80.电火花成型加工的工作液强迫循环方式有(　　　)。

(A)冲油式　　　　　　(B)抽油式　　　　　　(C)吸油式　　　　　(D)放油式

81.目前在模具型腔电火成型加工中的工艺方法有(　　　)。

(A)单电极平动法　　　(B)多电极平动法　　　(C)多电极更换法　　(D)分解电极法

82.机床主轴热处理后的性能,必须具有足够的(　　　)等。

(A)强度　　　　　　　(B)耐磨损性　　　　　(C)耐疲劳性　　　　(D)精度稳定性

83.采用逐点比较法每进给一步都要经过(　　　)节拍。

(A)偏差判别　　　　　(B)坐标进给　　　　　(C)新编差计算　　　(D)终点比较

84.激光的特性包括(　　　)。

(A)亮度高　　　　　　(B)单色性好　　　　　(C)相干性好　　　　(D)方向性好

85.异常放电现象包括(　　　)等将破坏表面粗糙度,而表面的变质层也会影响工件的表面粗糙度。

(A)二次放电　　　　　(B)烧弧　　　　　　　(C)结炭　　　　　　(D)轮廓控制

86.电火花可加工各种(　　　)。

(A)金属及其合金材料　　　　　　　　　　　(B)特殊的热敏感材料

(C)半导体　　　　　　　　　　　　　　　　(D)尼龙

87.电参数主要有(　　　)。

(A)脉冲宽度　　　　　　　　　　　　　　　(B)脉冲间隔

(C)峰值电压　　　　　　　　　　　　　　　(D)峰值电流等脉冲参数

88.数控电火花成型加工机床主体由(　　　)组成。

(A)床身　　　　　　　(B)立柱　　　　　　　(C)主轴　　　　　　(D)工作台

89.电火花成型机床的主要控制功能有(　　　)。

(A)多轴控制　　　　　　　　　　　　　　　(B)多轴联动控制

(C)自动定位与找正　　　　　　　　　　　　(D)自动电极交换

90.电火花成型机床工作液系统是由(　　　)组成。

(A)储液箱　　　　　　(B)油泵　　　　　　　(C)过滤器　　　　　(D)工作液分配器

91.电火花成型机床的基本工艺包括(　　　)。

(A)电极的制作　　　　　　　　　　　　　　(B)工件的准备

(C)电极与工件的装夹定位　　　　　　　　　(D)冲抽油方式的选择

92.电火花穿孔加工工艺中,冲模加工可采用(　　　)。

(A)直接法 (B)间接法 (C)混合法 (D)二次放电

93. 常用的电极结构形式有( )。

(A)整体电极 (B)组合电极 (C)独立点击 (D)镶拼式电极

94. 电火花穿孔加工时,根据加工对象、工件精度及表面粗糙度等要求和机床功能选择采用( )。

(A)单电极平动加工法 (B)多电极加工法

(C)分解电极加工法 (D)程控电极加工法

95. 定位是指已安装完成的电极对准工件的加工位置,以达到位置精度要求,常用的方法有( )。

(A)划线法 (B)量块角尺法

(C)测量器量块定位法 (D)自动找正

96. 电规准选择的转换,对型腔表面的( )均有很大影响。

(A)加工速度 (B)加工精度 (C)表面粗糙度 (D)生产效率

97. 零件的技术要求主要是指( )。

(A)尺寸精度 (B)形状精度

(C)位置精度 (D)表面粗糙度及热处理

98. 构成零件轮廓的几何元素为( )。

(A)角 (B)点 (C)线 (D)面

99. 电极丝的直径应根据工件加工的( )的要求来选择。

(A)切割宽度 (B)工件厚度 (C)工件重量 (D)拐角尺寸

100. 电极丝的种类很多,有( )。

(A)纯铜丝 (B)钼丝 (C)黄铜丝 (D)各种专业铜丝

101. 为了保证孔径尺寸精度,穿丝孔可用( )等较精密的机械加工方法。

(A)钻铰 (B)钻镗 (C)钻车 (D)电火花穿孔

102. 加工时可以改变的电参数有( )。

(A)脉冲宽度 (B)峰值电流 (C)脉冲间隔 (D)空载电压

103. 下列各项中,价格较贵的电极材料有( )。

(A)黄铜 (B)铜钨合金 (C)石墨 (D)银钨

104. 力的三要素包括( )。

(A)力的大小 (B)力的方向 (C)力的作用点 (D)力的位置

105. 下列属于放电现象的有( )。

(A)电晕放电 (B)电弧放电 (C)火花放电 (D)闪电

106. 在放电加工中其他条件不变时,电流增大会变化的有( )。

(A)面粗度 (B)间隙 (C)消耗 (D)速度

107. 电火花线切割开机加工前的准备包括( )。

(A)检查储丝筒就位情况 (B)各电气开关的位置

(C)清水箱及污水箱水位线的位置 (D)检查电极丝连接情况

108. 放电加工产生杂物有( )。

(A)甲烷 (B)乙炔 (C)氧气 (D)水

109. 石墨电极加工钢时,其他条件不变时,电流增大,会导致(    )。
(A)速度快　　　(B)消耗小　　　(C)易积碳　　　(D)间隙增大

110. 放电加工会产生的现象有(    )。
(A)振动　　　(B)热能　　　(C)光　　　(D)射线

111. 加工液太脏时,容易产生的状况有(    )。
(A)短路　　　(B)间隙增大　　　(C)二次放电　　　(D)加工速度变快

112. 放电加工中的摇动类型一般有(    )。
(A)方形　　　(B)圆形　　　(C)棱形　　　(D)十字形

113. 电火花成型加工中防止变形的措施有(    )。
(A)判断变形发生的量　　　(B)适当降低加工条件
(C)采用冲油加工　　　(D)编程上增加放电粗加工

114. 放电加工时材料表面组织发生变化,其受影响层有(    )。
(A)再凝固层　　　(B)硬化层　　　(C)热影响层　　　(D)母材

115. 放电加工产生表面硬化的因素有(    )。
(A)放电加工情况下高温淬火　　　(B)渗碳
(C)渗氧　　　(D)放电溶化物的再凝固

116. 放电加工所产生的细裂纹,会大大降低工件的(    )。
(A)耐磨性　　　(B)耐腐蚀性　　　(C)抗拉抗压性　　　(D)抗疲劳性

117. 经放电表面硬化后,材质表面硬度提高,材料的(    )提高。
(A)抗疲劳性　　　(B)抗拉性　　　(C)抗压性　　　(D)耐磨性

118. 出现龟裂之现象,其形状主要有(    )。
(A)贝壳状　　　(B)环状　　　(C)网状　　　(D)梳状

119. 以下代码中,在 SODICK 机台上使用的是(    )。
(A)IP　　　(B)AT　　　(C)OFF　　　(D)TON

120. 当同一物体有几处被放大的部分时,要用(    )依次标明被放大的部位。
(A)罗马数字　　　(B)阿拉伯数字　　　(C)英语字母　　　(D)汉字

121. 根据对电极丝运动轨迹的控制形式不同,电火花线切割机床又可分为。
(    )。
(A)靠模仿形控制电火花线切割机床　　　(B)光电跟踪控制电火花线切割机床
(C)数字程序控制电火花线切割机床　　　(D)模拟数字控制电火花线切割机床

122. (    )属于形状公差特征项目。
(A)平行度　　　(B)平面度　　　(C)垂直度　　　(D)对称度

123. 下列属于零件图上标题栏内的项目的是(    )。
(A)零件的形位公差　　　(B)零件的材料
(C)零件的名称　　　(D)作图的比例

124. 零件图中的图形只能表达零件的(    )。
(A)大小　　　(B)材料　　　(C)技术要求　　　(D)形状结构

125. 冲模、丝锥、卡尺等受较小冲击的工具和耐磨机件可选用(    )。
(A)T10　　　(B)45　　　(C)Q255　　　(D)65

126. 合金工具钢包括(　　　)。
(A)高速、刃具钢、量具钢
(B)刃具钢、模具钢、量具钢
(C)高速钢、模具钢、刃具钢
(D)量具钢、模具钢、轴承钢

127. 制造冷冲模、冷压模等冷变形模具应选用(　　　)。
(A)Cr12MoV 或 Cr12
(B)W18Cr4V 或 W6Mo5Cr4V2
(C)5CrNiMo 或 3Cr2W8V
(D)16Mn 或 15MnV

128. 下列工作液配制比例正确的有(　　　)。
(A)厚度小于 30 mm 的薄型工件,工作液浓度在 10%~15%之间
(B)厚度在 30~100 mm 的中厚型工件,浓度在 5%~10%之间
(C)大于 100 mm 的厚型工件浓度在 3%~5%之间
(D)工作液浓度一般在 5%~20%范围内

129. 电火花线切割加工后应做的工作有(　　　)。
(A)取下工件擦拭干净
(B)将机床擦拭干净
(C)工作台表面涂上机油
(D)先关闭动力电源再关闭机床总开关切断电源

130. 在线切割加工齿轮时应注意的有(　　　)。
(A)选择电极丝损耗小的电参数
(B)工作液浓度稍低些
(C)工作台进给速度应慢些
(D)冷却液压力大些

131. 加工环境对精度的影响主要体现在(　　　)这几个方面。因此,做好日常保养很有必要。
(A)室温
(B)水温
(C)机台保养状况
(D)水质比电阻

132. 热处理工艺有许多种,但主要是由(　　　)三个阶段。
(A)加热
(B)保温
(C)冷却
(D)化学处理

133. 常规热处理的方式有(　　　)。
(A)退火
(B)正火
(C)淬火
(D)回火

134. 不同类型钢的回火温度是不同的,影响回火温度的因素主要包括(　　　)。
(A)工件所需要的韧性
(B)工件所需要的硬度
(C)钢中的含碳量
(D)钢中存在的合金元素

135. 增大阶梯轴圆角半径的主要目的是(　　　)。
(A)使零件的轴向定位可靠
(B)使轴加工方便
(C)降低应力集中,提高轴的疲劳强度
(D)使轴的外形更美观

136. (　　　)加工方法属于机械冷加工。
(A)车削
(B)钻削
(C)铣削
(D)拉削

137. 形成电流的条件是(　　　)。
(A)需要电源
(B)需要闭合路径
(C)需要负载
(D)以上三者都需要

138. 切削运动按其所起的作用,通常可分为(　　　)。
(A)主运动
(B)辅助运动
(C)进给运动
(D)伺服运动

139. 碳素钢按钢的质量分类,分别为(　　)。
(A)普通碳素钢　　(B)优质碳素钢　　(C)高质碳素钢　　(D)高级优质碳素钢

140. 整统二级管可分类为(　　)。
(A)锗半导体二极管　　　　　　　　(B)钛半导体二极管
(C)铜半导体二极管　　　　　　　　(D)硅半导体二极管

141. 具有优良加工性的钢通常以(　　)方式改良而来。
(A)添加硫元素　　　　　　　　　　(B)添加铅元素
(C)添加亚硫酸钠　　　　　　　　　(D)冷加工,用以改变延展性

142. 制造工业现代化的重要基础是(　　)。
(A)数控技术　　(B)电子技术　　(C)数控装备　　(D)大型装备

143. 数控机床较普通机床有(　　)等优点。
(A)精度高　　　　　　　　　　　　(B)效率高
(C)质量容易控制　　　　　　　　　(D)有效降操作者低劳动强度

144. 数控机床的伺服系统是指以机床移动部件的(　　)和(　　)作为控制量的自动控制系统,又称为随动系统。
(A)移动　　(B)位置　　(C)速度　　(D)方向

145. 伺服系统按控制方式划分,有(　　)等。
(A)操作伺服系统　　　　　　　　　(B)开环伺服系统
(C)闭环伺服系统　　　　　　　　　(D)半开半闭伺服系统

146. 伺服系统对执行元件的要求是(　　)。
(A)惯性小、动量大　　　　　　　　(B)体积小、质量轻
(C)便于计算机控制　　　　　　　　(D)成本低、可靠性好、便于安装与维护

147. 实现全面质量管理全过程的管理必须体现(　　)的思想。
(A)预防为主、不断改进　　　　　　(B)严格质量检验
(C)加强生产控制　　　　　　　　　(D)为顾客服务

148. 现代质量管理发展经历了(　　)三个阶段。
(A)质量检验阶段　　　　　　　　　(B)统计质量控制阶段
(C)质量改进　　　　　　　　　　　(D)全面质量管理阶段

149. 我国企业在实践中将全面质量管理概括为"三全一多样",其中"三全"包括(　　)。
(A)全过程的质量管理　　　　　　　(B)全员的质量管理
(C)全组织的质量管理　　　　　　　(D)全方位的质量管理

150. 组织建立、实施、保持和改进环境管理体系所必要的资源是指(　　)。
(A)人力资源和专项技能　　　　　　(B)污水处理设施
(C)技术和财力资源　　　　　　　　(D)生产设备

151. 组织设计的分工和协作原则要求明确组织各部门及其人员的(　　)。
(A)相互关系　　(B)协作方法　　(C)工作范围　　(D)工作内容

152. 法律法规和其他环境要求中的"其他环境要求"主要包括(　　)。
(A)与环境因素不相关的要求　　　　(B)产品质量管理的要求
(C)非法规性指南　　　　　　　　　(D)组织对公众的承诺

153. 最高管理者应承担 OHS 的最终责任是(　　)。

(A)认可、批准方针

(B)任命管理者代表

(C)配备相应的工作人员和资源

(D)定期组织开展管理评审

154. 标准中新增术语包括(　　)。

(A)危险源 　　　(B)可接受风险 　　　(C)健康损害 　　　(D)工作场所

155. 工作人员应参与和协商的方面包括(　　)。

(A)适当参与外线源辨识

(B)适当参与事件调查

(C)职业健康安全绩效的监测

(D)参与职业健康安全方针、目标的制定与评审

## 四、判 断 题

1. 环境保护法规定了两类行政处罚形式,即对破坏环境者与对污染环境者的行政处罚。(　　)

2. 国际环境保护法调整的范围包括人类赖以生存和发展的整个地球环境,以及与人类密切相关的外层空间环境。(　　)

3. 联合国人类环境会议是国际环境法发展的第一个里程碑。(　　)

4. 环境保护法的溯及力是指环境保护法对其生效以前的行为和事件是否有效力的问题。(　　)

5. OSHAS18001 运行管理模式为职业安全健康方针、策划、实施与运行、管理评审。(　　)

6. 生产经营单位制定职业安全健康方针,可规定其职业安全健康工作的方向和原则,确定职业安全健康责任及绩效的各具体分目标,表明实现有效职业安全健康管理的正式承诺,并为下一步体系目标的策划提供指导性框架。(　　)

7. 职业安全健康管理体系的计划与实施工作包括初始评审、目标、绩效管理方案、运行控制和应急预案与响应。(　　)

8. 职业安全健康管理方案用于制定和实施职业安全健康计划,确保职业安全健康目标的实现。(　　)

9. 职业安全健康检查与评价的目的是要求生产经营单位定期或及时地发现体系运行过程所存在的问题,并确定问题产生的根源或许要持续改进的地方。(　　)

10. 建立职业安全健康管理体系,指的是企业将原有的职业安全健康管理按照体系管理的方法予以补充、完善以及实施的过程。(　　)

11. 平面图形中的尺寸可分为定形尺寸和定位尺寸。(　　)

12. 总体尺寸是确定组合体各部分大小的尺寸。(　　)

13. 绘制单个圆柱齿轮时分度圆可以不画。(　　)

14. 金属材料的工艺性能指的就是切削加工性能。(　　)

15. 退火是将钢加热至临界点 $Ac_1$、$Ac_3$ 附近某一温度经过保温后快速冷却的工艺过程。(　　)

16. 在各类工具和滚动轴承制造中,全都需要进行热处理。(　　)

17. 分离体是去除约束的研究对象的轮廓简图。(　　　)

18. 只有等截面直杆才适用截面法确定内力。(　　　)

19. 梁弯曲时,中性层上的正应力为零。(　　　)

20. 棘轮机构和槽轮机构都可以实现间歇运动。(　　　)

21. 锥齿轮大端参数为标准值。(　　　)

22. 按轴与轴承间摩擦的形式,轴承可分为滑动轴承和滚动轴承。(　　　)

23. 工艺过程是生产中的辅助过程。(　　　)

24. 在零件加工过程中,由一系列相互联系的尺寸所形成的尺寸封闭图形称为工艺尺寸链。(　　　)

25. 二极管加正向电压时,会产生正向电流。(　　　)

26. 设置静态工作点的目的是不失真地放大交流信号。(　　　)

27. 利用二极管的单向导电性即可把交流电变成平滑的直流电。(　　　)

28. 理论上电火花加工机床就是指电火花线切割机。(　　　)

29. 国家规定,将电火花成型加工机床的精度分为合格品、一等品和优等品三级。(　　　)

30. 电火花线切割机床的坐标工作台,由一个步进电动机控制运动。(　　　)

31. 在对电切削加工机床进行精度检验前,应首先对基础进行水平调整。(　　　)

32. 丝杆间隙和螺距误差不影响机床工作台运动的定位精度。(　　　)

33. 电火花加工时,由于放电现象的产生,工件被熔化、气化而形成电蚀物。(　　　)

34. 峰值电流的变化对加工稳定性影响较小。(　　　)

35. 电火花加工不能获得要求很高的表面质量。(　　　)

36. 确定零件上的点、线、面位置时所依据的有关点、线、面正为基准。(　　　)

37. 采用设计基准作为定位基准,其定位基准可以被定为工序基准。(　　　)

38. 工件加工时,被夹紧机构压紧夹牢,一动不动,称为完全定位。(　　　)

39. 对铸件、锻件类平面零件定位时,定位元件应该选择支撑板。(　　　)

40. 线切割时,工件采用桥式装夹,通用性不强,只适用于小型工件。(　　　)

41. 采用线切割加工冷冲模时,凸模与卸料板应该采用过盈配合。(　　　)

42. 采用电火花成型加工的模具材料,一般都先进行热处理淬硬。(　　　)

43. 零件尺寸确定只需考虑经济性,不用考虑装夹位置和变形量。(　　　)

44. 快走丝线切割机床开机前一定要检查电源、丝筒换向开关、冷却液等。(　　　)

45. 电火花线切割加工是实现工件尺寸加工的一种技术,合理的工艺安排决定了它的加工精度。(　　　)

46. 采用磁性工作台或磁性表座夹持工件,不需要压板和螺钉。(　　　)

47. 工件的隔角部分为加工基准时,需进行隔角的角检测和定位。(　　　)

48. 任何硬度的导电材料都可采用电火花小孔机来加工穿丝孔。(　　　)

49. G00 可用作直线加工。(　　　)

50. G 代码语句 G26 RA60 表示图形旋转角度为 60°。(　　　)

51. 程序运行暂停,其后的代码将不被执行。(　　　)

52. 慢走丝浸液式机床加工零件时,工作水箱必须充液至设定水位才能开始加工。(　　　)

53. 手工编程可根据机床不同,采用 B 代码和 ISO 代码两种编程方法来编制。（　　）

54. 程序调用后都必须用画轨迹图的方法来检查程序。（　　）

55. 程序的输入只能采用手工在键盘上输入。（　　）

56. 电参数选用不当、排屑不良会引起短路和断丝。（　　）

57. 上下两个导电块是用来输送脉冲电源的电能的。（　　）

58. 夹具用完后可任意摆放,如产生污垢和锈蚀物,不会影响装夹精度。（　　）

59. 电参数的大小和断丝没有直接关系。（　　）

60. 极限位置可以关机。（　　）

61. 放电面积是指一开始实施放电时的电极表面积。（　　）

62. $R_a$ 或 $R_{max}$ 数值越大,表明表面质量越好。（　　）

63. G81X＋是指 X 轴移动到＋极限位置。（　　）

64. 最终精加工条件的表面粗糙度选择要符合图样要求的表面粗糙度。（　　）

65. "G90 G00 X8"说明在绝对坐标系下,移动到 X 轴 8 mm 的位置。（　　）

66. 对于使用安装工具来安装工件的场合,校正工件时,不需先将安装工具的基准面校正好。（　　）

67. 铜的损耗是随着峰值电流的增加而增加的。（　　）

68. 量块可作为标准件用比较法测量工件的尺寸。（　　）

69. 可用砂纸、砂布擦拭卡尺上的油污、锈迹。（　　）

70. 加工时工件发生移位可能是因为工件没牢固固定在工作台上。（　　）

71. 在电火花线切割加工中工件受到的作用力较大。（　　）

72. 在数控电火花线切割机床型号 DK7632 中,D 表示电加工机床。（　　）

73. 目前我国主要生产的电火花线切割机床是快走丝电火花线切割机床。（　　）

74. 线切割机床通常分为两大类,一类是快走丝线切割机床,另一类是慢走丝线切割机床。（　　）

75. 快走丝线切割加工速度快,慢走丝线切割加工速度慢。（　　）

76. 线切割加工工件时,电极丝的进口宽度与出口宽度相同。（　　）

77. 快走丝线切割加工中,常用的电极丝为钨丝。（　　）

78. 在电火花线切割加工过程中,电极丝与工件间不会发生电弧放电。（　　）

79. 在电火花线切割加工过程中,可以不使用工作液。（　　）

80. 3B 代码编程法式最先进的电火花线切割编程方法。（　　）

81. 在 G 代码编程中,G04 属于延时指令。（　　）

82. 工件被限制的自由度少于 6 个,称为欠定位。（　　）

83. 上一程序段中有了 G01 指令,下一程序段中如果仍然是 G01 指令,则 G01 可省略。（　　）

84. 低碳钢的硬度比较小,所以线切割加工低碳钢的速度比较快。（　　）

85. 快走丝线切割机床的导轮要求使用硬度高、耐磨性好的材料制造,如高速钢、硬质合金、人造宝石或陶瓷等。（　　）

86. 数控线切割机床的坐标系采用右手笛卡儿直角坐标系。（　　）

87. 电火花线切割加工可以用来制造成型电极。（　　）

88. 在电火花线切割加工中,M02 的功能是关闭储丝筒电动机。(　　)

89. 线切割加工中工件几乎不受力,所以加工中工件不需要定位。(　　)

90. 线切割机床在加工过程中产生的气体对操作者的健康没有影响。(　　)

91. 线切割机床导轮 V 型槽面应有较高的精度和光洁度,V 型槽底部的圆弧半径必须小于选用的电极的半径。(　　)

92. 线切割机床停车必须先停贮丝筒。(　　)

93. 火花法是利用电极丝与工件在一定间隙下发生放电产生火花来确定电极丝位置坐标的方法。(　　)

94. 计数长度是指从起点到终点某拖板移动的距离。(　　)

95. 线切割加工中,工件材料的厚、薄对工艺指标不会产生影响。(　　)

96. 乳化液要有一定的爆炸力,保证用较小的电流能够切割较厚的工件,并要有利于熔化金属微粒的排除。(　　)

97. 选择加工液首先应确定其对环境无污染,对人体无害。(　　)

98. 线切割加工中切割顺序不会影响加工精度。(　　)

99. 电极丝运行速度越快,加工速度也越快。(　　)

100. 连续两次脉冲放电之间的停歇时间叫脉冲宽度。(　　)

101. 电火花成型加工中相同材料两极的腐蚀量是一样的。(　　)

102. 实践表明,工作液在没有强迫循环情况下加工速度随加工深度增加而降低。(　　)

103. 成型加工中,在电流峰值一定的情况下,随着脉冲宽度的减小,电极损耗将减小。(　　)

104. 光滑极限量规标有代号 T 的一端为通端。(　　)

105. 选择基准制一般优先选择基孔制。(　　)

106. 钢的含碳量愈高,淬火温度愈高。(　　)

107. 电火花加工中放电痕的尺寸大小将直接影响表面粗糙度。(　　)

108. 电火花加工脉冲放电的开始阶段是电极间的介质击穿。(　　)

109. 预加工的目的是尽可能减小工件的热处理产生的应力变形。(　　)

110. 两极间开始放电的瞬时电压叫短路电压。(　　)

111. 利用电火花线切割机床不仅可以加工导电材料,还可以加工不导电材料。(　　)

112. 如果线切割单边放电间隙为 0.01 mm,钼丝直径为 0.18 mm,则加工圆孔时的电极丝补偿量为 0.19 mm。(　　)

113. 电火花线切割加工通常采用正极性加工。(　　)

114. 脉冲宽度及脉冲能量越大,则放电间隙越小。(　　)

115. 在慢走丝线切割加工中,由于电极丝不存在损耗,所以加工精度高。(　　)

116. 在设备维修中,利用电火花线切割加工齿轮,其主要目的是为了节省材料,提高材料的利用率。(　　)

117. 电火花线切割加工属于特种加工。(　　)

118. 苏联的拉扎连柯夫妇发明了世界上第一台实用的电火花加工装置。(　　)

119. 目前我国主要生产的电火花线切割机床是慢走丝电火花线切割机床。(　　)

120. 由于电火花线切割加工速度比电火花成型加工要快许多,所以电火花线切割加工零

件的周期就比较短。(　　)

121. 在快走丝线切割加工中,由于电极丝走丝速度比较快,所以电极丝和工件间不会发生电弧放电。(　　)

122. 线切割加工中应用较普遍的工作液是乳化液,其成分和磨床使用的乳化液成分相同。(　　)

123. 电火花线切割加工过程中,电极丝与工件间只存在火花放电状态。(　　)

124. 在线切割加工中,当电压表、电流表的表针稳定不动,此时进给速度均匀、平稳,是线切割加工速度和表面粗糙度均好的最佳状态。(　　)

125. 线切割加工电源是直接接在电极丝和工件上的,通常电极丝为正极,工件为负极。(　　)

126. 快走丝线切割机床的导轮要求使用硬度高、耐磨性好的材料制造,如高速钢、硬质合金、人造宝石或陶瓷等材料。(　　)

127. 脉冲宽度及脉冲能量越大,则放电间隙越小。(　　)

128. 电火花线切割电极丝的垂直度校正不一定必须在加工前,加工后校正也可以。(　　)

129. 慢走丝线切割机床,除了浇注式供液方式外,有些还采用浸泡式供液方式。(　　)

130. 在型号为 DK7725 的数控电火花线高速走丝切割机床中,数字 25 是机床基本参数,它代表该线切割机床的工作台宽度为 250 mm。(　　)

131. 电火花线切割不能加工半导体材料。(　　)

132. 线切割加工中的工件表面粗糙度通常用轮廓算术平均值偏差 $R_a$ 值表示。(　　)

133. 电火花穿孔加工时,电极在长度方向上可以贯穿型孔,因此得到补偿,需要更换电极。(　　)

134. 在模具加工中,数控电火花线切割加工是最后一道工序。(　　)

135. 在线切割编程中 G01、G00 的功能相同。(　　)

136. 电火花线切割可以加工任何类型的齿轮。(　　)

137. 合金的性能主要决定于化学的成分、组织和结构。(　　)

138. 在铁碳合金中,碳原子取代了铁原子的位置而组成置换式固溶体。(　　)

139. 在合金固溶体中,溶质的溶入量总是随温度的升高而增大。(　　)

140. 金属的变形速度越大,则越不容易变形。(　　)

141. 钢锭经锻造及热轧后,仍存在成分偏析及夹渣成带状分布而使材料不合乎要求时,可再经锻造,用多次镦拔来改善。(　　)

142. 45 钢退火后硬度偏高,是由于加热温度高,冷却速度太快的关系。(　　)

143. 淬火加热对钢中碳化物堆积处容易产生过热。(　　)

144. 有效加热区空间大小相位置相同的炉子,其炉温均匀性也相同。(　　)

145. 一般热处理用淬火油的闪点在 400℃ 左右。(　　)

146. 炉温均匀性测量的目的,在于通过测量掌握炉膛内各处温度的分布情况。(　　)

147. 含碳量小于 0.3% 的钢称为低碳钢。(　　)

148. 预先热处理造成的脱碳层,可以在机加工时清除,因此不需检验。(　　)、

149. 稳定化处理的实质,是将晶界处元素铬的含量恢复到钢的平均含铬量水平。(　　)

150. 金属同素异构转变,是在固态下由一种晶格转变为另一种晶格。(　　)

151. 凡是能溶解在固溶体中的合金元素,都能使固溶体的强度和硬度提高,但塑性和韧性有所下降。这是因为溶质的原子尺寸与溶剂不同,溶入之后将引起点阵畸变。(　　)

152. 纯电阻单相正弦交流电路中的电压与电流,其瞬间时值遵循欧姆定律。(　　)

153. 线圈右手螺旋定则是:四指表示电流方向,大拇指表示磁力线方向。(　　)

154. 短路电流大,产生的电动力就大。(　　)

155. 电位高低的含义,是指该点对参考点间的电流大小。(　　)

156. 直导线在磁场中运动一定会产生感应电动势。(　　)

157. 最大值是正弦交流电在变化过程中出现的最大瞬时值。(　　)

158. 电动势的实际方向规定为从正极指向负极。(　　)

159. 自感电动势的方向总是与产生它的电流方向相反。(　　)

160. 没有电压就没有电流,没有电流就没有电压。(　　)

161. 磁场可用磁力线来描述,磁铁中的磁力线方向始终是从N极到S极。(　　)

162. 若干电阻串联时,其中阻值越小的电阻,通过的电流也越小。(　　)

163. 质量体系文件必须由总经理批准。(　　)

164. 质量体系审核的依据包括产品技术标准。(　　)

165. 质量管理体系程序文件对所有职工都是强制性的。(　　)

166. 质量管理体系应确保在任何情况下不出现不合格品,为此要加强预防措施。(　　)

167. 质量记录包括产品质量记录和质量管理体系记录。(　　)

168. 统计技术是质量改进的重要手段,是质量体系有效运行的技术工具。(　　)

169. 环境依据其形成的要素不同进行划分,分为生活环境和生态环境。(　　)

170. 我国现行环境保护法,对故意实施破坏或者污染环境行为,一般都规定应当追究其行政责任,对过失行为,在一定条件则规定不予追究。(　　)

## 五、简答题

1. 简述实现电火花加工的条件是。
2. 电火花加工按工具电极和工件相对运动的方式和用途不同,大致可分为哪几种?
3. 程序段的中间部分是程序段的内容,简述程序内容应具备的六个基本要素。
4. 简述什么是四轴联动锥度加工。
5. 与成型机比较,电火花线切割机的特点是什么?
6. 简述工件找正的方法。
7. 快走丝线切割选用的工作液是乳化液,简述乳化液的特点。
8. 简述影响电加工质量的因素。
9. 简述石墨电极及紫铜电极的特点。
10. 简述制造电极时如何正确控制电极的缩放尺寸。
11. 简述为何要正确选用加工规准,了解脉冲电源的工艺规律。
12. 简述简述减少和消除加工表面粗糙的方法。
13. 简述如何防止在型孔加工中产生"放炮"。
14. 简述怎样密切注视和防止电弧烧伤。

15. 简述加工速度与工艺留量的关系。

16. 简述短路的概念。

17. 简述伺服系统在电火花线切割加工中的作用。

18. 简述开路的形成对电加工的影响及其反映形式。

19. 简述线切割加工中放电间隙的概念并指出钢、硬质合金、紫铜的放电间隙各是多少。

20. 电火花加工中多电极装夹应注意哪些？

21. 简述单电极加工法的特点。

22. 简述加工时回退太长的产生原因及解决方案。

23. 简述在加工时在缓冲区中无 NC 程序的产生原因及解决方案。

24. 简述 M99 不匹配的产生原因及解决方案。

25. 简述嵌套层数太多的产生原因及解决方案。

26. 简述未取消半径补偿的产生原因及解决方案。

27. 简述无运动指令的连续度数太多的产生原因及解决方案。

28. 简述分解电极法的概念。

29. 简述过切或圆弧半径太大的产生原因及解决方案。

30. 简述两曲线无交点的产生原因及解决方案。

31. 简述两方程无解的产生原因及解决方案。

32. 简述作图的注意事项及画图的顺序。

33. 简述编程的目的。

34. 简述慢走丝线切割机床在工件装夹时应注意什么？

35. 简述电火花电规准的选择有哪些？

36. 简述计算机编程的工作过程。

37. 简述电极材料选择的优化方案。

38. 简述脉冲电流峰值的影响。

39. 简述工作液调节过低或过高对加工产生的影响。

40. 精微加工时如何得到不同的表面粗糙度。

41. 线切割加工简单模具时的顺序是怎样安排。

42. 简述影响切割速度的因素。

43. 若切割的工件厚度在 80 mm 以内,如何选择电参数可保证表面质量好。

44. 如何选用影响工艺指标的离线控制参数。

45. 如何摆脱拉弧给加工带来的干扰。

46. 影响仿形精度的主要因素。

47. 在电火花线切割加工中,影响尺寸精度的主要因素有哪些。

48. 电火花加工型腔时,型腔表面会出现尺寸到了但修不光的现象,简述造成这种现象的原因。

49. 如何正确选择工件材料。

50. 如何正确控制平动量。

51. 在型腔加工的底部及弯角处,易出现细线或鱼鳞状凸起,称为波纹,简述产生的原因。

52. 简述慢走丝线切割加工中,工作液的参数设定？

53. 电火花成型加工中影响加工精度的工艺因素有哪些?

54. 何谓放电加工?

55. 放电加工适用范围有哪些?

56. 放电加工电气之基本原理是什么?

57. 请叙述二次放电的成因。

58. 放电回路有哪几种?

59. 电极材质一般有哪几种? 其共同的特性是什么?

60. 材质对放电加工有什么影响?

61. 简述质量管理体系定义?

62. 在质量管理体系中,质量方针和质量目标的作用如何。

63. 我国的环境保护法中规定了哪几项环境管理制度?

64. 指出我国环境保护的基本方针和基本政策?

65. 简述环境管理体系定义?

66. 职业健康安全管理体系的特点是什么。

67. 职业健康安全方针是什么?

68. 电火花加工精度的影响包括哪些?

69. 安全生产标准化的定义是什么。

70. 企业安全生产标准化建设的意义体现在哪些方面?

## 六、综 合 题

1. 简述对电火花线切割脉冲电源的基本要求。

2. 什么叫电极丝的偏移? 对于电火花线切割来说有何意义? 在 G 代码编程中分别用哪几个代码表示?

3. 电火花线切割机床有哪些常用的功能?

4. 说说在什么情况下需要加工穿丝孔? 为什么?

5. 电火花线切割加工的主要工艺指标有哪些? 影响表面粗糙度的主要因素有哪些?

6. 什么叫极性效应? 在电火花线切割加工中是怎样应用的?

7. 在 ISO 代码编程中,常用的数控功能指令有哪些(写出五个以上)? 并简述其功能。

8. 什么叫放电间隙? 它对线切割加工的工件尺寸有何影响? 通常情况下放电间隙取多大?

9. 计算 $\phi20^{+0.045}_{+0.025}$ 及 $\phi20^{-0.03}_{-0.06}$ 的公差、最大极限尺寸和最小极限尺寸各为多少?

10. 已知一标准内齿轮的模数为 $m=3$,压力角 $\alpha=20°$,试计算其齿顶高 $h_a$、工作齿高 $h'$、径向间隙 $C$ 为多少?

11. 已知一标准直齿圆柱齿轮,其模数为 $m=7$,齿数 $Z=62$,试求这个齿轮的分度圆直径 $d$ 与齿顶圆直径 $d_a$?

12. 已知一标准直齿圆柱齿轮,其模数为 $m=7$,齿数 $Z=82$,试求这个齿轮的齿顶圆直径 $d_a$ 是多少? 齿顶高 $h_a$ 是多少?

13. 电极材质一般有哪几种? 其共同的特性是什么? 其模数为 $m=7$,齿数 $Z=82$,试求这个齿轮的齿顶圆直径 $d_a$,齿顶高 $h_a$?

14. 请叙述通常使用的电极材质有哪些特性？

15. 请叙述通常使用的工件材质有哪些特性？

16. 请分析放电结构有哪些要素？分别起什么作用？

17. 放电加工中的条件参数有哪些？其物理意义是怎样的？

18. 放电加工中的变形是如何产生的？

19. 从表面硬化材质的特性分析，为什么说细的面粗度加工最为理想？

20. 在放电加工中为什么要注意龟裂、驳落、灼伤现象？

21. 放电加工条件选择的方式主要有哪些？

22. 请简述伺服基准电压的作用。

23. 简述液处理方法的种类。

24. 如何减小二次放电现象之影响？

25. 试述电火花成型加工过程中，对加工深度控制的影响及解决方法？

26. 线切割加工中电参数的改变对工艺指标的影响有哪些规律？

27. 试述电火花成型加工时工作液大小对工件加工的影响。

28. 加工厚工件时常遇到的问题。

29. 电火花成型加工产生电弧的原因及对策。

30. 电火花成型加工表面粗糙度不良的原因及对策。

31. 质量管理体系适用范围。

32. 识别环境因素应具体注意哪些方面？

33. 职业健康安全管理体系的作用。

34. 企业根据隐患排查的结果，如何制定隐患治理方案，对隐患治理的工作包括哪些内容？

35. 安全生产的本质体现在哪些方面？

# 电切削工(中级工)答案

## 一、填空题

| | | | |
|---|---|---|---|
| 1. 自动编程 | 2. 手工编程 | 3. 图形交互式 | 4. 编制过程 |
| 5. 自动加工 | 6. 轮廓控制系统 | 7. 数控装置 | 8. 执行元件 |
| 9. 位移指令 | 10. 电气元器件 | 11. 复杂形状 | 12. 导电材料 |
| 13. 断续 | 14. 正极性加工 | 15. 覆盖效应 | 16. 放电间隙 |
| 17. 短路 | 18. 开路 | 19. 偏移 | 20. 程序格式 |
| 21. 系统说明书 | 22. M99 | 23. M | 24. 十进制数 |
| 25. 不允许 | 26. 绘图式编程 | 27. G91 | 28. G92 |
| 29. G00 | 30. 直线插补 | 31. 开头 | 32. 万分之一 |
| 33. mm | 34. 加工代码 | 35. 圆弧插补 | 36. 刀具半径补偿 |
| 37. 刀位点 | 38. 嵌套 | 39. 加工程序 | 40. 左补偿 |
| 41. 零 | 42. 过切 | 43. 过切 | 44. 程序的执行 |
| 45. T84 | 46. T85 | 47. T86 | 48. T87 |
| 49. 中心轨迹 | 50. 外面 | 51. 里面 | 52. 间隙补偿量 |
| 53. 反方向 | 54. 三 | 55. 精度 | 56. 电解铜 |
| 57. 预加工 | 58. 自动编程系统 | 59. 松紧程度 | 60. 电腐蚀现象 |
| 61. 不需要 | 62. 62 | 63. 冷冲模零件 | 64. 易变形 |
| 65. 碳素工具钢 | 66. 表面粗糙度 | 67. 冲击负荷 | 68. 较高精度 |
| 69. 塑料模 | 70. 表面粗糙度 | 71. 切割速度 | 72. 放电间隙 |
| 73. 耐腐蚀性 | 74. 短路 | 75. 磁力夹具 | 76. 悬臂支撑 |
| 77. 磨削 | 78. 煤油 | 79. 回火 | 80. 精加工 |
| 81. 放电时间 | 82. 方形 | 83. 垂直 | 84. 20 |
| 85. 预加工 | 86. 加工精度 | 87. 小 | 88. 镜面加工 |
| 89. 定位 | 90. 加工 | 91. 顺时针 | 92. 逆时针 |
| 93. 定时暂停 | 94. 取消 | 95. 价格昂贵 | 96. 钢打钢 |
| 97. 同一牌号 | 98. 圆弧 | 99. 直线 | 100. M00 |
| 101. M02 | 102. M05 | 103. 正 | 104. 置零操作 |
| 105. 当前 | 106. 不接触 | 107. 工件 | 108. 粗实线 |
| 109. 细实线 | 110. 简化编程 | 111. 笛卡尔 | 112. 交点 |
| 113. 机械摩擦 | 114. 复杂零件 | 115. 理想几何参数 | 116. 快 |
| 117. 完全退火 | 118. 组件 | 119. 正火 | 120. 检测元件 |
| 121. 极限间隙 | 122. 数值计算 | 123. 垂直 | 124. 降低 |

125. 主电极　　126. 热胀冷缩　　127. 热处理制度　　128. 各种载荷
129. 磨损　　130. 组织转变　　131. 先共析铁素体　　132. 电火花加工
133. 误差　　134. 消除应力　　135. 裂纹　　136. 加工部分
137. 放电　　138. 化学稳定性　　139. 上贝氏体　　140. 正比
141. 强度极限　　142. 屈服　　143. 塑性　　144. 蠕变极限
145. 可锻性　　146. 粗　　147. 强度　　148. 升降范围
149. 剖面符号　　150. 四分之三　　151. 绝对损耗　　152. 相对损耗
153. 粗加工　　154. 石墨　　155. 覆盖效应　　156. 温室效应
157. 保障人体健康　　158. 谁污染谁治理　　159. 3　　160. 5
161. 组织全部管理体系　　162. 世界经济全球化　　163. 相适应　　164. 特定职责
165. 基本要素

## 二、单项选择题

| | | | | | | | | |
|---|---|---|---|---|---|---|---|---|
| 1. C | 2. B | 3. A | 4. B | 5. A | 6. B | 7. C | 8. D | 9. D |
| 10. D | 11. B | 12. C | 13. B | 14. D | 15. B | 16. B | 17. C | 18. D |
| 19. C | 20. D | 21. B | 22. D | 23. A | 24. D | 25. A | 26. B | 27. D |
| 28. B | 29. A | 30. C | 31. C | 32. B | 33. C | 34. C | 35. A | 36. B |
| 37. C | 38. A | 39. B | 40. D | 41. D | 42. A | 43. D | 44. C | 45. C |
| 46. D | 47. A | 48. D | 49. D | 50. A | 51. B | 52. A | 53. C | 54. D |
| 55. C | 56. B | 57. B | 58. A | 59. B | 60. C | 61. B | 62. A | 63. B |
| 64. D | 65. A | 66. D | 67. D | 68. C | 69. D | 70. C | 71. C | 72. A |
| 73. C | 74. A | 75. C | 76. B | 77. B | 78. B | 79. D | 80. B | 81. D |
| 82. B | 83. C | 84. A | 85. D | 86. B | 87. A | 88. D | 89. D | 90. A |
| 91. B | 92. A | 93. B | 94. B | 95. A | 96. D | 97. B | 98. A | 99. A |
| 100. D | 101. C | 102. A | 103. B | 104. B | 105. C | 106. B | 107. C | 108. A |
| 109. A | 110. A | 111. B | 112. C | 113. A | 114. A | 115. A | 116. B | 117. C |
| 118. A | 119. D | 120. C | 121. B | 122. A | 123. C | 124. A | 125. D | 126. C |
| 127. D | 128. D | 129. B | 130. C | 131. C | 132. C | 133. B | 134. C | 135. B |
| 136. C | 137. D | 138. D | 139. A | 140. D | 141. A | 142. C | 143. A | 144. A |
| 145. C | 146. D | 147. C | 148. B | 149. D | 150. B | 151. C | 152. C | 153. D |
| 154. B | 155. C | 156. C | 157. B | 158. C | 159. B | 160. B | 161. D | 162. A |
| 163. A | 164. C | 165. C | | | | | | |

## 三、多项选择题

| | | | | | | |
|---|---|---|---|---|---|---|
| 1. AB | 2. ABCD | 3. ABC | 4. CD | 5. ABCD | 6. ABCD | 7. BCD |
| 8. ABC | 9. ABCD | 10. ABCD | 11. ABCD | 12. ABCD | 13. ABCD | 14. ABCD |
| 15. ABD | 16. ABC | 17. BC | 18. BCD | 19. ABCD | 20. ABC | 21. AB |
| 22. ABCD | 23. ABC | 24. ABCD | 25. ABC | 26. ABC | 27. ABCD | 28. ABCD |
| 29. ABCD | 30. BC | 31. ABD | 32. ABCD | 33. ABCD | 34. ABCD | 35. ABCD |

36. AC　　37. ABC　　38. AB　　39. ABD　　40. ABC　　41. BC　　42. AB
43. AD　　44. ACD　　45. ABCD　46. ABC　　47. ABC　　48. ABCD　49. ABC
50. ABCD　51. ABCD　52. AB　　53. CD　　54. ABCD　55. CD　　56. BC
57. ABCD　58. ABCD　59. AB　　60. ABC　　61. AB　　62. BCD　　63. ABCD
64. AB　　65. ABC　　66. BC　　67. ABC　　68. CD　　69. ABCD　70. CD
71. ABC　　72. ABC　　73. ABCD　74. ABCD　75. BCD　　76. ABCD　77. AB
78. ABC　　79. ABC　　80. AB　　81. ACD　　82. ABCD　83. ABCD　84. ABCD
85. ABC　　86. ABC　　87. ABCD　88. ABCD　89. ABCD　90. ABCD　91. ABCD
92. ABCD　93. ABD　　94. ABCD　95. ABCD　96. BCD　　97. ABCD　98. BCD
99. ABD　　100. ABCD　101. ABC　102. ABCD　103. BD　　104. ABC　105. ABCD
106. ABCD　107. ABCD　108. AB　109. ABD　　110. ABCD　111. ABC　112. ABCD
113. ABD　114. ABC　115. ABD　116. BD　　117. BCD　　118. ACD　119. AC
120. BCD　121. ABC　122. ABC　123. BCD　　124. AB　　125. AD　　126. AC
127. ABCD　128. ABCD　129. ABCD　130. ABC　131. ABCD　132. ABC　133. ABCD
134. ABCD　135. AB　136. ABCD　137. BD　　138. AC　　139. ABD　140. AD
141. ABCD　142. AC　143. ABCD　144. BC　　145. BCD　　146. ABCD　147. AD
148. ABD　149. ABC　150. ABD　151. ABD　　152. CD　　153. ABCD　154. BCD
155. ABD

## 四、判 断 题

1. √　　2. √　　3. √　　4. √　　5. ×　　6. √　　7. ×　　8. √　　9. ×
10. ×　　11. √　　12. ×　　13. ×　　14. ×　　15. ×　　16. √　　17. √　　18. ×
19. √　　20. √　　21. √　　22. √　　23. ×　　24. √　　25. √　　26. √　　27. ×
28. ×　　29. √　　30. ×　　31. √　　32. ×　　33. √　　34. ×　　35. √　　36. √
37. √　　38. ×　　39. ×　　40. ×　　41. ×　　42. ×　　43. ×　　44. √　　45. √
46. √　　47. √　　48. √　　49. ×　　50. √　　51. ×　　52. √　　53. √　　54. √
55. ×　　56. √　　57. √　　58. ×　　59. ×　　60. ×　　61. ×　　62. ×　　63. √
64. √　　65. ×　　66. ×　　67. √　　68. √　　69. ×　　70. √　　71. √　　72. √
73. ×　　74. ×　　75. ×　　76. ×　　77. ×　　78. √　　79. ×　　80. ×　　81. ×
82. ×　　83. √　　84. ×　　85. ×　　86. √　　87. ×　　88. ×　　89. ×　　90. ×
91. √　　92. ×　　93. √　　94. ×　　95. ×　　96. √　　97. √　　98. ×　　99. ×
100. ×　101. ×　102. √　103. ×　104. √　105. √　106. ×　107. √　108. √
109. √　110. ×　111. ×　112. ×　113. √　114. ×　115. ×　116. ×　117. √
118. √　119. ×　120. ×　121. ×　122. ×　123. ×　124. ×　125. ×　126. √
127 ×　128. ×　129. √　130. ×　131. √　132. √　133. ×　134. √　135. ×
136. ×　137. √　138. ×　139. ×　140. √　141. √　142. √　143. √　144. ×
145. ×　146. √　147. ×　148. √　149. √　150. √　151. √　152. √　153. √
154. ×　155. ×　156. ×　157. √　158. ×　159. ×　160. √　161. ×　162. ×
163. ×　164. √　165. ×　166. ×　167. √　168. √　169. ×　170. √

## 五、简 答 题

1. 答:①工具电极和工件电极之间必须加 $60 \sim 300$ V 的脉冲电压,并维持合理的放电间隙(1分)。②两极间必须充满介质(0.5分)。③输送到两极间脉冲能量应足够大(0.5分)。④放电必须是短时间脉冲放电(1分)。⑤脉冲放电需多次进行(1分)。⑥脉冲放电后的电蚀产物能及时排放至放电间隙之外(1分)。

2. 答:电火花穿孔成型加工(1分)、电火花线切割加工(1分)、电火花磨削和镗磨(0.5分)、电火花同步共轭回转加工(1分)、电火花高速小孔加工(0.5分)、电火花表面强化和刻字6大类(1分)。

3. 答:准备功能字(1分)、尺寸功能字(1分)、进给功能字(1分)、主轴功能字(1分)、刀具功能字(0.5分)、辅助功能字(0.5分)。

4. 答:电极丝在进行二维切割的同时,还能按一定的规律进行偏摆形成一定的倾斜角,加工出带锥度的工件或上、下形状不同的异形件(5分)。

5. 答:①不需要制造成型电极,工件材料的预加工量小(1分)。②能方便的加工出复杂形状的工件等(1分)。③脉冲电源的加工电流小,脉冲宽度较窄,一般采用负极性加工(1分)。④对因电极损耗带来的误差较小(1分)。⑤材料的蚀除量小,余料还可利用(0.5分)。⑥工作液选用乳化液(0.5分)。

6. 答:保证切割型腔与工件外形或型腔与型腔之间有一个正确的位置关系(1分)。与外形的位置关系可通过找外形或找工艺孔的中心来确定(1分),工艺孔在钻床上已精确的加工出型腔与型腔之间的位置关系,靠定位移动的步距来保证(2分)。但要注意穿丝孔小时位置精度不能太差,以保证移至到下一个型腔加工的穿丝位置时能顺利穿丝(1分)。

7. 答:①有一定的绝缘性能(1分)。②具有良好的洗涤性能(1分)。③有良好的冷却性能(1分)。④有良好的防锈能力(1分)。⑤对环境无污染,对人体无害(1分)。

8. 答:影响加工质量的原因是多方面的,大致与电极材料的选择(1分)、电极制造(1分)、电极装夹找正(1分)、加工规准的选择(1分)、操作工艺是否恰当等有关(1分)。

9. 答:石墨是常用的电极材料,不是所有的石墨材料都可作为电加工的电极材料,应该使用电加工专用的高强度、高密度、高纯度的特种石墨(2.5分)。紫铜电极常用于精密的中、小型型腔加工。在使用铸造或锻造制造的紫铜坯料做电极时,材质的疏松、夹层或砂眼,会使电极表面本身有缺陷、使加工表面不理想(2.5分)。

10. 答:缩放的尺寸要根据所决定的放电间隙再加上一定的比例常数而定(2分)。一般取理论间隙的正差,即电极的标称尺寸要偏"小"一些(1分)。若放电间隙留小了,电极做"大"了,使实际的加工尺寸超差,则造成不可修废品(1分),如电极略微偏"小",在尺寸上留有调整的余地,经过平动调节或稍加配研,可最终保证图纸的尺寸要求(1分)。

11. 答:脉宽、脉间、电流、电压、极性等一组电规准对应产生的电极损耗、加工速度、放电间隙、表面粗糙度以及锥度等工艺效果,是避免产生废品、达到加工要求的关键(3分)。不控制电极损耗就不能加工出好的型腔。控制不好粗糙度和放电间隙,就不能确定最佳平动量,修光型腔侧壁,加工不出好的型孔(2分)。

12. 答:①采用较好的石墨电极,粗加工开始时用小电流密度,以改善电极表面质量(1分)。②采用中精加工低损耗的脉冲电源及电参数(1分)。③合理开设冲油孔,采用适当抬刀措施(1分)。④采用单电极修正电极工艺,即粗加工后修正电极,再用平动精加工修正,或采用多电极工艺(2分)。

13. 答:在使用油杯进行型孔加工时,要特别注意排气(1分),适当抬刀(1分)或者在油杯顶部周围开出气槽、排气孔,以利排出积聚的气体(3分)。

14. 答:发现加工状态不稳定时就采取措施,防止转变成稳定电弧(2分)。防止办法是增大脉间及加大冲油(1分),增加抬刀频率和幅度(1分),改善排屑条件(1分)。

15. 答:电火花成型加工的工艺过程简单地讲,就是一个从粗到精的加工过程。因此精加工之前的每一个工序,均要为后面的加工考虑材料余量(1分)。选择合理的工序间材料余量是保证加工质量与加工效率的关键(2分)。较大的材料余量会降低加工速度,较小的材料余量会影响加工的表面粗糙度(2分)。

16. 答:电极丝的进给速度大于材料的蚀除速度,致使电极丝与工件接触,不能正常放电,称为短路(2分)。短路使放电加工不能连续进行,严重时还会在工件表面留下明显条纹。短路发生后,伺服控制系统会作出判断并让电极丝沿原路回退,以形成放电间隙,保证加工顺利进行(3分)。

17. 答:电火花线切割加工过程当中,电极丝的进给速度是由材料的蚀除速度和极间放电状况的好坏决定的(2分)。伺服控制系统能自动态调节电极丝的进给速度,使电极丝根据工件的蚀除速度和极间放电状态进给或后退,保证加工顺利进行(2分)。电极丝的进给速度与材料的蚀除速度一致,此时的加工状态最好,加工效率和表面粗糙度均较好(1分)。

18. 答:电极丝的进给速度小于材料的蚀除速度(2分)。开路不但影响加工速度,还会形成二次放电,影响已加工面精度,也会使加工状态变得不稳定(2分)。开路状态可从加工电流表上反映出,即加工电流间断性回落(1分)。

19. 答:放电间隙是指放电发生时电极丝与工件的距离。这个间隙存在于电极丝的周围,因此侧面的间隙会影响成型尺寸,确定加工尺寸时应予考虑(2分)。钢件的放电间隙一般在0.01 mm左右(1分),硬质合金在0.005 mm左右(1分),紫铜在0.02 mm左右(1分)。

20. 答:①保证各电极之间的相对位置,必须考虑放电间隙对型孔相对位置的尺寸影响(2分)。②保证电极之间的相互平行关系(2分)。③安装中心尽量与电极中心重合(1分)。

21. 答:单电极加工法是指用一个电极加工出所需型腔(2分)。特点:①用于加工形状简单、精度要求不高的型腔(1分)。②用于加工经过预加工的型腔(1分)。③用平动法加工型腔(1分)。

22. 答:形成原因是在加工中,由于间隙状态不好而回退,回退长度超过4 mm(2.5分)。解决方案是在间隙状态变好后,按RST继续执行(2.5分)。

23. 答:形成原因是NC程序缓冲区为空,无任何NC代码(2.5分)。解决方案是在编辑方式,从硬盘或软盘中装入NC程序,或手动输入NC代码(2.5分)。

24. 答:形成原因是在NC程序中没有相应的M98或M98对应的子程序号(2.5分)。解决方案是检查NC程序(2.5分)。

25. 答:形成原因是NC程序中调用的子程序种类数超过9个(2.5分),解决方案是减少子程序种类数(2.5分)。

26. 答:形成原因是在执行代码M02、G80/G81/ G82时,未取消G41/G42补偿(2.5分)。解决方案是用G40取消补偿(2.5分)。

27. 答:形成原因是无运动指令(GOO/GOI/GOZ/GD3)的连续段数超过8段(2.5分),解决方案是检查 NC 程序(2.5分)。

28. 答:分解电极法:根据型腔的几何形状,把电极分解成主型腔电极和副型腔电极分别制造(3分)。主型腔电极加工出型腔的主要部分(1分),副型腔电极加工型腔的尖角、窄缝等部位(1分)。

29. 答:形成原因是:①在向着圆弧半径的方向补偿时,补偿值大于圆弧半径(1分);②补偿前后,起点与终点的位置关系发生改变(1分)。解决方案是:①减小补偿值(1分);②检查补偿方向是否正确(1分);③检查补偿后起点与终点的位置关系(1分)。

30. 答:形成原因是①补偿后直线—直线无交点(1分),②圆弧—圆弧补偿方向不一致且补偿后无交点(1.5分)。解决方案是修改补偿方向或相应的程序段(2.5分)。

31. 答:形成原因是①两曲线补偿前无解(1分);②直线—圆弧补偿方向不一致且补偿后无交点(1.5分)。解决方案是检查相应的程序段(2.5分)。

32. 答:画图时,要注意视图之间的投影规律,尤其要注意俯视图和左视图上前后的对应关系(2分)。画图的一般顺序是:先画组合体的主要部分,后画次要部分(1分);先画大形体,后画小形体(1分);从可见部分画到不可见部分(0.5分);通常先画反映真实形状的视图或表面有积聚性的投影,再画其他视图(0.5分)。

33. 答:编程的目的是产生电切削控制系统所需要的加工代码。目前,数控电切削机床一般采用 3B 代码的程序格式或 ISO 代码的程序格式(5分)。

34. 答:①装夹的方向是否与图纸相符,是否有镜像或旋转,并做好记号(1分);②夹持力度是否得当(2分);③夹具的选择是否合适,是否会有干涉(1分);④注意工件防锈,在上机前抹上油性笔或者防锈济以免在加工过程中产生锈蚀或者形成黑斑(1分)。

35. 答:电火花的电规准包括粗规准、中规准、精规准三种(2分)。①粗规准:以高的蚀除速度加工出型腔的基本轮廓,电极损耗要小,电蚀表面不能太粗糙(1分)。②中规准:减小被加工表面的粗糙度,为精加工作准备(1分)。③精规准:用于型腔精加工,所去除的余量一般不超过 $0.1 \sim 0.2$ mm(1分)。

36. 答:根据加工工件输入工件图样及尺寸,通过计算机编程软件处理转换成电切削控制系统所需要的加工代码(3分),工作图形可在显示屏上显示(0.5分),也可以打印出程序清单和图形(0.5分),或将加工代码复制到磁盘(0.5分),或将程序通过编程计算机用通信方式传输给电切削控制系统(0.5分)。

37. 答:高精度部位的加工,可选用铜作为粗加工电极材料,选用铜钨合金作为精加工电极材料(1分);较高精度部位的加工,粗精加工均可选用铜材料(1分);一般精度加工可用石墨作为粗加工电极材料(1分),精加工可选用铜材料或石墨(1分);精度要求不高的情况下,粗精加工均可选用石墨。优化方案还是强调充分利用石墨电极加工速度快的特点(1分)。

38. 答:在相同脉冲宽度下,生产率和电极损耗随电流峰值的增加而增加(2分)。电流密度的影响是在一定的脉冲宽度和脉冲电流峰值条件下,随加工面积的减小和电流密度的增加,生产率和电极损耗都有显著变化(3分)。

39. 答:工作液压力调节过低,不易排除间隙中的电蚀物,使加工不稳定(2.5分)。工作液压力调节过高,会造成外界干扰,也会使加工不稳定和电极损耗增大(2.5分)。

40. 答:微精加工装置通常用脉冲电源的高压回路,并且通过改变电容器的容量值和三极管导通时间来实现,所以只要调节电容器转换开关(2.5分)和脉冲宽度转换开关(2.5分),就可以得到不同的表面粗糙度值。

41. 答:安排加工顺序的原则是先切割卸料板、凸模固定板等非主要件(2.5分),然后再切割凸模、凹模等主要件(2.5分)。

42. 答:当脉冲电源的空载电压高、短路电流大、脉冲宽度大时,切割速度就高(1分)。但是切割速度和表面粗糙度的要求是互相矛盾的两个工艺指标,所以必须在满足表面粗糙度要求的前提下再追求高的切割速度(2分),而且切割速度还受到间隙消电离的限制,也就是说,脉冲间隔也要适宜(2分)。

43. 答:应选用分组波脉冲电源,它与同样能量的矩形波脉冲电源相比,在相同的切割速度条件下,可以获得较好的表面质量(3分)。无论是矩形波还是分组波,其单个脉冲能量小,则 $R_a$ 值小(1分)。即脉冲宽度小、脉冲间隔适当、峰值电压低、峰值电流小时,表面质量较好(1分)。

44. 答:离线控制参数的选择可以遵循一定的规律(1分)。离线控制参数直接影响加工的主要工艺指标,在参数组合中发挥着主要作用(1分)。为了达到具体工艺指标的要求,在加工前,应对这类参数进行全面考虑(1分),一旦确定了合适的参数,在加工中最好不要进行修改,以免影响加工效果(2分)。

45. 答:拉弧引起电极上的结炭沉积右,所有以后的放电就容易集中在积炭点上,从而加剧了拉弧状态(1分)。为摆脱这种状态,需要把放电电流减小一段时间(2分),有时还要改变极性(暂时人为高损耗)来消除积炭层,直至拉弧倾向消失,才能恢复原规准加工(2分)。

46. 答:①使用平动头造成几何形状失真如很难加工出清角、尖角变圆等(1.5分)。②工具电极损耗及"反黏"现象的影响(1.5分)。③电极装夹校正装置的精度和平动头、主轴头的精度及刚性影响(1分)。④电规准选择转换不当,造成电极损耗增大(1分)。

47. 答:①操作者选用的电规准与电极缩小量不匹配(1分)。②在加工深型腔时,二次放电机会较多,使加工间隙增大(1分)。③冲油管的设置和导线的架设存在问题,导线与油管产生阻力(1分)。④电极制造误差(1分)。⑤主轴头、平动头、深度测量装置等的机械误差(1分)。

48. 答:①电极对工作台的垂直度没校正好,使电极的一个侧面形成倒斜度(1分)。②主轴进给时出现扭曲现象(1分)。③在加工开始前,平动头没有调到零位(1分)。④各挡规准转换过快,或者跳规准进行修整(1分)。⑤电极或工件没有装夹牢固,在加工过程中出现错位移动(0.5分)。⑥平动量调节过大,加工过程出现大量碰撞短路(0.5分)。

49. 答:①工件材料(如凸凹模)要尽量使用热处理淬透性好、变形小的合金钢(2分)。②毛坯需要锻造。热处理工艺要严格按要求进行,最好进行两次回火,回火后的硬度为58～60 HRC为宜(1.5分)。③在电火花线切割加工前,必须将工件被加工区热处理后的残留物和氧化物清理干净(1.5分)。

50. 答:型腔或型孔的侧壁修光要靠平动,既要达到一定粗糙度的要求,又要达到尺寸要求,需要认真确定逐级转换规准时的平动量(2分)。否则有可能还没达到修光要求,而尺寸已到极限,或者已经修光但还没有达到尺寸要求(1分)。因此,应在完成总平动量75%的半精加工段复核尺寸之后再继续进行精加工(2分)。

51. 答:①电极损耗的影响:电极材料质量差,方向性不对,电参数选择不当,造成粗加工后表面不规则点状剥落和网状剥落。在平动侧面修光后反映在型腔表面上就是"波纹"(2.5分)。②冲油和排屑的影响:冲油孔开得不合理,"波纹"就严重;另外排屑不良,蚀除物堆积在底部转角处,也助长了"波纹"的产生(2.5分)。

52. 答:慢速走丝线切割加工,目前普遍使用去离子水(1分)。为了提高切割速度,在加工时还要加进有利于提高切割速度的导电液,以增加工作液的电阻率(2分)。加工淬火钢,使电阻率在 $2\times10^4\Omega\cdot cm$ 左右(1分);加工硬质合金电阻率在 $30\times10^4\Omega\cdot cm$ 左右(1分)。

53. 答:①电极损耗对加工精度的影响(2分);②放电间隙对加工精度的影响(2分);③加工斜度对加工精度的影响(1分)。

54. 答:放电加工是在电极与工件之间发生热质性火花放电(3分),利用高能量、高密度热能加工现象的原理进行加工的方法(2分)。

55. 答:凡属导电性材料,放电加工可不受限制,以高精度和无须人为操作,即能够进行加工。如铜材、钢材、碳化钨、导电性陶瓷等,有时亦可加工非金属材料,例如对宝石或玻璃等做穿孔加工。

56. 答:机器利用电子管之开关功能(1分),在一个时间周期内产生放电恢复之过程(2分),如此反复循环,形成连续性放电,从而形成放电加工(2分)。

57. 答:由于放电加工部位所排出的加工粉屑带有与电极相同的电荷(2.5分),在排出的途中即会在工作物之间充当电极(2.5分),发生二次放电现象。

58. 答:放电回路有:①RC回路(1分)。②RC变形回路(1分)。③LC回路(1分)。④晶体管回路(1分)。⑤多回路方式(1分)。

59. 答:我们常用的电极材质有:电解铜、黄铜、红铜、铜钨、石墨、银钨等(1.5分),其共同的特质有:①放电稳定(0.5分)。②电阻低(0.5分)。③放电时消耗少(0.5分)。④放电时之加工速度、精度、粗糙度良好(0.5分)。⑤耐大电力放电(0.5分)。⑥机械强度大(0.5分)。⑦成型容易,价格低廉(0.5分)。

60. 答:电极材质,工件材质之不同对其放电加工的影响也各不相同,其加工结果也不同(2分),对其加工效率、质量精度、表面粗糙度有直接的影响(2分),所以,在放电加工中,选择合理之电极材质是非常重要的(1分)。

61. 答:质量管理体系定义为"在质量方面指挥和控制组织的管理体系"(1分),通常包括制定质量方针、目标以及质量策划、质量控制、质量保证和质量改进等活动(2分)。实现质量管理的方针目标,有效地开展各项质量管理活动,必须建立相应的管理体系,这个体系就叫质量管理体系(2分)。

62. 答:建立质量方针和质量目标为组织提供了关注的焦点(1分)。两者确定了预期的结果,并帮助组织利用其资源达到这些结果(1分)。质量方针为建立和评审质量目标提供了框架(1分)。质量目标需要与质量方针和持续改进的承诺相一致,其实现需是可测量的(1分)。质量目标的实现对产品质量、运行有效性和财务业绩都有积极影响,因此对相关方的满意和信任也产生积极影响(1分)。

63. 答:①环境影响评价制度(1分)。②三同时制度(1分)。③环境保护责任制度(0.5分)。④征收排污费制度(0.5分)。⑤排污申报登记制度(0.5分)。⑥限期治理制度(0.5分)。⑦环境保护许可证制度(0.5分)。⑧污染物排放总量控制制度(0.5分)。

64. 答:基本方针:经济建设、城乡建设、环境建设同步规划、同步实现、同步发展(1.5分)。

实现经济效益、社会效益和环境效益的统一(1分)。基本政策:预防为主(0.5分)、防治结合(0.5分),谁污染、谁治理(1分),强化管理(0.5分)。

65. 答:环境管理体系是一个组织内全面管理体系的组成部分(2分),它包括为制定、实施、实现、评审(1分)和保持环境方针所需的组织机构、规划活动、机构职责、惯例、程序、过程和资源(1分)。还包括组织的环境方针、目标和指标等管理方面的内容(1分)。

66. 答:①采用建立管理体系的方式对职业健康安全绩效进行控制(1分)。②采用 PDCA 循环管理的思想(1分)。③强调预防为主、持续改进以及动态管理(1分)。④遵守法规的要求贯穿在体系的始终(0.5分)。⑤要求全员参与(1分)。⑥适用于各行各业,并作为认证的依据(0.5分)。

67. 答:①适合组织的职业健康安全风险的性质和规模(1分)。②包括持续改进的承诺(1分)。③包括组织至少遵守现行职业健康安全法规和组织接受的其他要求的承诺(1分)。④形成文件,实施并保持(0.5分)。⑤传达到全体员工,使其认识各自的职业健康安全义务(0.5分)。⑥可为相关方所获取(0.5分)。⑦定期评审,以确保其与组织保持相关和适宜(0.5分)。

68. 答:①放电间隙的大小及其一致性(1分);②工具电极的损耗(1分);③电极的制造精度(1分);④二次放电(1分);⑤热影响(1分)。

69. 答:是指通过建立安全生产责任制,制定安全管理制度和操作规程(1分),排查治理隐患和监控重大危险源(1分),建立预防机制,规范生产行为(1分),使各生产环节符合有关安全生产法律法规和标准规范的要求(1分),人、机、物、环处于良好的生产状态,并持续改进,不断加强企业安全生产规范化建设(1分)。

70. 答:①是落实企业安全生产主体责任的必要途径(1.5分)。②是强化企业安全生产基础工作的长效制度(1分)。③是政府实施安全生产分类指导、分级监管的重要依据(1.5分)。④是有效防范事故发生的重要手段(1分)。

## 六、综 合 题

1. 答:①脉冲峰值电流要适当,并便于调整。②脉冲宽度要窄,并可以在一定范围内调整。③脉冲重复频率要尽量高。④有利于减少电极丝的损耗。⑤脉冲电源必须输出单向直流脉冲。⑥脉冲波形的前沿和后沿以陡些为好。⑦参数调节方便,适应性强。(10分)

2. 答:线切割加工时电极丝中心的运动轨迹与零件的轮廓有一个平行位移量,也就是说电极丝中心相对于理论轨迹要偏在一边,这就是偏移,平行位移量称为偏移量。对于电火花线切割来说,电极丝的偏移是为了在加工中保证理论轨迹的正确,保证加工工件的尺寸。在 G 代码编程中分别用 G40 消除补偿(偏移)、G41 左侧补偿(偏移)、G42 右侧补偿(偏移)表示。(10分)

3. 答:①轨迹控制。②加工控制,其中主要包括对伺服进给速度、电源装置、走丝机构、工作液系统以及其他的机床操作控制。此外,还有断电保护、安全控制及自诊断功能等也是比较重要的方面。③其他的还有电极丝半径补偿功能、图形的缩放、对称、旋转和平移功能、锥度加工功能、自动找中心功能、信息显示功能等。(10分)

4. 答:在使用线切割加工凹形类封闭零件时,为了保证零件的完整性,在线切割加工前必须加工穿丝孔;对于凸形类零件在线切割加工前一般不需要加工穿丝孔,但当零件的厚度较大或切割的边比较多,尤其对四周都要切割及精度要求较高的零件,在切割前也必须加工穿丝孔,此时加工穿丝孔的目的是减少凸形类零件在切割中的变形。这是因为在线切割加工过程中毛坯材料的内应力会失去平衡而产生变形,影响加工精度,严重时切缝会夹住或拉断电极丝,使加工无法进行,从而造成工件报废。(10 分)

5. 答:电火花线切割加工的主要工艺指标有:①切割速度。②表面粗糙度。③电极丝损耗量。④加工精度。影响表面粗糙度的主要电参数有:短路峰值电流、开路电压、脉冲宽度、脉冲间隔、放电波形、电源的极性以及进给速度。(10 分)

6. 答:在线切割加工过程中,不管是正极还是负极,都会发生电蚀,但它们的电蚀程度不同。这种由于正、负极性不同而彼此电蚀量不一样的现象称为极性效应。实践表明,在电火花加工中,当采用短脉冲加工时,正极的蚀除速度大于负极的蚀除速度;当采用长脉冲加工时,负极的蚀除速度大于正极的蚀除速度。由于线切割加工的脉冲宽度较窄,属于短脉冲加工,所以采用工件接电源的正极,电极丝接电源的负极,这种接法又称为正极性接法,反之称为负极性接法。电火花线切割采用正极性接法不仅有利于提高加工速度,而且有利于减少电极丝的损耗,从而有利于提高加工精度。(10 分)

7. 答:G00 快速点定位指令、G00 直线插补加工指令、G02 顺时针圆弧插补指令、G03 逆时针圆弧插补指令、G40 取消电极丝补偿、G41 电极丝左补偿、G42 电极丝右补偿、G90 绝对坐标指令、G91 增量坐标指令、G92 指定坐标原点、M00 暂停指令、M02 程序结束、T84 启动液泵、T85 关闭液泵、T86 启动运丝机构、T87 关闭运丝机构、(写出五个以上即可)。(10 分)

8. 答:放电间隙是指放电发生时电极丝与工件间的距离。这个间隙存在于电极丝的周围,因此侧面的间隙会影响成型尺寸,确定加工尺寸时应予考虑。快走丝线切割加工钢件时放电间隙一般在 0.01 mm 左右,加工硬质合金时放电间隙在 0.005 mm 左右,加工纯铜时放电间隙在 0.02 mm 左右。(10 分)

9. 解:$\phi 20^{+0.045}_{+0.025}$

①最大极限尺寸:$20+(+0.045)=20.045$

②最小极限尺寸:$20+(+0.025)=20.025$

③公差:$20.045-20.025=0.02$

$\phi 20^{-0.03}_{-0.06}$

①最大极限尺寸:$20+(-0.03)=19.97$

②最小极限尺寸:$20+(-0.06)=19.94$

③公差:$19.97-19.94=0.03$(10 分)

10. 解:$h_a=h_a^* \times m=1 \times 3=3$ mm

$h'=2m=2 \times 3=6$ mm

$C=C^* \times m=0.25 \times 3=0.75$ mm

答:其齿顶高 $h_a=3$ mm、工作齿高 $h'=6$ mm、径向间隙 $C=0.75$ mm。(10 分)

11. 解:$d=m \times Z=7 \times 62=434$ mm

$d_a=m \times (Z+2 \times h_a^*)=7 \times (62+2 \times 1)=448$ mm

答:分度圆直径 $d=434$ mm,齿顶圆直径 $d_a=448$ mm。(10 分)

12. 解:$d_a=(Z+2)m=7 \times (82+2)=588$ mm;

$h_a=h_a^* \times m=1 \times 7=7$ mm

答:齿轮的齿顶圆直径 $d_a=588$ mm,齿顶高 $h_a=7$ mm。(10分)

13. 答:我们常用的电极材质有:电解铜、黄铜、红铜、铜钨、石墨、银钨等,其共同的特质有:①放电稳定。②电阻低。③放电时消耗少。④放电时之加工速度、精度、粗糙度良好。⑤耐大电力放电。⑥机械强度大。⑦成型容易,价格低廉。(10分)

14. 答:①电解铜:是我们放电加工中最常用的电极材质,其比热传导良好、熔点不高、韧性好、易于制作、且消耗较小、加工速度快、性能稳定、成本较低、其缺点是加工薄小类电极易于变形。②铜钨、银钨:此种电极材质为铜合金,其硬度较高,热传导较好,熔点较高,消耗小,选用适当之加工条件。其加工速度也较快,综合了硬软材质加工之特点,并且加工 V3 材料性能也稳定。另外,加工薄小电极也不易变形,但其成本较高,制作较困难。③石墨:此种材质密度小,成本较低,热传导一般,熔点较高,但其脆性大,易崩角,不易制作特殊或复杂之形状,适合于加工大面积工位之模板类工件。(10分)

15. 答:①VIKING:此种材质在模仁零件类工件中应用比较广泛在放电加工中相对比较稳定,电极消耗小,加工效率较高,尺寸精度易保证。②SKD61、SKD11:此种材质在塑料模具中应用较多,放电加工状态良好,电极消耗小,但在加工薄小工件时,易变形,尺寸精度易保证。③V3:此种材质常用于冲压模具,其硬度高、热传导差、比热低、在放电加工中加工性能不稳定,电极消耗大,加工效率低,尺寸精度不易保证。(10分)

16. 答:放电加工由电极、工件、介质、机器、四个要素组成。①电极:放电加工之不可缺少的重要因素,电极一般为正极,作为刀具来加工工件。②工件:被加工物,一般为负极。③介质:作为放电的重要因素之一,它起着绝缘、冷却和排屑的作用,我们目前所采用的介质主要为煤油。④机器:用来控制电压,电流之供电设备,其加工效率、面粗度、电极消耗、均由机器来控制。(10分)

17. 答:峰值电流:放电时在两极间通过的最大电流。

主电压:电极与工件远离以及进行 AJC 动作中电极离开时,两极间的电压。

放电脉冲持续时间:电极与工件之间发生放电现象的时间。

放电脉冲休止时间:放电过程中不放电的时间。

休止脉冲时间倍率(Sodick):整倍延长放电脉冲休止时间。

伺服基准电压:预先设定在电极与工件间的伺服基准电压。

抬刀上升时间:每一次放完电后电极往回运动的时间。

刀具下降时间:每一次放电持续的时间。

极性切换:放电时电极、工件的极性切换。

极间电容:在特殊的放电状况下,施加于工件、电极之间的额外电量。

伺服速度:放电过程中电极上下移动的速度。(10分)

18. 答:加工中大量的热传递到加工工件上,工件上以两边散热最迅速,而中间的热量很难散去,由于热膨胀效应,中间膨胀比两侧多,当加工完冷却后就出现中间凹,两侧凸的变形状况。放电表面产生硬化,组织由松散变得严密,产生的应力使工件由加工表面向内收缩,从而产生变形。(10分)

19. 答:经放电表面硬化后,材质表面硬度提高,材料的耐磨性、抗拉抗压性提高,但因同时会有细微裂纹产生,故材料的抗疲劳性及耐腐蚀性大大降低,对于模具来说,特别是塑模,表面硬度提高有利模具的耐磨而延长其寿命,但细微裂纹的产生却使模具的抗蚀性、抗疲劳性降

低而缩短模具使用寿命。因此,综合来看,细的面粗度加工,使两方面兼顾到是最为理想。(10分)

20. 答:龟裂的产生,对工件的耐蚀性及抗疲劳性均有很大降低,因此减小龟裂现象的发生,在加工中意义非同一般。驳落实际上是在龟裂的基础上发生的,当龟裂较严重时就可能出现整块驳落或有断裂发生,这在硬质合金加工偶有发生,因此要特别注意。灼伤是因为加工时冷却不够,大量的热使加工物产生回火现象,改变了材料颜色,硬度降低,在灼伤的过程中还产生变形,因此也要时时注意做好冷却工作。(10分)

21. 答:①根据面积来选取初始条件;②根据加工需求之面粗度来选择最后条件,最后的条件要达到面粗度要求;③根据排屑状况选择不同种类的条件;④根据电极减寸量选择初始条件;⑤根据工件材料不同选择条件。(10分)

22. 答:机台伺服动作的控制,会依据伺服基准电压的变化而进行。若极间电压高于伺服基准电压,则主轴向加工方向前进;若极间电压小于伺服基准电压(也包含由于短路为零的状况),则主轴后退。由此可知,伺服基准电压增加或减少,会影响到放电时两极间的距离。因为对放电时两极间距离的影响,同时也自然会影响到排屑好坏,放电一周期时间的长短,加工速度的变化。(10分)

23. 答:加工中常用的液处理方法有以下几种:

喷射法:即直接用一油管对着加工部位的侧面进行冲油。此方法对加工较深的部位时效果不会很明显。

加工液喷出法:即在加工部位的底部打一小孔或把电极中间加工成空心,加工液从电极中间喷出或者从加工物底部喷出。此种方法对加工大面积或深孔加工时,效果明显。

吸引法:即在加工物一边用一定的压力冲油,另一面使用一定的压力吸引,将加工粉屑吸引排出。此种方法对深孔加工也较有利。(10分)

24. 答:①保证加工液之清澈,污染严重之加工液会更明显;②液处理状况需良好,对于深孔加工应考虑吸油或电极中空的方式;③加工中发现有不正常之状况,抬刀清理加工部位和电极表面之碳粉;④可适当增大电极之消耗;⑤可适当增大放电休止时间,减小放电时间,同时调节进退刀速度。然后同时增大了电极的消耗量。(10分)

25. 答:在电火花成型加工过程中,对加工深度控制的影响主要包括以下三点:①对刀精度的影响。解决方法是对刀时一定要保证两极间干净,减少对刀误差。②预留加工余量的影响。解决方法是合理选择加工部位预留量。③对刀基准精度的影响。解决方法是保证基准面光洁平整。

26. 答:在工艺条件大体相同的情况下电参数的改变对工艺指标有如下规律:①加工速度随着加工平均电流的增加而提高。②加工表面粗糙度随着加工电流峰值、脉冲宽度及起始放电电压的减小而提高。③加工间隙随着起始放电电压的提高而增大。④在电流峰值一定的情况下起始放电电压的增大,有利于提高加工稳定性和脉冲利用率。(10分)

27. 答:电火花加工时,工作液压力调节过低,不易排除间隙中的电蚀物,使加工不稳定;工作液压力调节过高,会造成外界干扰,也会使加工不稳定和电极损耗增大。(10分)

28. 答:①当切割厚度超过 100 mm 时,由于加工液供给状况恶化,导致工件部位排屑不良,切割面发黑并形成鼓形,往往还会产生断丝现象。②在进行多次切割时,由于工件产生了变形,使得二次切割的加工速度变得极慢。③在通常的加工中,产生断丝的主要原因,是加工液供给不良造成的。例如,由于工件变形而引起加工沟槽趋于封闭,或者因上下喷嘴同工件之间的间隙距离过大,而导致极间加工液供给状况变坏。④由于线电极滞后而产生弯曲,引起断丝。⑤工件在加工中出现超切时,致使工件端部的加工液被分散,产生气体放电而引起断丝。(10分)

29. 答:原因:①当单位加工面积电流过大时,因电流的局部集中,便引起电弧放电。②液处理不充分,若极间滞留有碎屑就会产生 2 次放电而引起电弧。③加工条件不适当,加工条件对应于加工状态不适当时也会引起电弧。④由于石墨电极(Gr)容易在棱角边缘处产生异物,而引起电弧放电。

对策:①应设定与加工面积相适应的电流值。②应采取从电极中喷流、抽吸等液处理措施。尤其应注意的是,有时会因排出的碎屑反过来引起电弧放电。③对应于加工状态调整 UP/DN、SV、S 等条件。④将 ON↓当产生异物时,可利用有损耗条件将其损耗掉,或用锉刀将其去除。(10分)

30. 答:原因:①追加量不足,则粗加工表面会有残余量;②电极表面粗糙,在精加工条件下,电极的粗糙面会复制到工件上;③工件表面滞留有碎屑,2 次放电会使表面粗糙。对策:①设定适当的追加量,有时因电极损耗引起连加量不足;②需要对电极表面进行抛光处理;③用液处理、抬刀等方法使碎屑排出。(10分)

31. 答:①通过实施质量管理体系寻求优势的组织;②对供方能满足其产品要求寻求信任的组织;③产品的使用者;④就质量管理方面所使用的术语需要达成共识的人员和组织(如:供方、顾客、行政执法机构);⑤评价组织的质量管理体系或依据 GB/T 19001 的要求审核其符合性的内部或外部人员和机构;⑥对组织质量管理体系提出建议或提供培训的内部或外部人员和机构;⑦制定相关标准的人员。(10分)

32. 答:①选取各部门的活动、产品及服务;②考虑各部门的活动、产品及服务中对环境的影响;③考虑法律、法规及其他有关的要求;④考虑相关方的要求;⑤环境因素识别排查时应充分考虑到"过去、现在、将来"三种时态和"正常、异常、紧急"三种状态。⑥还应充分考虑七个方面的环境影响,即:对大气环境的影响、对水环境的影响、噪声的影响、对土壤的污染、固体废弃物对环境的影响、资源能源的消耗、生产活动对周围社区的影响等。(10分)

33. 答:①为企业提高职业健康安全绩效提供了一个科学、有效的管理手段;②有助于推动职业健康安全法规和制度的贯彻执行;③使组织的职业健康安全管理由被动强制行为转变为主动自愿行为,提高职业健康安全管理水平;④有助于消除贸易壁垒;⑤对企业产生直接和间接的经济效益;⑥将在社会上树立企业良好的品质和形象。(10分)

34. 答:隐患治理方案应包括目标和任务、方法和措施、经费和物资、机构和人员、时限和要求。重大事故隐患在治理前应采取临时控制措施并制定应急预案。

隐患治理措施包括:工程技术措施、管理措施、教育措施、防护措施和应急措施。治理完成后,应对治理情况进行验证和效果评估。(10分)

35. 答:①保护劳动者的生命安全和职业健康是安全生产最根本、最深刻的内涵,是安全生产本质的核心。②突出强调了最大限度的保护。③突出了在生产过程中的保护。④突出了一定历史条件下的保护。(10分)

# 电切削工(高级工)习题

## 一、填 空 题

1. YH绘图式线切割编程是全绘图式编程,它按(    )图样上标注的尺寸,在计算机屏幕上作图输入。

2. YH编程系统的全部操作集中在20个命令图标和(    )个弹出式菜单内。

3. YH系统操作命令的选择及状态和窗口的切换全部用(    )实现。

4. 编写一个图形的线切割程序,可分为两个阶段:在屏幕上绘出图形和(    )。

5. HF线切割数控自动编程软件系统,是一个高智能化的(    )软件系统。

6. CAXA电子图板是我国拥有自主版权的CAD软件系统,它可以编出3B、4B程序及ISO代码,编出的线切割程序可以打印或(    )到线切割机床的控制柜。

7. 在绘制机械图样时,经常需要用一已知半径的圆弧同时与两个已知线段彼此光滑过渡称为(    )。

8. TurboCAD是一个进行(    )很好的软件平台,使用方法和常AUTOCAD相类似。

9. 为了保证连接光滑,必须正确地定出连接弧的圆心和两个(    ),且两相互连接的线段都要正确地画到连接点为止。

10. 在平面上,一条动直线沿着一个固定的圆作纯滚动时,此动直线上一点的轨迹称为(    )。

11. 网络的建立使得数控电火花线切割加工系统的(    )可靠、快捷、方便的传输成为可能。

12. 高速走丝线切割机床主要由机床、脉冲电源和(    )三大部分组成。

13. 冲油或抽油方式虽对电极损耗无显著影响,但影响电极端面损耗的(    )。

14. 电极丝的移动是由丝架和储丝筒完成的,因此,丝架和储丝筒也称为(    )。

15. 工作台由(    )和下滑板组成。

16. 床身一般为铸件,是工作台、绕丝机构及丝架的支撑和固定基础,通常采用(    )结构,应有足够的强度和刚度。

17. 电火花线切割机床最终都是通过(    )的相对运动来完成零件加工的。

18. 为保证机床精度,对导轨的精度、刚度和(    )有较高的要求。

19. 为保证工作台的定位精度和灵敏度,传动丝杠和螺母之间必须(    )。

20. 走丝系统使电极丝以一定的速度运动并保持(    )。

21. 为了重复使用该段电极丝,电动机由专门的换向装置控制做正反向交替运转。走丝速度等于储丝筒周边的线速度,通常为(    )m/s。

22. 在运动过程中,电极丝由丝架支撑,并依靠导轮保持电极丝与工作台(    )或倾斜一定的几何角度(锥度切割时)。

23. 电火花线切割机是以（　　）作为工具对工件进行放电加工的。

24. 在线切割加工中电极丝的丝速通常为（　　）m/s。

25. 高频电源的负极通过导电器与快速运行的（　　）连接。

26. 高速走丝电火花线切割机的导电器有两种：一种是（　　）的，另一种是方形或圆形的薄片。

27. 张力调节器的作用就是把伸长的丝收入张力调节器，使运行的电极丝保持在一个恒定的张力上，也称（　　）。

28. 与高速走丝线切割机床一样，低速走丝线切割机床也是主要由（　　）、脉冲电源、控制系统三大部分组成。

29. 低速走丝线切割机床的数控装置与工作台组成（　　），提高了加工精度。

30. 低速走丝系统中，未使用的新丝放丝器靠（　　）的转动使金属丝以较低的速度移动。

31. 为了提供一定的张力（2～25 N），在走丝路径中装有一个（　　）或电磁式张力机构。

32. 加工区两端的（　　）是保持加工区电极丝位置精度的关键零件。

33. 导向器的结构有两种：一种是（　　），另一种是模块导向器。

34. 工件接脉冲电源的（　　），电极丝接负极。

35. 数控电火花成型机床主要由机床主体、脉冲电源、数控系统及（　　）等部分组成。

36. 为了满足不同厚度工件的加工要求，机床采用（　　）结构的丝架。

37. 脉冲电源将直流或交流电转换为（　　），提供电火花机工所需的放电能量。

38. 数控系统是运动和放电加工的（　　），在电火花加工时，由于火花放电的作用，工件不断被蚀除，电极损耗，当火花间隙变大时，加工便因此而停止。

39. 电火花成型机床的主要数控功能有多轴控制、多轴联动控制、自动定位与找正、自动电极交换、（　　）。

40. 工作液系统由（　　）、油泵、过滤器及工作液分配器等部分组成。

41. 电火花成型机床目前广泛采用的工作液是（　　）。

42. 在放电的微细通道中瞬时集中大量的热能，温度可达（　　）℃以上。

43. 工作台运动的矢动量它主要反映了工作台在作正反向运动时，传动丝杠与螺母之间的间隙造成的误差，标准规定此公差值为（　　）mm。

44. 工作台运动的定位精度它主要反映了工作台丝杠的螺距误差，但也与重复定位精度有一定的关系，标准规定的公差值为（　　）mm。

45. 工作台运动的重复定位精度它主要反映工作台运动时，动静摩擦力和阻力大小是否一致，装配预紧力是否合适，与丝杠间隙和螺距误差关系大小，标准规定的公差值为（　　）mm。

46. 影响加工质量的原因是多方面的，与电极材料的选择、（　　）、电极装夹找正、加工标准的选择、操作工艺等有关。

47. 选坐标系：有 G54～G59 共 6 个坐标系，可用（　　）键选择。

48. 找内中心的意义是确定（　　）在 X 向、Y 向上的中心。

49. 找外中心的意义是确定（　　）在 X 向、Y 向上的中心。

50. 电极尺寸与最终尺寸的差值是（　　），单位为 mm/in。

51. （　　）是指最终要得到放电部分在加工面的投影，以决定初始加工条件，因此要求准确。

52. 在电火花平动加工时,应在完成总平动量(　　)的半精加工段复核尺寸,之后再继续进行精加工。

53. 电火花冲油时电极损耗成(　　)形端面。

54. 电火花抽油时电极损耗成(　　)形端面。

55. 在进行型孔加工中,一般为了减少加工量,都进行(　　)或预钻。

56. 一般对于形状比较简单的型腔,多数采用(　　)成型工艺。

57. 选择最能表达组合体形状特征的投影作为(　　)。

58. 与被测要素相关的基准用一个(　　)表示。

59. 当基准要素是轮廓线或轮廓面时,基准三角形放置在要素的(　　)或其延长线上。

60. 用纯铜电极加工时,冲油压力一般不超过 0.005 MPa,否则(　　)显著增加。

61. 计算机编程根据方式不同分为(　　)和语言式编程。

62. 插补就是插入、补上运动轨迹中间点坐标值,机床伺服系统根据此坐标值控制各(　　)协调运动,形成预定的轨迹。

63. 采用(　　)冲油比一般的冲油电极损耗小而均匀。

64. 一般情况下,采用钢电极加工钢时,无论粗加工或精加工都要用(　　)极性。

65. 研究与实践证明,在切割直线时,电极丝的扰度对加工精度影响很小,切割拐角与圆柱体时会产生明显的(　　)。

66. 对于一般的自由曲线,通常可以用直线插补或(　　)的方法进行加工。

67. 工件歪斜主要是因为工件(　　)经电加工后释放使工件变形。

68. 在线切割加工过程中,电极丝具有一定的半径,电极丝中心的运动轨迹(　　)工件的实际轮廓。

69. 在电火花加工时,应选择好加工工件材料及热处理加工工艺,避免因材料热处理不当造成(　　)。

70. 插补与刀补计算均不是由数控编程人员完成的,它们都是由(　　)根据编程所选定的模式自动进行的。

71. 数控编程的核心工作是生成(　　),然后将其离散成刀位点,再经后置处理产生数控加工程序。

72. 刀位文件中记录的数据和有关信息(　　)用来直接控制机床完成加工工作。

73. 锥度零件切削加工时,需要采用(　　),即 X 轴 Y 轴 U 轴 V 轴。

74. 完成刀位文件的工作就可以称为主处理或(　　)。

75. 后置处理程序的输入信息是前置处理输出的刀位文件,它的输出是数控机床及其配置的数控系统使用的加工程序。这个转换处理工作的重点是各类(　　)的格式编辑。

76. 加工程序中刀具(线电极)行程段类型不同,该程序段格式与内容就(　　)。

77. 通用后置处理软件的设计除了对基本功能子程序要考虑周全以外,通常设置有描述数控系统和(　　)的可编辑文件。

78. 3B 代码程序为(　　),即每一图线的坐标原点随图线发生变化,直线段的坐标原点为直线原点,圆弧段的坐标原点为此圆弧的圆心。

79. 计算机编程的目的是将代码后置处理功能结合于特定机床,把计算机编程软件生成的（　　）输入机床控制器用于加工。

80. 线切割切割锥度的大小应根据机床的（　　）切割锥度确定

81. 高速走丝线切割机床的电极丝是快速（　　）的,电极丝在加工过程中反复使用。

82. 低速走丝线切割机床一般用（　　）作为电极丝,电极丝单向低速运行,用一次就丢掉,因此不必用高强度的铝丝。

83. 上下异性零件是指零件上平面和下平面为（　　）的直纹线切割零件。

84. 电极丝直径对切割速度的影响也受（　　）等综合因素的制约。

85. 单位加工电流的切割速度,称为（　　）。

86. 电极丝上丝、紧丝是线切割操作的一个重要要环节,直接影响到（　　）与切割速度。

87. 高速走丝时上丝过紧,断丝往往发生在换向的瞬间,严重时即使空走也会（　　）。

88. 电极丝张紧力的大小,对运行时电极丝的振幅和（　　）有很大影响,故而在上丝时应采取适当张紧电极丝的措施。

89. 由于电极丝运动的位置主要由导轮决定,如果导轮有过大的径向圆跳动或轴向窜动,电极丝就会发生振动,振幅取决于（　　）或窜动值。

90. 导轮 V 形槽的圆角半径超过电极丝半径,不能保证电极丝的（　　）。

91. 在切割锥度工件之后和进行再次加工之前,应重新进行电极丝的（　　）。

92. 上下异性零件加工时,钼丝的穿丝点必须是（　　）的。

93. 电火花成型精加工时采用（　　）可获得轮廓清晰的型腔。

94. 石墨在高温下具有良好的机械强度,热膨胀系数小,非常适合对窄缝进行（　　）加工。

95. 石墨的导电性能好,加工速度快,能节省大量的放电时间,在（　　）中更显优势。

96. 石墨电极在（　　）中放电稳定性较差,容易过渡到电弧放电,只能选取损耗较大的加工条件来加工。

97. 铜钨合金和银钨合金类电极材料通常在加工中很少采用,只有在（　　）及一些特殊场合的电火花加工中才被采用。

98. 高频脉冲电源工作时向周围发射一定强度的（　　）,当人体离得太近或受辐射时间过长时,会影响身体健康。

99. 在放电加工中,由于游离碳的浓度也随冲油流量地增大而（　　）。

100. 退火、正火一般安排在（　　）之后。

101. 数控电火花机床的旋转轴之一 C 轴是绕（　　）直线轴旋转的轴。

102. 使用"钢打钢"方式时,为了提高加工速度,常将电极工具的下端用（　　）的方法均匀除掉一定厚度,使电极工具成为阶梯形。

103. （　　）就是将编程轮廓数据转换为刀具中心轨迹数据。

104. 设计电极时,应按加工要求不同的部位（　　）,以满足各自的加工要求。

105. 在数控编程时,是按照（　　）来进行编程,而不需按照刀具在机床中的具体位置。

106. 离线参数包括极性、（　　）等,这类参数通常在加工前则预先安排好了,在加工中基本不改变。

107. 增大短路峰值电流,可以提高切割速度,表面粗糙度将会（　　）。

108. 脉冲宽度增大时,切割速度提高,表面粗糙度（　　）。

109. 当脉冲间隔减小时,平均电流(　　),切割速度加快。

110. 线切割机床常用的两种波形是矩形波脉冲和(　　)。

111. 在相同的工艺条件下,分组脉冲常常能获得比较好的加工效果,常用于(　　)和薄工件的加工。

112. (　　)加工效率高,加工范围广,加工稳定性好,是线切割最常用的放电波形。

113. 直接配合法是用加长的(　　)作电极加工凹模的型孔,加工后将凸模上损耗的部分去除。

114. 调节顶置进给速度应紧密跟踪(　　),以保持加工间隙恒定为最佳值。

115. 脉冲越宽,则放电间隙越大,加工表面粗糙度值(　　),生产率高,电极损耗小。

116. 增加高压脉冲可以提高(　　)和获得较高的生产率。

117. 脉冲电流的影响包括脉冲电流峰值的影响和(　　)的影响。

118. 在进行穿孔和加工形状复杂或型腔较深的型腔模时,必须向放电间隙(　　),或者排出放电间隙的气体和浑浊物的循环工作液。

119. 极性是影响电火花加工工艺性能的重要因素之一,对(　　)的影响很大。

120. 纯铜或石墨电极在粗加工时,工件接负极比工件接正极损耗要(　　)。

121. 采用定时抬刀装置使主轴定时抬起,能帮助(　　)中蚀除物的排出。

122. 型腔模多采用(　　)加工,即先用粗规准加工成型,然后逐渐转精规准,获得一定的表面粗糙度值。

123. 由于电腐蚀加工是工具电极的(　　),因此电极的外形尺寸和表面质量与被加工的型孔相似,电极与工件间有一定的放电间隙。

124. 火花放电必须在具有一定(　　)的性能液体介质中进行。

125. 洗涤性能好的工作液,切割时(　　)效果好,切割速度高,切割后表面光亮清洁。

126. 手动模式主要是通过一些简短的命令来执行一些(　　)的换操作,如加工前的准备工作、加工一些形状简单的工件。

127. 用二次电极法加工,操作过程较为复杂,实际生产中一般(　　)。

128. 电极在平行于机床主轴轴线方向上的尺寸称为电极的(　　)。

129. 对切割速度要求高或大厚度工件,乳化油的质量分数可适当(　　)为 5%～8%,这样加工比较稳定,且不易断丝。

130. 对加工表面粗糙度和精度要求比较高的工件,乳化油的质量分数可适当(　　),为10%～20%,这可使加工表面洁白均匀。

131. 数控系统是数控机床的(　　),其性能的提高不仅可直接改善加工效率、加工精度和加工稳定性,同时也是扩大加工范围、实现复杂精密加工的重要途径。

132. 拆图的过程也是继续(　　)的过程,它是在读懂装配图的基础上进行的。

133. 装配图中已标注的尺寸都是设计时必须保证的重要尺寸,不得随意更改,应按(　　)标注在相应的零件图上。

134. 零件配合面的(　　)应根据装配图中给出的配合代号查出相应的上、下偏差。

135. 为保证电加工产业的可持续发展,必须根据"(　　)"原则,实现资源的最有效利用和废弃物的最低限度产生与排放。

136. (　　)、水的介电系数低、脉冲电源带有一个延迟灭弧的直流分量这三者之一是"花丝"现象的基本条件。

137. 根据（　　）标准,数控机床在编程时采用工件相对静止,刀具运动规则。

138. 电极丝的移动是由丝架和储丝筒完成的,因此,丝架和储丝筒也称为（　　）。

139. 检测装置的精度直接影响数控机床的（　　）和加工精度。

140. 数控机床精度检测的主要内容包括几何精度、重复精度和（　　）精度。

141. 数控机床几何精度检测中使用的量具精度等级至少与被测的（　　）相等。

142. 重复定位精度的优劣直接影响一批零件加工的（　　）。

143. 定位精度主要受伺服系统特性、进给系统的间隙和（　　）等因素的影响。

144. 目前数控机床普遍使用的导轨类型有（　　）、V型导轨、燕尾型导轨。

145. 数控机床导轨的润滑方式,常采用油液定时定量润滑方式,在日常使用中要保持注油器的正常工作和（　　）的正常。

146. 在机床的进给运动中导轨起着（　　）和支撑的作用

147. 机床的几何精度是指机床某些基础零件（　　）的几何精度。

148. 机床的几何精度是保证（　　）最基本的条件。

149. 机床的传动精度是指机床内（　　）两末端件之间的相对运动精度。

150. 机床的定位精度是指机床主要部件在（　　）所达到的实际位置的精度。

151. 实际位置与（　　）之间的误差称为定位误差。

152. 机床重复定位精度是指机床主要部件在多次运动到同一终点所达到的（　　）之间最大误差。

153. 机床在外载荷、温升及振动等工作状态作用下的精度,称为机床的（　　）。

154. 轴向间隙通常是指丝杠和螺母无相对转动时,丝杠和螺母之间的（　　）轴向窜动量。

155. 定位精度是系统误差,重复定位精度是（　　）,定位精度包含重复定位精度。

156. 擦洗机床各部分的防锈油,擦洗过程中不得用（　　）。

157. 零部件间的接触精度影响接触刚度和（　　）的稳定性。

158. 互换装配法是在装配过程中,零件互换后仍能达到（　　）要求的装配方法。

159. 修配装配法是在装配时修去指定零件上预留的修配量以达到（　　）的方法。

160. 调整装配法是在装配时用改变产品中可调整零件的（　　）或选用合适的调整件以达到装配精度的方法。

161. 数控机床的地线连接十分重要,良好的接地不仅对设备和人身的安全十分重要,同时能减少（　　）,保证数控机床的正常运行。

162. 机床配图液面传感器,确保加工中液面（　　）加工面后切断加工电源,避免最常见的因液面降低面造成火灾。

163. 精密量具应实行（　　）,以免因量具的示值误差超差而造成产品质量事故。

164. 不得用百分表和千分表测量毛坯或有显著凸凹不平的工件,以免（　　）。

165. 光学零件表面要保持清洁,不能（　　）,如有灰尘可以用软毛笔拂去。

166. 浮标式气动量仪是将被测尺寸的变化转换成锥度玻璃管内浮标位置的变化,从而实现对尺寸的比较测量的仪器,又称（　　）。

167. 一般情况下,使用精密光学仪器时应带（　　）操作,防止用手直接接触金属工作台、测头、导轨等。

168. 光学测量仪要注意使用（　　）防锈油或润滑油,严禁使用含杂质或水分含量超标的油脂。

169. 传感器是仪器的精密部件,应精心保护。每次（　　）,要将传感器放回包装盒中;随机标准样板应精心保护,以免划伤后造成标准仪器的误差。

170. 高精密零件加工之产品需要在恒定的温度下进行,一般为室温为（　　）。

171. 质量环是指对（　　）的产生、形成和实现过程进行的抽象描述和理论概括。

172. 质量管理体系能够提供持续满足要求的产品,向组织及其（　　）提供信任。

173. GB/T—19000 族标准区分为质量管理体系要求和（　　）。

174. 质量管理体系是在（　　）指挥和控制组织的管理体系。

175. 由组织的（　　）正式提出的该组织总的质量宗旨和方向。

176. 质量目标是在（　　）方面所追求的目的。

177. 为了实现安全生产,防止和减少（　　）,必须保障生产经营单位的从业人员依法享有获得安全保障的权利,同时,从业人员也必须履行安全生产方面的义务。

178. 在城镇集中式生活饮用水水源地一级保护区内,允许新建排污口的数量为（　　）。

179. 目前向水体排放污染物的排污许可证分为两种,一种是排污许可证,一种是（　　）。

180. 镜面电火花加工采用（　　）的工艺方法。

181. 环境法律责任主要由环境行政法律责任、环境民事法律责任和环境（　　）法律责任组成。

182. 每年的 4 月 22 日是（　　）。

183. 1983 年底,在全国第二次环境保护会议上,环境保护被确立为我国的一项（　　）。

184. 职业健康安全管理体系具有实现（　　）的承诺的功能。

185. 职业病是指企业、事业单位和个体经济组织统称用人单位的（　　）在职业活动中,因接触粉尘、放射性物质和其他有毒、有害物质等因素而引起的疾病。

## 二、单项选择题

1. 线切割加工较厚的工件时,电极丝的进口宽度与出口宽度相比（　　）。
(A)相同　　　　　(B)进口宽度大　　　(C)出口宽度大　　　(D)不一定

2. 电火花线切割加工过程中,工作液必须具有的性能是（　　）。
(A)绝缘性能　　　(B)洗涤性能　　　(C)冷却性能　　　(D)润滑性能

3. 在线切割加工中,当穿丝孔靠近装夹位置时,开始切割时电极丝的走向应（　　）。
(A)沿离开夹具的方向
(B)沿与夹具平行的方向
(C)沿离开夹具的方向或与夹具平行的方向
(D)无特殊要求

4. 快走丝线切割加工钢件时,其单边放电间隙一般取（　　）mm。
(A)0.02　　　　　(B)0.01　　　　　(C)0.03　　　　　(D)0.001

5. 快走丝线切割机床本体包括（　　）。
(A)工作台　　　　(B)运丝机构　　　(C)丝架　　　　　(D)机床床身

6. 线切割机床使用的照明灯工作电压为(　　　)V。

(A)6 　　　　　　(B)36 　　　　　　(C)220 　　　　　　(D)110

7. 在线切割加工中,工件一般接电源的(　　　)。

(A)正极,称为正极性接法 　　　　　　(B)负极,称为负极性接法

(C)正极,称为负极性接法 　　　　　　(D)负极,称为正极性接法

8. 使用 ISO 代码编程时,关于圆弧插补指令,下列说法正确的是(　　　)。

(A)整圆只能用圆心坐标来编程

(B)圆心坐标必须是绝对坐标

(C)所有圆弧或圆都可以使用圆心坐标来编程

(D)从线切割机床工作台上方看,G03 为顺时针加工,G02 为逆时针加工

9. 目前快走丝线切割加工中应用较普遍的工作液是(　　　)。

(A)煤油 　　　　　　(B)乳化液 　　　　　　(C)去离子水 　　　　　　(D)水

10. 快走丝线切割机床与慢走丝线切割机床相比,其机床价格(　　　)。

(A)高 　　　　　　(B)低 　　　　　　(C)相差不大 　　　　　　(D)不确定

11. 电火花线切割可以加工的材料为(　　　)。

(A)石墨 　　　　　　(B)塑料 　　　　　　(C)硬质合金 　　　　　　(D)大理石

12. 下列选项中不是电火花线切割机床曾采用的控制方式的是(　　　)。

(A)靠模仿形 　　　　　　(B)光电跟踪 　　　　　　(C)数字控制 　　　　　　(D)声电跟踪

13. 快走丝线切割加工中,常用的导电块材料为(　　　)。

(A)高速钢 　　　　　　(B)硬质合金 　　　　　　(C)金刚石 　　　　　　(D)陶瓷

14. 对于快走丝线切割机床,在切割加工过程中电极丝运行速度一般为(　　　)m/s。

(A)3～5 　　　　　　(B)8～10 　　　　　　(C)11～15 　　　　　　(D)4～8

15. 用线切割机床加工直径为 10 mm 的圆孔,在加工中当电极丝的补偿量设置为 0.12 mm 时,加工孔的实际直径为 10.02 mm。如果要使加工的孔径为 10 mm,则采用的补偿量应为(　　　)mm。

(A)0.10 　　　　　　(B)0.11 　　　　　　(C)0.12 　　　　　　(D)0.13

16. 在慢走丝线切割加工中,常用的工作液为(　　　)。

(A)乳化液 　　　　　　(B)机油 　　　　　　(C)去离子水 　　　　　　(D)柴油

17. 在电火花线切割加工过程中,下列参数中属于不稳定参数的是(　　　)。

(A)脉冲宽度 　　　　　　(B)脉冲间隔 　　　　　　(C)加工速度 　　　　　　(D)短路峰值电流

18. 电火花线切割加工一般安排在(　　　)。

(A)淬火之前,磨削之后 　　　　　　(B)淬火之后,磨削之前

(C)淬火与磨削之后 　　　　　　(D)淬火与磨削之前

19. 电火花线切割机床使用的脉冲电源输出的是(　　　)。

(A)固定频率的单向直流脉冲 　　　　　　(B)固定频率的交变脉冲

(C)频率可变的单向直流脉冲 　　　　　　(D)频率可变的交变脉冲

20. 快走丝线切割加工中可以使用的电极丝有(　　　)。

(A)黄铜丝 　　　　　　(B)纯铜丝 　　　　　　(C)钼丝 　　　　　　(D)钨钼丝

21. 数控系统之所以能进行复杂的轮廓加工,是因为它具有(　　　)。

(A)位置检测功能　　(B)PLC功能　　(C)插补功能　　(D)自动控制

22. 在快走丝线切割加工中,工件的表面粗糙度 $R_a$ 一般可达(　　) $\mu m$。

(A)1.6～3.2　　(B)0.1～1.6　　(C)0.8～1.6　　(D)3.2～6.3

23. 利用电火花线切割加工冲孔模具时,孔的尺寸和(　　)相同。

(A)凸模尺寸　　　　　　　　(B)凹模尺寸

(C)(凸模尺寸+凹模尺寸)/2　　(D)其他尺寸

24. 在使用 3B 代码编程时,要用到(　　)个指令参数。

(A)2　　(B)3　　(C)4　　(D)5

25. 数控线切割机床一般由机床、数控系统、(　　)等三大部分组成。

(A)控制柜　　(B)脉冲高频电源　　(C)冷却系统　　(D)计算机控制柜

26. 线切割机床工件的装夹找正方法有:拉线法、拉表法、(　　)。

(A)固定基面靠定法　　(B)目视法　　(C)火花法　　(D)电阻法

27. 成型加工中产生破坏电弧放电,最主要原因是(　　)。

(A)电流峰值过高　　　　　　(B)不能及时消除电离

(C)电压峰值过高　　　　　　(D)A 和 C

28. 成型加工中(　　)是影响极性效应的重要因素之一。

(A)极性系数　　(B)加工电流　　(C)脉冲宽度　　(D)加工电压

29. 快走丝线切割机床的走丝速度一般应控制在(　　)范围内。

(A)5～10 m/s　　(B)6～10 m/s　　(C)5～11 m/s　　(D)6～11 m/s

30. $\phi$0.18 mm 的钳丝最小拉断力为(　　)kg。

(A)1.8～2.0　　(B)1.4～1.6　　(C)1.2～1.3　　(D)2.2～2.5

31. 形状和位置公差一共有(　　)项。

(A)12　　(B)13　　(C)14　　(D)15

32. (　　)是指机床上一个固定不变的极限点。

(A)机床原点　　(B)工件原点　　(C)换刀点　　(D)对刀点

33. 一九五(　　)年我国电火花加工开始从研究试用阶段进入到生产阶段。

A.六　　(B)七　　(C)八　　(D)九

34. 直接影响丝杠螺母副的传动精度是(　　)间隙。

(A)法向　　(B)径向　　(C)轴间　　(D)齿顶

35. $\phi$0.18 mm 的钼丝可承受的最大短路电流峰值(　　)A。

(A)28　　(B)30　　(C)37　　(D)45

36. (　　)属于形状公差。

(A)圆跳动　　(B)倾斜度　　(C)圆柱度　　(D)平行度

37. 构成几何零件的点、线、面称为零件的(　　)。

(A)基本要素　　(B)理想要素　　(C)实际要素　　(D)关联要素

38. 做刮刀应选用(　　)钢。

(A)45 号　　(B)T10A　　(C)65Mn　　(D)40Cr

39. 常用的气体渗碳剂组成物中(　　)是稀释剂。

(A)丙醇　　(B)苯　　(C)煤油　　(D)甲醇

40. 电火花成型加中后,加工表面硬度比工件硬度( )。

(A)提高了　　　　(B)减小了　　　　(C)不变　　　　(D)不能确定

41. 用正弦规测量工件时,应在( )上进行测量。

(A)工件　　　　　(B)工作台　　　　(C)精密平板　　　(D)精密仪器

42. 普通螺纹的牙型半角是( )。

(A)30°　　　　　　(B)60°　　　　　　(C)22.5°　　　　　(D)55°

43. 表面粗糙度:在取样长度内轮廓偏距的绝对值的算术平均值是( )。

(A)$R_z$　　　　　(B)$R_y$　　　　　(C)$R_a$　　　　　(D)$R_m$

44. CA6140A 型普通车床主轴箱中的制动器是用来( )。

(A)制动电动机的原动力　　　　　　(B)制动主轴的旋转惯性

(C)切断电源　　　　　　　　　　　(D)断开机动走刀

45. 一般机床导轨的直线度误差为( )/1 000 mm。

(A)0.01~0.02 mm　　　　　　　　　(B)0.015~0.02 mm

(C)0.02~0.04 mm　　　　　　　　　(D)0.03~0.05 mm

46. 下列工作不属于数控编程的范畴的是( )。

(A)数值计算　　　　　　　　　　　(B)键入程序、制作介质

(C)确定进给速度和走刀路线　　　　(D)对刀、设定刀具参数

47. 尺寸偏差是( )。

(A)绝对值　　　　(B)正值　　　　　(C)负值　　　　　(D)代数值

48. 快走丝机床的贮丝筒的径向跳动和轴向窜动量一般控制在( )mm 之间内。

(A)0.02　　　　　(B)0.03　　　　　(C)0.04　　　　　(D)0.05

49. 快走丝机床丝架的导轮有很高的精度,运动时径向偏摆和轴向窜动不应超过( )μm。

(A)0.1　　　　　　(B)0.3　　　　　　(C)0.5　　　　　　(D)1

50. 线切割加工中,加工表面的粗糙度随着加工电流峰值、脉冲电压的减小而( )。

(A)减小　　　　　(B)不变　　　　　(C)提高　　　　　(D)不能确定

51. 航天系列浮化液一般与水配比比例为( )。

(A)1∶10~15　　　(B)1∶15~20　　　(C)1∶5~15　　　(D)1∶20~30

52. 轴的最大实体尺寸就是其( )尺寸。

(A)最小极限　　　(B)最大极限　　　(C)实际　　　　　(D)基本

53. 在千分尺中,当微分筒旋转一圈时,测微螺杆就轴向移动( )mm。

(A)0.01　　　　　(B)0.05　　　　　(C)0.1　　　　　　(D)0.5

54. 快走丝线切割机床的工作液一般( )更换一次。

(A)一周　　　　　(B)一个月　　　　(C)三个月　　　　(D)半年

55. 电流和脉冲对放电加工影响最大的因素是( )。

(A)峰值电放电宽度　　　　　　　　(B)脉冲宽度和间隙电压

(C)伺服灵敏度和峰值　　　　　　　(D)脉冲放电宽度和脉冲休止宽度

56. 电弧放电的成因是( )。

(A)电压太大　　　(B)休止时间太长　(C)放电时间太长　(D)加工工位太深

57. 下列材料熔点高的是( )。

(A)Cu          (B)Fe          (C)W          (D)Ag

58. 放电上碳精的作用( )。

(A)染黑电极          (B)保护电极          (C)消耗电极          (D)容易放电

59. 放电后产生毛刺的原因是( )。

(A)电极压挤成型的          (B)放电熔融物

(C)碳渣形成          (D)放电冲击力造成

60. 铜材的熔点为( )。

(A)1 084℃          (B)1 539℃          (C)659℃          (D)1 000℃

61. 加工速度快而面粗度细时( )。

(A)电极消耗小          (B)电极消耗不变

(C)电极消耗大          (D)与电极消耗无关

62. 闪电是( )放电现象。

(A)矩形波放电          (B)一次性放电          (C)连续性放电          (D)不是放电

63. 辉光放电在( )下较易维持放电形式。

(A)高压          (B)中压          (C)低压          (D)以上都可以

64. 下列各项有可能引起电极低消耗的原因有( )。

(A)加工液分解的碳精          (B)铜的硬度低

(C)电极重量重          (D)稳定的放电

65. 洗电极一般选用( )加工。

(A)正极性          (B)负极性          (C)$z$ 轴上下          (D)大电流

66. 放电电流的构成是( )。

(A)离子电流和电子电流          (B)正电流和负电流

(C)阴极和阳极          (D)交流电流和直流电流

67. 低能密度加工指( )。

(A)电流大,脉冲长          (B)电流小,脉冲长

(C)电流小,脉冲短          (D)电流大,脉冲短

68. 加工中电极龟裂的原因是( )。

(A)脉冲太长          (B)电流太大          (C)伺服太大          (D)电极太软

69. 峰值电流代表着放电时在两极间通的( )。

(A)最大电流          (B)最大电压          (C)最小电流          (D)最小电压

70. 放电加工时材料组织的变化主要受( )影响。

(A)电极材质          (B)工件材质          (C)条件能量          (D)加工稳定性

71. 表面粗度一般以( )来表示。

(A)$R_a$          (B)$R_e$          (C)$R_o$          (D)$R_u$

72. 放电加工后,被加工物的表面组织会发生变化,其整个影响厚度约为表面粗糙度的( )倍。

(A)1          (B)2          (C)3          (D)4

73. 放电加工后材质表面会产生硬化,其硬度约达到( )。

　　(A)HRC55　　　　　(B)HRC59　　　　　(C)HRC65　　　　　(D)HRC69

74. 放电产生龟裂现象主要是在加工(　　)时较为严重。

　　(A)SLD　　　　　　(B)P20　　　　　　(C)VIKING　　　　　(D)超硬合金

75. 驳落实际上是在(　　)的基础上发生的。

　　(A)龟裂　　　　　　　　　　　　　　　(B)变形

　　(C)放电溶化物的再凝固　　　　　　　　(D)灼伤

76. 灼伤是因为加工时(　　)造成的。

　　(A)排屑不良　　　　(B)冷却不够　　　　(C)加工不稳定　　　　(D)条件不合理

77. 根据工件材质选择条件时,若工件热传导性越好,则放电脉冲时间(　　),休止时间(　　)。

　　(A)缩短,加长　　　(B)缩短,缩短　　　(C)加长,缩短　　　　(D)加长,加长

78. 二次放电与积碳的关系是(　　)。

　　(A)无关系　　　　　　　　　　　　　　(B)二次放电包含积碳

　　(C)二次放电包含于积碳　　　　　　　　(D)二者就是一样

79. 碳渣最容易排出的液处理方式是(　　)。

　　(A)喷射法　　　　　(B)加工液喷出法　　(C)吸引法　　　　　　(D)都一样

80. 二次放电现象发生最少的液处理方式是(　　)。

　　(A)喷射法　　　　　(B)加工液喷出法　　(C)吸引法　　　　　　(D)都一样

81. 实验证明,放电间隙在放电开始电压每增大 100 V,约会有(　　)增加。

　　(A)4～5 $\mu m$　　　(B)不增加　　　　　(C)6～8 $\mu m$　　　　(D)无影响

82. 铜对钢加工时,电流在 10 A 左右时,采用高压重迭加工速度会变(　　)电极消耗会变(　　)。

　　(A)快,小　　　　　(B)快,大　　　　　(C)慢,大　　　　　　(D)慢,小

83. 数控快走丝电火花线切割机床,影响其加工质量和加工稳定性的关键部件是(　　)。

　　(A)走丝机构　　　　　　　　　　　　　(B)工作液循环系统

　　(C)脉冲电源　　　　　　　　　　　　　(D)伺服控制系统

84. 电火花线切割的微观过程可分为四个连续阶段:①电极材料的抛出;②电极间介质的电离、击穿,形成放电通道;③电极间介质的消电离;④介质热分解、电极材料熔化、汽化热膨胀。这四个阶段的排列顺序为(　　)。

　　(A)①②③④　　　　(B)②④①③　　　　(C)①③④②　　　　　(D)③②①④

85. 数控线切割机床的工作精度检测中,有关尺寸精度与最佳表面粗糙度的检测对象是(　　)。

　　(A)与机床坐标轴平行的表面　　　　　　(B)与机床坐标轴垂直的表面

　　(C)任意表面,无特殊要求　　　　　　　(D)与机床坐标轴夹角为 45°的表面

86. 在线切割加工中,关于工件装夹问题,下列说法正确的是(　　)。

　　(A)由于线切割加工中工件几乎不受力,所以加工中工件不需要夹紧

　　(B)虽然线切割加工中工件受力很小,但为防止工件应力变化产生变形,对工件应施加较大的夹紧力

　　(C)由于线切割加工中工件受力很小,所以加工中工件只需要较小的夹紧力

(D)线切割加工中,对工件夹紧力大小没有要求

87. 电火花线切割加工的微观过程可以分为:电极间介质的电离、击穿,形成放电通道;介质热分解、电极材料熔化、汽化热膨胀;电极材料的抛出;极间介质的消电离。在这四个阶段中,间隙电压最高的为( )。

(A)电极间介质的电离、击穿,形成放电通道

(B)电极材料的抛出

(C)介质热分解、电极材料熔化、汽化热膨胀

(D)电极间介质的消电离

88. 用水平仪检验机床导轨的直线度时,若把水平仪放在导轨的右端,气泡向前偏2格;若把水平仪放在导轨的左端,气泡向后偏2格,则此导轨是( )状态。

(A)中间凸      (B)中间凹      (C)不凸不凹      (D)扭曲

89. 在加工较厚的工件时,要保证加工的稳定,放电间隙要大,所以( )。

(A)脉冲宽度和脉冲间隔都取较大值

(B)脉冲宽度和脉冲间隔都取较小值

(C)脉冲宽度取较大值,脉冲间隔取较小值

(D)脉冲宽度取较小值,脉冲间隔取较大值

90. 数控系统中PLC控制程序实现机床的( )。

(A)位置控制                 (B)各执行机构的逻辑顺序控制

(C)插补控制                 (D)各进给轴轨迹和速度控制

91. 在脉冲宽度相同的条件下,不同材料的电极加工钢时,电极损耗随峰值电流变化的规律,说法正确的是( )。

(A)纯铜电极随峰值电流增加,电极损耗增加;石墨电极随峰值电流增加,电极损耗减小

(B)纯铜电极随峰值电流增加,电极损耗增加;石墨电极随峰值电流增加,电极损耗增加

(C)纯铜电极随峰值电流增加,电极损耗减小;石墨电极随峰值电流增加,电极损耗减小

(D)纯铜电极随峰值电流增加,电极损耗减小;石墨电极随峰值电流增加,电极损耗增加

92. 在快走丝线切割加工中,关于不同厚度工件的加工,下列说法正确的是( )。

(A)工件厚度越大,其切割速度越慢

(B)工件厚度越小,其切割速度越大

(C)工件厚度越小,线切割加工的精度越高;工件厚度越大,线切割加工的精度越低

(D)在一定范围内,工件厚度增大,切割速度增大;当工件厚度增加到某一值后,其切割速度随厚度的增大而减小

93. 爱岗敬业作为职业道德的重要内容,是指员工( )。

(A)热爱自己喜欢的岗位           (B)热爱有钱的岗位

(C)强化职业责任                (D)不应多转行

94. 下列关于电切削机床操作的叙述中,不正确的是( )。

(A)即使长时间接触工作液,也不一定要戴胶皮手套

(B)工作后要及时清理工作台、夹具等上面的工作液,并涂上适量的润滑油,以防工作台、夹具等锈蚀

(C)定期检查机床的保护接地是否可靠,注意电器的各个部位是否漏电,在电路中尽量采

用防触电开关

(D)在电加工时,由于电流强度足以危及人员生命,因此在电加工期间尽可能不要用手触及电极、工件、工作台,更不能同时接触工件和机床工作台

95. 对于一个电路,(　　)电路是危险的。

(A)短路　　　　　　(B)通路　　　　　　(C)开路　　　　　　(D)并路

96. 下列哪个公式可以算出轴的公差(　　)。

(A)$|d_{max}-d_{min}|$　　(B)$|D_{max}-D_{min}|$　　(C)$|E_I+E_S|$　　(D)$|e_s+e_i|$

97. 下列在平板上可以测量平行度误差的精确值的工具有(　　)。

(A)游标卡尺　　　　(B)千分尺　　　　　(C)百分表　　　　　(D)刀口角尺

98. D7132 代表电火花成型机床工作台的宽度是(　　)。

(A)32 mm　　　　　(B)320 mm　　　　　(C)3 200 mm　　　　(D)32 000 mm

99. 窄 V 带的相对高度值与普通 V 带的相对高度值相比,其数值(　　)。

(A)大　　　　　　　(B)小　　　　　　　(C)相同　　　　　　(D)不一定

100. 齿轮端面上,相邻两齿同侧齿廓之间在分度圆上的弧长,称为(　　)。

(A)齿距　　　　　　(B)齿厚　　　　　　(C)齿宽　　　　　　(D)齿长

101. 钢经表面淬火后将获得(　　)。

(A)较高的硬度　　　(B)较好的塑性　　　(C)较好的韧性　　　(D)较好的表面质量

102. 下列不属于锉削应用范围内的有(　　)。

(A)平面　　　　　　(B)槽　　　　　　　(C)内孔　　　　　　(D)螺纹

103. 下面所述 G19 代码功能正确的是(　　)。

(A)$XOY$ 平面选择　　　　　　　　　(B)$XOZ$ 平面选择

(C)$YOZ$ 平面选择　　　　　　　　　(D)以上都不是

104. 下面所述 G41 代码功能正确的是(　　)。

(A)进入子程序坐标系　　　　　　　　(B)电极右补偿

(C)电极左补偿　　　　　　　　　　　(D)取电极补偿

105. 下面所述 G52 代码功能正确的是(　　)。

(A)右锥度　　　　　(B)左锥度　　　　　(C)取消锥度　　　　(D)电极右补偿

106. 下面所述 M03 代码功能正确的是(　　)。

(A)主轴正传　　　　(B)主轴反转　　　　(C)关闭液泵　　　　(D)启动液泵

107. 下面所述 M02 代码功能正确的是(　　)。

(A)子程度调用　　　(B)忽略接触感知　　(C)程序结束　　　　(D)暂停指令

108. 下列对数控机床组成部分的功能叙述错误的是(　　)。

(A)数控系统是机床实现自动加工的核心

(B)伺服系统是数控系统和机床本体之间的电传动联系环节

(C)辅助装置主要包括自动换刀装置、液压控制系统、切削装置等

(D)机床本体是指机械电气实体

109. 线切割编程软件主要完成 CAD 作图和生成(　　)。

(A)加工轨迹　　　(B)穿丝点位置　　　(C)B 代码　　　　(D)ISO 代码

110. 下列在自动编程系统中输入圆方式正确的是(　　)。

(A)两点确定一圆      (B)四点确定一圆

(C)给定圆心坐标和直径      (D)输入两条相交直线

111. 加工内圆弧面时,应使用( )。

(A)方锉      (B)板锉      (C)三角锉      (D)半圆锉

112. 装配图中当剖切平面( )螺栓、螺母、垫圈等紧固件及实心件时,按不剖绘制。

(A)横剖      (B)纵剖      (C)局剖      (D)半剖

113. 一幅完整的零件图应包括一组视图、( )、技术要求和标题栏。

(A)必要的公差      (B)零件的名称      (C)装配的要求      (D)必要的尺寸

114. 下列常用的尺寸标注符号( )是均布。

(A)EQS      (B)SR      (C)S$\phi$      (D)T

115. 对线切割开路的叙述正确的是( )。

(A)开路是由于电极工具的进给速度大于材料的腐蚀速度

(B)开路不但影响加工速度,还会形成二次放电

(C)开路对加工表面精度的影响小,但使加工的状态变得不稳定

(D)开路状态不可以从电流表上反映,只可从电压表上反应

116. 下列材料可以作为电极材料的有( )。

(A)钼丝      (B)碳      (C)木      (D)塑料

117. 在电火花加工过程中,电蚀产物在两极表面转移,形成一定厚度的覆盖层,这种现象称为( )。

(A)极性效应      (B)电极损耗      (C)覆盖效应      (D)二次放电

118. 下面所述 G00 代码功能正确的是( )。

(A)快速移动,定位指令      (B)直线插补,加工指令

(C)顺时针圆弧插补指令      (D)逆时针圆弧插补指令

119. 下面所述 G90 代码功能正确的是( )。

(A)绝对坐标指令      (B)增量坐标指令      (C)相对指令      (D)绝对指令

120. 用校表校正工件时必须要有一个明确的、容易定位的基准面,这个基准面必须经过( )。

(A)机加工      (B)粗加工      (C)精密加工      (D)热处理

121. 在启动线切割机床后发生报警声,( )不可能是产生的原因。

(A)急停开关被压下      (B)钼丝突然断丝

(C)张紧轮滑落      (D)照明灯打开

122. 对电极丝调整正确的说法是( )。

(A)加工前要对钼丝松紧程度进行检查

(B)加工前不必对钼丝松紧程度进行检查

(C)快走丝机床及慢走丝机床都要进行紧丝操作

(D)快走丝机床上丝后不要对钼丝进行紧丝

123. 关于悬臂式支撑的特征中,错误的是( )。

(A)通用性差      (B)装夹方便

(C)容易出现上仰或倾斜      (D)用在工件精度要求不高的情况下

124. 对于钼丝安装,下列(　　)是正确的。
(A)钼丝安装后必须调整钼丝与工作台的垂直度
(B)钼丝安装后,不必进行钼丝紧丝
(C)加工过程中,只要钼丝不断,可以不更换钼丝
(D)不管钼丝的粗细多少,其配重是一致的

125. 对于大中型及型腔复杂的模具,可以采用多个电极加工,各个电极可以是(　　)。
(A)独块　　(B)镶拼的　　(C)视情况而定　　(D)以上都可以

126. 人工校正时,若圆柱形电极全部为旋转体形状,则只须校正(　　)。
(A)平行度　　(B)垂直度　　(C)X水平方向　　(D)Y水平方向

127. 在电脉冲机床的准备屏中不可以进行(　　)操作。
(A)置零　　(B)工艺选择　　(C)感知　　(D)选坐标系

128. 在电火花成型加工机床中,补偿操作界面主要用来修改(　　)参数。
(A)补偿变量　　(B)进给速度　　(C)电规准　　(D)电压幅值

129. 数控线切割中哪些部件是每日必须润滑的(　　)。
(A)贮丝筒　　(B)X、Y向导轨
(C)导轨丝杠　　(D)滑枕上下移动导轨

130. 职业道德主要通过调节(　　)的关系,增强企业的凝聚力。
(A)职工家庭间　　(B)领导与市场　　(C)职工与企业　　(D)企业与市场

131. 属于爱岗敬业的基本要求是(　　)。
(A)树立生活理想　　(B)强化职业道德
(C)提高职工待遇　　(D)抓住择业机遇

132. 不属于安全生产五项基本原则的是(　　)。
(A)管生产必须管安全的原则　　(B)安全第一、预防为主的原则
(C)坚持事故查处"四不放过"的原则　　(D)安全问题协调后执行的原则

133. 下列关于功率P的计算公式中正确的是(　　)。
(A)$P=U/I$　　(B)$P=UI$　　(C)$P=F/V$　　(D)$P=IR$

134. (　　)是基本尺寸。
(A)测量获得的尺寸　　(B)图纸上给定的尺寸
(C)公差内的尺寸　　(D)上下偏差内的尺寸

135. 下列可以检测圆度误差的工具是(　　)。
(A)水平仪　　(B)千分尺　　(C)深度尺　　(D)刀口角尺

136. 垂直度公差属于(　　)。
(A)形状公差　　(B)定向公差　　(C)定位公差　　(D)跳动公差

137. Tr表示(　　)的代号。
(A)三角形螺纹　　(B)梯形螺纹　　(C)矩形螺纹　　(D)锯齿形螺纹

138. 以下属于化学热处理的是(　　)。
(A)激光加热淬火　　(B)火焰加热淬火　　(C)碳氮共渗　　(D)回火

139. 为了工作方便,减小累积误差,选用量块时应尽可能采用(　　)的量块。
(A)多　　(B)少　　(C)不一定　　(D)没有限制

140. 下列划线作用不正确的是(    )。
(A)可以减少加工余量
(B)可以找正位置
(C)避免加工后造成的损失
(D)能补救误差不大的毛坯

141. 标注角度尺寸时,尺寸数字一律水平写,尺寸界线沿径向引出,(    )画成圆弧,圆心是角度的顶点。
(A)尺寸界线
(B)尺寸线
(C)尺寸线及其终端
(D)尺寸数字

142. 电加工时,两电极间电压一般为(    )。
(A)10～30 V
(B)100～500 V
(C)60～300 V
(D)0～240 V

143. 关于极性效应,下面(    )说法是不正确的。
(A)相同材料的两电极被蚀除量是一样的
(B)电火花通常采用正极性加工
(C)有正极性加工和负极性加工两种
(D)快走丝线切割采用负极性加工

144. 对脉冲宽度叙述正确的一项是(    )。
(A)在特定的工艺条件下,脉宽增加,切割速度高表面粗糙度增大
(B)通常情况下,脉宽的取值不一定要考虑工艺指标及工件的性质、厚度
(C)一般设置脉冲放电时间,最大取值范围是 $50\ \mu s$
(D)中、粗加工,工件材质切割性能差,脉宽取值一般为偏小

145. 实现自动编程的步骤不包括(    )。
(A)工艺分析
(B)对零件进行几何造型
(C)打印
(D)数控程序制作

146. 对坐标系的确定原则述说正确的是(    )。
(A)工件相对刀具运动的原则
(B)刀具相对于静止的工件运动的原则
(C)标准的坐标是采用左手直角笛卡儿坐标系
(D)按实际需要确定

147. 下列关于数控机床 $A$、$B$ 轴方向确定的说法正确的是(    )。
(A)$A$、$B$ 和 $C$ 相应地表示其轴线平行于 $X$、$Y$ 和 $Z$ 坐标的旋转运动
(B)$A$、$B$ 和 $C$ 的正方向相应地表示在 $X$、$Y$ 和 $Z$ 坐标正方向上按照左旋螺纹前进的方向
(C)$A$、$B$ 和 $C$ 的正方向相应地表示在 $X$、$Y$ 和 $Z$ 坐标负方向上按照右旋螺纹前进的方向
(D)以上说法都正确

148. 逆时针圆弧插补指令正确的是(    )
(A)G04
(B)G01
(C)G90
(D)G03

149. XOY 平面选择正确的是(    )。
(A)G17
(B)G18
(C)G19
(D)以上都不是

150. (    )的工件不可采用精密虎钳来装夹。
(A)装夹余量小
(B)精度要求高
(C)多次装夹形状复杂
(D)大于 100 mm

151. 坐标工作台的运动分别由(　　)步进电机控制。

(A)一个　　　　　　　(B)两个　　　　　(C)三个　　　　　　(D)四个

152. 主机控制盒不可以用来控制机床(　　)的动作。

(A)电源开　　　　　(B)电流大小选择　　(C)冷却液开　　　　(D)冷却液关

153. 造成运丝电机不运转的原因与(　　)有关。

(A)机床电器板故障　　　　　　　　(B)配重块

(C)上下导轮　　　　　　　　　　　(D)断丝、无丝

154. 下列操作不会影响到工件的精度误差的有(　　)。

(A)加工过程中切削液不能一直畅通　(B)照明灯未打开

(C)钼丝过紧　　　　　　　　　　　(D)铅丝过松

155. (　　)可以作为电极材料。

(A)铜　　　　　　　　(B)碳　　　　　　(C)木　　　　　　　(D)塑料

156. 下列关于电规准的选择不正确的是(　　)。

(A)粗规准一般选择较大的峰值电流,较长的脉冲宽度

(B)精规准多采用小的峰值电流及窄的脉冲宽度

(C)精规准多采用大的峰值电流及窄的脉冲宽度

(D)中规准采用的脉冲宽度为 $6\sim20~\mu s$

157. 在线切割加工中,当穿丝孔靠近装夹位置时,开始切割时电极丝的走向应(　　)。

(A)沿靠近夹具的方向进行加工　　　(B)沿与夹具平行的方向进行加工

(C)无特殊要求　　　　　　　　　　(D)沿离开夹具的方向进行加工

158. 工件加工深度很浅时,排屑容易,只需要(　　)。

(A)上冲油　　　　　　　　　　　　(B)不用冲油

(C)下冲油　　　　　　　　　　　　(D)以上三项均不正确

159. 下述电加工操作中属于废旧钼丝正确处理的方法为(　　)。

(A)重新再利用　　　　　　　　　　(B)和环保部门联系

(C)随意排放　　　　　　　　　　　(D)可以直接扔掉

160. 用如 $\phi0.18~mm$ 的钼丝加工 20 mm×20 mm 的四方零件,假设钼丝单边放电间隙为 0.01 mm,编程时补偿间隙值取(　　)。

(A)0.01 mm　　　(B)0.09 mm　　　(C)0.11 mm　　　(D)0.19 mm

161. 在使用电火花加工较厚的工件时,孔口的宽度与孔底的宽度相比(　　)。

(A)相同　　　　　　(B)较大　　　　　(C)较小　　　　　　(D)不一定

162. 表示主轴停止的指令是(　　)。

(A)M00　　　　　　(B)M01　　　　　(C)M03　　　　　　(D)M05

163. 下列 3B 指令格式正确的是(　　)。

(A)BXBYBZGZ　　(B)BXBYBJGZ　　(C)BXBYBZBJ　　(D)BJBXBYGZ

164. 不会影响电火花加工工艺留量的因素是(　　)。

(A)单边放电间隙　　(B)安全间隙　　　(C)加工时间　　　　(D)电加工规准

165. 状态栏不能用来提示操作者进行了(　　)操作。

(A)绘图时间　　　　(B)比例系数　　　(C)光标位置　　　　(D)公英制切换

166. 下列文件格式中,(　　)是线切割编程系统中可以兼容的文件格式。

(A)".igs"　　　　　(B)".doc"　　　　　(C)".txt"　　　　　(D)".dxf"

167. 保证工件在夹具中有一个确定的位置,称之为工件的(　　)。

(A)定位　　　　　(B)夹紧　　　　　(C)紧固　　　　　(D)连接

168. 采用压板压紧工件时,其夹紧点必须(　　)加工部位。

(A)远离　　　　　(B)靠近　　　　　(C)大于　　　　　(D)等于

169. 电加工时,夹紧力方向应该有助于(　　)稳定。

(A)电极　　　　　(B)装夹　　　　　(C)定位　　　　　(D)装卸

170. 短路脉冲是指间隙短路时的电流脉冲,这时脉冲电压(　　)。

(A)等于零　　　　(B)无穷大　　　　(C)很小　　　　　(D)大于1

171. 电火花线切割加工,工件材料的(　　)量少。

(A)精加工　　　　(B)预加工　　　　(C)电加工　　　　(D)粗加工

172. 切割速度提高,但加工的(　　)则会下降。

(A)质量　　　　　　　　　　　(B)表面粗糙度和精度

(C)钼丝的损耗　　　　　　　　(D)切割时间

173. 在加工较厚工件上加工工艺孔,其(　　)如何就成为工件加工前定位准确与否的重要因素。

(A)垂直度　　　　(B)平行度　　　　(C)圆度　　　　　(D)粗糙度

174. 电火花加工时工件接脉冲电源为(　　)。

(A)正极　　　　　(B)负极　　　　　(C)任意一极　　　(D)接地

175. 开路脉冲是指间隙未被击穿时的电压脉冲,这时(　　)脉冲电流。

(A)有　　　　　　(B)很小　　　　　(C)没有　　　　　(D)很大

176. 不属于夹具的组成的是(　　)。

(A)加工的零件　　(B)定位装置　　　(C)夹具体　　　　(D)夹紧元件

177. HF全绘图方式编程中的辅助点、辅助直线、辅助圆统称为(　　)。

(A)辅助线　　　　(B)轨迹线　　　　(C)轨迹圆弧　　　(D)辅助线变

178. 零件的机械加工工艺过程是由一系列的(　　)所组合而成的,毛坯依次通过这些工序变成零件。

(A)工步　　　　　(B)工序　　　　　(C)产品　　　　　(D)零件

179. 在线切割加工过程中,电极丝的进给为(　　)。

(A)等速进给　　　(B)加速进给　　　(C)减速进给　　　(D)伺服进给

180. 齿轮的加工精度是指齿轮加工后的实际形状、尺寸和表面(　　)与理想齿轮的符合程度。

(A)相关位置　　　(B)相互位置　　　(C)相同位置　　　(D)不同位置

181. 测量和反馈的装置的作用是为了(　　)。

(A)提高机床的安全性　　　　　(B)提高机床的使用寿命

(C)提高机床的定位精度、加工精度　　(D)提高机床的灵活性

182. 下列哪种伺服系统的精度最高:(　　)。

(A)开环伺服系统　　　　　　　(B)闭环伺服系统

(C)半闭环伺服系统　　　　　　　　　　(D)闭环、半闭环系统

183. 下面方式分类不属于数控机床的分类方式的是：（　　　）。

(A)按运动方式分类　　　　　　　　　　(B)按用途分类

(C)按坐标轴分类　　　　　　　　　　　(D)按主轴在空间的位置分类

184. 光栅中,标尺光栅与指示光栅的栅线应（　　　）。

(A)相互平行　　　　　　　　　　　　　(B)互相倾斜一个很小的角度

(C)互相倾斜一个很大角度　　　　　　　(D)处于任意位置均可

185. 数控机床是采用数字化信号对机床的（　　　）进行控制。

(A)运动　　　　　　　　　　　　　　　(B)加工过程

(C)运动和加工过程　　　　　　　　　　(D)无正确答案

186. 在数控机床的组成中,其核心部分是（　　　）。

(A)输入装置　　　(B)运算控制装置　　　(C)伺服装置　　　(D)机电接口电路

187. 统一规定机床坐标轴和运动正负方向的目的是（　　　）。

(A)方便操作　　　(B)简化程序　　　(C)规范使用　　　(D)统一机床设计

188. 数控机床中,零点是在程序中给出的坐标系是（　　　）。

(A)机床坐标系　　　(B)工件坐标系　　　(C)局部坐标系　　　(D)绝对坐标系

189. PLC控制程序可变,在生产流程改变的情况下,不必改变（　　　）,就可以满足要求。

(A)硬件　　　(B)数据　　　(C)程序　　　(D)汇编语言

190. 公法线千分尺微分筒锥面棱边上边缘至固定套管纵刻线表面的距离在工具显微镜上检定。也可以用0.4 mm的塞尺置于固定套管刻线表面上以比较法检定。这一检定应在微分筒一转内不少于（　　　）位置上进行。

(A)2个　　　(B)3个　　　(C)1个　　　(D)4个

### 三、多项选择题

1. 电极丝张紧力的大小,对运行时（　　　）有很大影响,故而在上丝时应采取适当张紧电极丝的措施。

(A)工件粗糙度　　　(B)切割速度　　　(C)电极丝的振幅　　　(D)加工稳定性

2. 下列应用了阿基米德螺旋线原理的有（　　　）。

(A)车床三爪自定心夹头内的平面螺纹　　　(B)有些凸轮的轮廓曲线

(C)万能分度头　　　　　　　　　　　　(D)坐标镗工作台

3. 冲模的电火花穿孔加工常用的工艺方法有（　　　）。

(A)直接配合法　　　(B)混合法　　　(C)多电极更换法　　　(D)分解电极法

4. 电火花成型加工的工作液强迫循环方式有（　　　）。

(A)冲油式　　　(B)混合法　　　(C)分解电极法　　　(D)抽油式

5. 目前在模具型腔电火加工中应用最多的电极材料是（　　　）。

(A)黄铜　　　(B)石墨　　　(C)紫铜　　　(D)钼

6. 目前在模具型腔电火成型加工中的工艺方法有（　　　）。

(A)混合法　　　(B)单电极平动法　　　(C)多电极更换法　　　(D)分解电极法

7. 常见的电火花成型加工机床由（　　　）等几个部分组成。

(A)机床主体　　　　(B)脉冲电源　　　　(C)伺服系统　　　　(D)工作液循环系统

8. 电火花线切割机床控制系统的功能包括(　　)。

(A)轨迹控制　　　　(B)加工控制　　　　(C)操作控制　　　　(D)过程控制

9. 采用逐点比较法每进给一步都要经过(　　)工作节拍。

(A)偏差判别　　　　(B)拖板进给　　　　(C)偏差计算　　　　(D)终点判别

10. 数控机床按运动轨迹分类,可以分为点位控制数控机床、(　　)。

(A)点位直线控制数控机床　　　　　　(B)连续控制数控机床

(C)轮廓控制数控机床　　　　　　　　(D)过程控制数控机床

11. 电火花可加工各种(　　)。

(A)金属及其合金材料　　　　　　　　(B)特殊的热敏感材料

(C)半导体　　　　　　　　　　　　　(D)塑料

12. 电参数主要有(　　)。

(A)脉冲宽度　　　　(B)脉冲间隔　　　　(C)峰值电压　　　　(D)峰值电流

13. 高速走丝线切割机床主要由(　　)部分组成。

(A)机床　　　　　　(B)脉冲电源　　　　(C)控制系统　　　　(D)走丝系统

14. 数控电火花成型加工机床主体由(　　)等组成。

(A)床身　　　　　　(B)立柱　　　　　　(C)主轴　　　　　　(D)工作液槽

15. 电火花成型机床的主要控制功能有:(　　)。

(A)多轴控制　　　　　　　　　　　　(B)多轴联动控制

(C)自动定位与找正　　　　　　　　　(D)自动电极交换

16. 电火花成型机床工作液系统是由(　　)等部分组成。

(A)储液箱　　　　　(B)油泵　　　　　　(C)过滤器　　　　　(D)工作液分配器

17. 电火花成型机床的基本工艺包括:(　　)。

(A)电极的制作　　　　　　　　　　　(B)工件的准备

(C)电极与工件的装夹定位　　　　　　(D)冲抽油方式的选择

18. 电火花穿孔加工工艺中,冲模加工可采用(　　)工艺方法。

(A)直接法　　　　　(B)间接法　　　　　(C)混合法　　　　　(D)二次放电

19. 常用的电极结构形式有:(　　)。

(A)整体电极　　　　(B)组合电极　　　　(C)镶拼式电极　　　(D)以上都是

20. 电极截面尺寸的确定应根据(　　)的大小及凹模孔不同部位的尺寸而定。

(A)凹模孔尺寸　　　(B)公差　　　　　　(C)放电间隙　　　　(D)工件厚度

21. 电火花穿孔加工时,对精度要求不高的工件,可选择最高加工速度的脉冲参数,即(　　)。

(A)频率　　　　　　(B)脉宽　　　　　　(C)峰值电压　　　　(D)峰值电流

22. 电火花穿孔加工时,根据加工对象、工件精度及表面粗糙度等要求和机床功能选择采用(　　)。

(A)单电极平动加工法　　　　　　　　(B)多电极加工法

(C)分解电极加工法　　　　　　　　　(D)程控电极加工法

23. 电火花穿孔加工时,电极设计主要包括(　　)。

(A)低损耗加工电极设计 　　　　　　　(B)损耗加工电极设计
(C)凹模孔尺寸 　　　　　　　(D)公差

24. 电极装夹与校正的目的是使电极正确、牢固地装夹在机床主轴的点击夹具上，使电极轴线和机床主轴线一致，保证电极与工件的（　　）。
(A)垂直 　　(B)绝对位置 　　(C)公差 　　(D)相对位置

25. 按电极基准面校正电极时，对于侧面有较长直壁面的电极，采用（　　）和（　　）进行校正。
(A)精密角尺 　　(B)千分表 　　(C)百分表 　　(D)水平尺

26. 指出国际单位制的基本单位有（　　）。
(A)摩[尔] 　　(B)牛[顿] 　　(C)摄氏度 　　(D)坎[德拉]

27. 下面属于国际单位制的基本单位的符号有（　　）。
(A)m 　　(B)kg 　　(C)s 　　(D)Pa

28. 下面公式用于计算半径为 $R$ 的圆的周长时，存在错误的是（　　）。
(A)$\pi R/2$ 　　(B)$\pi R$ 　　(C)$2\pi R$ 　　(D)$4\pi R$

29. 下面公式用于计算以(A)、(B)为两条直角边的直角三角形的周长时，存在错误的是（　　）。
(A)$L=(A)+(B)+\sqrt{a^2+b^2}$ 　　(B)$L=(A)+(B)+\sqrt{a^2-b^2}$
(C)$L=(A)+(B)+\sqrt{b^2-a^2}$ 　　(D)$L=(A)+(B)+\sqrt{a^3+b^3}$

30. 下面公式用于计算半径为 $R$，圆心角的角度值为 $\alpha$ 的圆弧长度时，存在错误的是（　　）。
(A)$L=R\alpha$ 　　(B)$L=R\alpha/2$ 　　(C)$L=\pi R\alpha/180$ 　　(D)$L=\pi R\alpha/360$

31. 下面公式用于计算半径为 $R$，圆心角的角度值为 $\alpha$ 的扇形面积时，存在错误的是（　　）。
(A)$\pi R^2\alpha/360$ 　　(B)$\pi R^2\alpha/180$ 　　(C)$\pi R^2\alpha/90$ 　　(D)$\pi R^2\alpha$

32. 下面公式用于计算底面半径为 $R$，母线长度为 $l$ 的圆锥体的侧面积时，存在错误的是（　　）。
(A)侧面积$=\pi R^2 l$ 　　(B)侧面积$=\pi R(l+R)$
(C)侧面积$=\pi Rl^2$ 　　(D)侧面积$=\pi R(l-R)$

33. 下面公式用于计算下底面半径为 $R_1$，上底面半径为 $R_2$，母线长度为 $l$ 的圆台体的侧面积时，存在错误的是（　　）。
(A)侧面积$=\pi(R_1+R_2)l$ 　　(B)侧面积$=(R_1+R_2)l^2$
(C)侧面积$=\pi(R_1-R_2)l$ 　　(D)侧面积$=(R_1-R_2)l^2$

34. 制造工业现代化的重要基础是（　　）和（　　）。
(A)数控技术 　　(B)电子技术 　　(C)数控装备 　　(D)大型装备

35. 数控机床较普通机床有（　　）等优点。
(A)精度高 　　　　　(B)效率高
(C)质量容易控制 　　(D)有效降低操作者劳动强度

36. 数控机床的伺服系统是指以机床移动部件的（　　），作为控制量的自动控制系统，又称为随动系统。

(A)移动　　　　　　　(B)位置　　　　　(C)速度　　　　　(D)方向

37. 伺服系统按控制方式划分,有( )等。

(A)操作伺服系统　　　　　　　　　(B)开环伺服系统

(C)闭环伺服系统　　　　　　　　　(D)半开半闭伺服系统

38. 伺服系统对执行元件的要求是( )。

(A)惯性小、动量大　　　　　　　　(B)体积小、质量轻

(C)便于计算机控制　　　　　　　　(D)成本低、可靠性好、便于安装与维护

39. 光栅尺位移传感器经常应用于机床与现在加工中心以及测量仪器等方面,可用作( )的检测。

(A)直线位移　　　　(B)弯曲位移　　　(C)角度位移　　　(D)弧度位移

40. 光栅尺位移传感器按照制造方法和光学原理的不同,分为( )和( )。

(A)透射光栅　　　　(B)折射光栅　　　(C)散射光栅　　　(D)反射光栅

41. 数控机床常见的传感器有( )等。

(A)温度传感器　　　(B)位移传感器　　(C)压力传感器　　(D)速度传感器

42. 在工件坐标系内编程可以( )。

(A)简化坐标计算　　(B)减少错误　　　(C)缩短程序长度　(D)改变机床坐标

43. 在一个加工程序中可以混合使用这二种坐标表示法编程是( )。

(A)相对坐标　　　　(B)绝对坐标　　　(C)笛卡尔坐标　　(D)直角坐标

44. 插补的方式有( )等。

(A)直线插补　　　　(B)圆弧插补　　　(C)抛物线插补　　(D)样条线插补

45. 采用自动编程方法( )等优点。

(A)效率高　　　　　(B)可靠性好　　　(C)程序正确率高　(D)程序不稳定

46. 程序段格式是指一个程序段( )的书写规则。

(A)字　　　　　　　(B)字符　　　　　(C)数据　　　　　(D)程序

47. 刀具位置补偿可分为刀具( )补偿和刀具( )补偿两种,需分别加以设定。

(A)强度　　　　　　(B)几何形状　　　(C)磨损　　　　　(D)损坏

48. 刀具半径补偿类型有( )两种方式。

(A)前补偿　　　　　(B)后补偿　　　　(C)左补偿　　　　(D)右补偿

49. 刀具补偿功能包括刀具( )等刀具补偿功能。

(A)半径补偿　　　　(B)夹角补偿　　　(C)长度补偿　　　(D)破损补偿

50. 开环 CNC 系统与闭环 CNC 系统相比,开环 CNC 系统工程的精度、复杂程度和价格情况分别是( )。

(A)高　　　　　　　(B)低　　　　　　(C)简单　　　　　(D)便宜

51. 若工作液内杂质增多,排屑不利,引起( ),从而影响加工表面质量。

(A)烧伤、短路　　　(B)消电离不够　　(C)形成二次放电　(D)电极损耗

52. 子程序由( )组成。

(A)程序调用字　　　(B)子程序号　　　(C)程序条数　　　(D)调用次数

53. 计算机硬件包括( )等。

(A)CPU　　　　　　　(B)内存　　　　　　(C)主板　　　　　　(D)存储器

54. 下面是计算机软件的有(　　　)。

(A)操作系统　　　　(B)office　　　　　　(C)Photoshop　　　　(D)CAD

55. 线位移测量装置有(　　　)。

(A)直线磁栅　　　　　　　　　　　　　　(B)长光栅

(C)直线式感应同步尺　　　　　　　　　(D)脉冲编码器

56. 直流伺服电机调速方法有(　　　)。

(A)调节电枢输电电压　　　　　　　　　(B)增大摩擦阻力

(C)改变激磁绕组电压　　　　　　　　　(D)改变电枢回路电阻

57. CNC 系统控制软件的结构特点是(　　　)。

(A)单任务　　　　　(B)多任务　　　　　(C)并行处理　　　　　(D)实时中断处理

58. 数控技术的发展趋势是(　　　)。

(A)大功率　　　　　(B)高精度　　　　　(C)CNC 智能化　　　　(D)高速度

59. 数控机床一般由主机(　　　)以及其他一些附属设备组成。

(A)数控装置　　　　(B)伺服驱动系统　　(C)辅助装置　　　　　(D)编程机

60. 数控技术采用数字控制的方法对某一工作过程实现自动控制的技术。它集(　　　)等
多学科、多技术于一体。

(A)计算机技术　　　(B)微电子技术　　　(C)自动控制技术　　　(D)机械制造技术

61. 数控机床的位置精度主要指标是(　　　)。

(A)定位精度　　　　　　　　　　　　　　(B)几何精度

(C)分辨率和脉冲当量　　　　　　　　　(D)重复定位精度

62. 测量与反馈装置的作用是为了(　　　)。

(A)提高机床寿命　　　　　　　　　　　(B)提高机床灵活性

(C)提高机床定为精度　　　　　　　　　(D)提高机床加工精度

63. 按国家标准机床检验通则第 2 部分数控轴线的定位精度和重要定位精度的确定
(GB/T 17421.2—2000)规定,数控坐标轴定位精度的评定项目有(　　　)三项。

(A)坐标轴的原点复归精度　　　　　　　(B)轴线的定位精度

(C)轴线的反向差值　　　　　　　　　　(D)轴线的重复定位精度

64. 按机床的运动轨迹来分,数控机床可分为(　　　)。

(A)点和直线控制　　(B)轮廓控制　　　　(C)开环控制　　　　　(D)闭环控制

65. 半径自动补偿命令包括(　　　)。

(A)G40　　　　　　　(B)G41　　　　　　　(C)G42　　　　　　　(D)G43

66. 表示程序结束的指令有(　　　)。

(A)M01　　　　　　　(B)M02　　　　　　　(C)M03　　　　　　　(D)M30

67. 一个数控程序由(　　　)组成。

(A)开始符、结束符　(B)程序名称　　　　(C)程序主体　　　　　(D)结束指令

68. 下面是劳保用品的是(　　　)。

(A)防护鞋　　　　　(B)劳保手套　　　　(C)工作服　　　　　　(D)口罩

69. "三同时"制度是《中华人民共和国环境保护法》的一部分,其主要工作就是建设项目中

防治污染的设施,必须与主体工程(　　)。

(A)同时设计　　(B)同时施工　　(C)同时投产使用　　(D)同时监督

70. 质量检查的依据有:(　　)、有关技术文件或协议。

(A)产品图纸　　(B)工艺文件

(C)国家或行业标准　　(D)车间主任要求

71. 安全危害主要包括(　　)。

(A)物的不安全状态　　(B)人的不安全行为

(C)有害的作业环境　　(D)管理上的缺陷

72. 防止火灾的基本方法有(　　)。

(A)控制可燃物　　(B)隔绝空气

(C)消除着火源　　(D)阻止火势及爆炸波的蔓延

73. 触电的急救原则是(　　)。

(A)迅速　　(B)准确　　(C)就地　　(D)坚持

74. 常用的灭火方法有(　　)。

(A)隔离灭火法　　(B)窒息灭火法　　(C)冷却灭火法　　(D)抑制灭火法

75. 在数控机床上,下列划分工序的方法中正确的是(　　)。

(A)按所用刀具划分工序　　(B)以加工部位划分工序

(C)按粗、精加工划分工序　　(D)按加工时间长短划分工序

76. 按用途不同螺旋传动可分为(　　)。

(A)调整螺旋　　(B)滑动螺旋　　(C)传动螺旋　　(D)传力螺旋

77. 能够传递动力的螺纹是(　　)。

(A)普通螺纹　　(B)梯形螺纹　　(C)矩形螺纹　　(D)粗牙螺纹

78. 离合器的作用是使同一轴的两根轴,或轴与轴上的空套传动件随时接通或断开,以实现机床的(　　)等。

(A)启动　　(B)停车　　(C)换向　　(D)变速

79. 机械传动中,具有自锁性能的传动是(　　)。

(A)皮带传动　　(B)涡轮蜗杆传动　　(C)螺旋传动　　(D)凸轮传动

80. 非圆曲线包括(　　)。

(A)椭圆　　(B)渐开线　　(C)抛物线　　(D)阿基米德螺旋线

81. 夹紧装置的基本要求是:(　　)。

(A)夹紧牢靠　　(B)正确定位

(C)高效率　　(D)成本低和加工方便

82. 刀具正常磨损的主要原因是(　　)。

(A)机械磨损　　(B)切削热　　(C)切削力　　(D)化学磨损

83. 定位基准有粗基准和精基准两种,选择定位基准应力求基准重合原则,即(　　)统一。

(A)设计基准　　(B)设计目的　　(C)工艺基准　　(D)编程原点

84. 金属性能包括力学性能、(　　)。

(A)物理化学性能　　(B)机械性能　　(C)工艺性能　　(D)加工性能

85. 带传动由( )组成。

(A)主动轮　　　　　(B)从动轮　　　　　(C)齿轮　　　　　(D)挠性带

86. 润滑剂的作用包括( )。

(A)润滑作用　　　　(B)冷却作用　　　　(C)防锈作用　　　　(D)密封作用

87. 电极损耗分为( )两种表示方法。

(A)体积损耗　　　　(B)绝对损耗　　　　(C)质量损耗　　　　(D)相对损耗

88. 可能避免机械伤害的做法是( )。

(A)转动部件停稳前不得进行操作　　　　(B)不跨越运动的机轴

(C)运动部件上不得放置物品　　　　　　(D)旋转部件上少放些工具

89. 接触器适用于( )。

(A)频繁通断的电路　　　　　　　　　　(B)电机控制电路

(C)大容量控制电路　　　　　　　　　　(D)室内照明电路

90. 符合安全用电措施的是( )。

(A)电器设备要有绝缘电阻　　　　　　　(B)电器设备安装要正确

(C)采用各种保护措施　　　　　　　　　(D)使用手电钻不准带绝缘手套

91. 细实线在机械制图中一般应用于( )。

(A)尺寸线及尺寸界线　　　　　　　　　(B)剖面线

(C)螺纹牙底线　　　　　　　　　　　　(D)齿轮的齿根线

92. 细点划线在机械制图中一般应用于( )。

(A)成型前轮廓线　　(B)轴线　　　　　(C)对称中心线　　　(D)轨迹线

93. 细虚线在机械制图中一般应用于( )。

(A)不可见棱边线　　　　　　　　　　　(B)不可见轮廓线

(C)工艺结构轮廓线　　　　　　　　　　(D)相邻件轮廓线

94. 在零件图的标题栏中,可以查看到零件的( )等信息。

(A)用途　　　　　　(B)名称　　　　　(C)代号　　　　　　(D)材质

95. 剖视图按剖切范围的不同可分为( )。

(A)全剖视图　　　　(B)旋转剖视图　　　(C)局部剖视图　　　(D)半剖视图

96. 尺寸界线用细实线绘制,并应由图形的( )处引出。

(A)轮廓线　　　　　(B)对称中心线　　　(C)剖切位置线　　　(D)轴线

97. 焊缝符号一般由基本符号与指引线组成。必要时可以加上( )和焊缝尺寸符号。

(A)辅助符号　　　　(B)方法符号　　　　(C)补充符号　　　　(D)强度符号

98. 辅助符号是表示焊缝表面形状特征的符号,主要有( )。

(A)曲面符号　　　　(B)平面符号　　　　(C)凹面符号　　　　(D)凸面符号

99. 机械图样上表示零件表面粗糙度的符号有三种,分别表示( )。

(A)表面可用任何方法获得　　　　　　　(B)表面是用去除材料方法获得

(C)表面是用涂镀方法获得　　　　　　　(D)表面是用不去除材料方法获得

100. 一张完整的装配图应该具有一组视图、( )、标题栏及明细表四部分内容。

(A)文字说明　　　　(B)必要的尺寸　　　(C)加工方法　　　　(D)技术要求

101. 一般公差标准 GB/T 1804—2000 仅适用于( )的未注公差尺寸。

(A)线性尺寸　　　　　　　　　　　　　(B)括号内的参考尺寸

(C)角度尺寸　　　　　　　　　　　　　(D)机加工组装件的线性和角度尺寸

102. 在 GB/T 1804—2000 一般公差标准中,将线性和角度尺寸的未注公差划分为( )的公差等级。

(A)精密　　　　　　(B)中等　　　　　　(C)粗糙　　　　　　(D)最粗

103. 视图分为基本视图( )和局部视图。

(A)断面图　　　　　(B)向视图　　　　　(C)剖视图　　　　　(D)斜视图

104. 零件图一般应包括( )和技术要求四部分内容。

(A)加工方法　　　　(B)一组图形　　　　(C)完整尺寸　　　　(D)标题栏

105. 国标 GB/T 1800.1—2009 中定义的配合性质分别是( )。

(A)间隙配合　　　　(B)过盈配合　　　　(C)过渡配合　　　　(D)滑动配合

106. 断面图与剖视图的区别是( )。

(A)断面图仅画出被切断处的断面形状　　(B)剖视图还须画出可见轮廓线

(C)剖视图仅画出被切断处的断面形状　　(D)断面图还须画出可见轮廓线

107. 装配图中的尺寸种类有( )。

(A)性能尺寸　　　　(B)装配尺寸　　　　(C)安装尺寸　　　　(D)外形尺寸

108. 单一实际要素所允许的变动全量称为形状公差,共有六个项目,包括有( )等。

(A)直线度　　　　　(B)平面度　　　　　(C)垂直度　　　　　(D)圆柱度

109. 关联实际要素的位置对基准所允许的变动全量称为位置公差,共有八个项目,包括有( )等。

(A)圆度　　　　　　(B)平行度　　　　　(C)对称度　　　　　(D)位置度

110. 下列线性和角度尺寸的未注公差等级对应代号,符合 GB/T 1804—2000 规定的是( )的公差等级。

(A)精密——f　　　　(B)中等——m　　　　(C)粗糙——C　　　　(D)最粗——v

111. 随着科学技术的不断发展,数控技术的发展越来越快,数控机床朝( )和模块化方向发展。

(A)高性能　　　　　(B)高精度　　　　　(C)高速度　　　　　(D)高柔性化

112. 数控结构体系的发展方向是( )。

(A)模块化、专门化与个性化　　　　　　(B)智能化

(C)网络化与集成化　　　　　　　　　　(D)开发化

113. CAXA 绘图编程软件具有丰富完备的 CAD 功能,可以方便的( )及齿轮等高级曲线。

(A)编圆　　　　　　(B)线图形　　　　　(C)渐开线　　　　　(D)阿基米德螺旋线

114. 椭圆图形的绘制方法有( )。

(A)内切圆法　　　　(B)外切圆法　　　　(C)同心圆法　　　　(D)四心圆法

115. 伺服系统按组成元件的性质来分类有( )等。

(A)电气伺服系统　　　　　　　　　　　(B)液压伺服系统

(C)电气—液压伺服系统　　　　　　　　(D)电气—电气伺服系统

116. 从伺服系统输出量的物理性质来看,有( )等。

(A)速度伺服系统                                    (B)加速度伺服系统

(C)位置伺服系统                                    (D)液压伺服系统

117. 伺服系统按控制方式上可以分为（      ）等。

(A)开环系统          (B)闭环系统          (C)循环系统          (D)半闭环系统

118. CNC(NC)系统对插补的最基本要求是（      ）。

(A)插补所需的原始数据少

(B)有较高的插补精度,结果没有累积误差

(C)沿进给路线进给速度恒定且符合加工要求

(D)硬件线路简单可靠,软件算法简捷,计算速度快

119. 一般伺服都有三种控制方式分别为（      ）。

(A)速度控制方式      (B)转矩控制方式      (C)距离控制方式      (D)位置控制方式

120. 伺服系统的三个环控制分别为（      ）。

(A)电流环            (B)速度环            (C)位置环            (D)角度环

121. 数控机床对进给伺服系统的性能指标可归纳为（      ）。

(A)定位精度高                                      (B)跟踪指令信号的响应快

(C)系统稳定性好                                    (D)系统稳定性一般

122. 进给伺服系统常用的精度指标有（      ）。

(A)定位精度          (B)制件精度          (C)轮廓跟随精度      (D)重复定位精度

123. 自动换刀系统应当满足的基本要求包括（      ）。

(A)换刀时间短                                      (B)刀具重复定位精度高

(C)有足够的刀具储存量                              (D)刀库占用空间少

124. 数控机床主机发生故障的常见原因是（      ）。

(A)润滑不良                                        (B)液压气动系统管路堵塞

(C)液压气动系统管路密封不良                        (D)操作不当

125. 数控系统中的刀具补偿有（      ）。

(A)刀具受力补偿                                    (B)刀具半径补偿

(C)刀具长度补偿                                    (D)刀具锋利度补偿

126. 刀具的半径补偿可分为（      ）。

(A)前补偿            (B)后补偿            (C)左补偿            (D)右补偿

127. 数控加工中用到的补偿有（      ）。

(A)刀具长度补偿      (B)刀具半径补偿      (C)夹具补偿          (D)夹角补偿

128. 下面是插补指令的是（      ）。

(A)G00              (B)G01              (C)G02              (D)G03

129. CAXA 绘图编程软件具有丰富完备的 CAD 功能,可以方便的（      ）及齿轮等高级曲线。

(A)编圆              (B)线图形            (C)渐开线            (D)阿基米德螺旋线

130. 一个完整的 CAD/CAM 系统必须具备（      ）。

(A)硬件系统          (B)软件系统          (C)设备系统          (D)技术人员

131. CAD/CAM 计算机硬件系统主要包括（      ）。

(A)主机　　　　　　(B)外部存储器　　　(C)输入输出设备　　(D)通信接口

132. 数控加工中加工线路的选择应遵从的原则有(　　)。

(A)尽量缩短走刀路线,减少空走刀行程以提高生产率

(B)保证零件的加工精度和表面粗糙度要求

(C)保证零件的工艺要求

(D)利于简化数值计算,减少程序段的数目和程序编制的工作量

133. 按信号输出形式,旋转编码器可分为(　　)。

(A)增量式　　　　　(B)数值式　　　　　(C)模拟式　　　　　(D)绝对式

134. 增量式光电编码器检测装置是由光源、(　　)信号处理电路等组成。

(A)光栅盘　　　　　(B)光栅板　　　　　(C)光电管　　　　　(D)聚光镜

135. 光栅根据测量对象可分为(　　)。

(A)直线光栅　　　　(B)圆光栅　　　　　(C)平行光栅　　　　(D)垂直光栅

136. 感应同步器的优点是(　　)。

(A)有较高的测量精度和分辨率　　　　　(B)工作可靠

(C)抗干扰能力强　　　　　　　　　　　(D)使用寿命长

137. 组织建立、实施、保持和改进环境管理体系所必要的资源是指(　　)。

(A)人力资源和专项技能　　　　　　　　(B)污水处理设施

(C)技术和财力资源　　　　　　　　　　(D)生产设备

138. 职业健康监护档案应当包括劳动者的(　　)等有关个人健康资料。

(A)职业史　　　　　　　　　　　　　　(B)职业病危害接触史

(C)体检报告单　　　　　　　　　　　　(D)职业健康检查结果和职业病诊疗

139. 下面不是产品从设计、制造到整个产品使用寿命周期的成本和费用方面的特征的是(　　)。

(A)性能　　　　　　(B)寿命　　　　　　(C)可靠性　　　　　(D)经济性

140. 5S中整理的作用是(　　)。

(A)增大作业的空间　　　　　　　　　　(B)减少库存,节约资金

(C)减少碰撞,保障安全　　　　　　　　(D)消除混料差错

141. 5S与公司及员工有哪些关系?(　　)。

(A)提高公司形象　　　　　　　　　　　(B)增加工作时间

(C)增加工作负担　　　　　　　　　　　(D)安全有保障

142. 5S中有关整理的方法,正确的有(　　)。

(A)常用的物品,放置于工作场所的固定位置或近处

(B)会用但不常用的物品,放置于储存室或货仓

(C)很少使用的物品放在工作场所内固定的位置

(D)不能用或不再使用的物品,废弃处理

143. 素质的类别主要有三类:(　　)。

(A)身体素质　　　　(B)心理素质　　　　(C)养成素质　　　　(D)文化素质

144. 企业文化作为一种完整的体系包括(　　)。

(A)企业整体价值观念　　　　　　　　　(B)企业精神

(C)企业伦理道德规范　　　　　　　　(D)企业风貌与形象

145.股份有限公司的认股人在下列哪些情形下可以抽回股本(　　)。

(A)发起人未交足股款　　　　　　　　(B)发起人未按期召开创立大会

(C)公司未按期募足股份　　　　　　　(D)创立大会决议不设立公司

146.依照《公司法》的规定,有限责任公司在下列哪些情况下可以不设监事会。(　　)

(A)公司规模较小　　　　　　　　　　(B)股东人数较少

(C)国有独资公司　　　　　　　　　　(D)国有控股公司

147.绝对损耗是单位时间内电极的损耗量,又分为(　　)。

(A)体积损耗　　　(B)质量损耗　　　(C)面积损耗　　　(D)长度损耗

148.以下各项,任何公司在设立时都必须具备的基本条件有(　　)

(A)必须有发起人　　　　　　　　　　(B)必须有资本

(C)必须制定公司章程　　　　　　　　(D)必须在登记前报经审批

149.用人单位可以代扣劳动者工资的情况为(　　)。

(A)代扣代缴个人所得税

(B)代扣代缴应由劳动者个人负担的各项社会保险费用

(C)法院判决、裁定中要求代扣的抚养费、赡养费

(D)应债权人请求代扣欠款

150.根据我国有关法律、法规的规定,劳动者不必缴纳的保险费有(　　)。

(A)失业保险费　　　(B)医疗保险费　　　(C)工伤保险费　　　(D)生育保险费

151.根据我国法律规定,企业和职工之间属于劳动争议受理范围的争议有(　　)。

(A)因履行劳动合同的争议

(B)因企业开除、辞退违纪职工的争议

(C)因职工自动离职发生的争议

(D)因职工违反计划生育政策发生的争议

152.机床参考点是机床坐标系中一个固定不变的位置点,是用于对(　　)相对运动的测量系统进行标定和控制的点。

(A)机床工作台　　　(B)滑板　　　(C)刀具　　　(D)主轴

153.下列关于职业道德和精神文明关系的表述,恰当的是(　　)。

(A)职业道德建设是精神文明建设的重要内容

(B)职业领域中的精神文明建设就是职业道德建设

(C)职业道德建设是精神文明建设的客观要求

(D)职业道德建设是思想道德建设的重要内容

154.根据《工伤保险条例》的规定,职工有下列情形之一的,不得认定为工伤或视同工伤,这些情况包括(　　)。

(A)因违反治安管理死亡的　　　　　　(B)因犯罪死亡的

(C)醉酒导致死亡的　　　　　　　　　(D)自残的

155.根据《保密法实施办法》,以下情形应当从重给予行政处分的有(　　)。

(A)泄露国家秘密已造成损害后果的

(B)以牟取私立为目的泄露国家秘密的

(C)泄露国家秘密危害不大但次数较多或者数量较大的

(D)利用职权强制他人违反保密规定的

156. 下面哪种原因造成的事故应从重处理?(　　)。

(A)违章指挥　　　　(B)违章作业　　　　(C)违反劳动纪律　　　(D)工作失误

157. 事故即时报告的内容包括(　　)。

(A)事故发生的时间、地点、单位

(B)事故发生的简要经过、伤亡人数、直接经济损失的初步估计

(C)事故发生原因的初步判断

(D)以上全不是

158. 安全标准化的实施,应体现(　　)的安全监督管理原则,通过有效方式实现信息的交流和沟通,不断提高安全意识和安全管理水平。

(A)全员　　　　　(B)全过程　　　　(C)全方位　　　　(D)全天候

159. 安全教育的内容一般包括(　　)。

(A)安全生产思想教育　　　　　　(B)安全生产知识教育

(C)安全管理理论及方法教育　　　　(D)以上都不是

160. 机床由(　　)组成。

(A)床身　　　　　(B)工作台　　　　(C)丝架　　　　(D)储丝筒

161. 走丝系统电极丝的移动是由(　　)完成的。

(A)丝架　　　　　(B)导向轮　　　　(C)储丝筒　　　　(D)绝缘底板

162. 高速走丝线切割机的导丝系统由(　　)组成。

(A)导轮　　　　　(B)驱动电机　　　　(C)导电器　　　　(D)张力调节器

163. 为保证机床精度,对导轨的(　　)有较高的要求。

(A)精度　　　　　(B)刚度　　　　(C)硬度　　　　(D)耐磨性

164. 高速走丝电火花线切割机的导电器有两种:(　　)。

(A)圆柱形的　　　　　　　　　(B)方形或圆形的薄片

(C)椭圆形　　　　　　　　　　(D)三角形

165. 电火花加工参数分为(　　)。

(A)性能参数　　　　(B)技术参数　　　(C)离线参数　　　(D)在线参数

166. 放电间隙是瞬息变化的,它是随(　　)的变化随之改变的。

(A)加工面积　　　　(B)形状复杂程度　　(C)脉冲电流　　　(D)脉冲间隔

167. 尺寸公差的标注方法有(　　)。

(A)标注公差带代号　　　　　　(B)标注极限偏差

(C)公差带代号　　　　　　　　(D)极限偏差

168. 锥度零件的加工通常有两种类型(　　)。

(A)尖角锥度零件加工　　　　　(B)圆角锥度零件加工

(C)恒锥度零件加工　　　　　　(D)斜度零件加工

169. 刀具补偿功能包括(　　)三个阶段。

(A)刀补的建立　　　(B)刀补执行　　　(C)刀补的修正　　　(D)刀补的取消

170. 在电火花加工中冲液流量压力不是一成不变的,它应根据(　　)而作相应调节。

(A)工件几何形状的不同　　　　　　　　　　　(B)加工深度

(C)加工面积　　　　　　　　　　　　　　　　(D)加工速度

171. 线切割编程需要的参数有(　　　)。

(A)加工的终点坐标 X、Y　　　　　　　　　　(B)加工时的计数长度 J

(C)加工时的计数方向 G　　　　　　　　　　(D)加工轨迹的类型 Z

172. 为了准确地切割出符合精度要求的工件,电极丝必须垂直于工件的(　　　)。

(A)装夹基准面　　　　(B)定位面　　　　(C)工作台定位面　　　　(D)加工面

173. 电参数影响电火花线切割加工的(　　　)。

(A)短路峰值电流 $I_s$　　　　　　　　　　　(B)开路电压 $U_i$

(C)脉冲宽度 $t_i$　　　　　　　　　　　　　(D)脉冲间隔 $t_o$

174. 进给量的选取应该与(　　　)相适应。

(A)背吃刀量　　　(B)侧吃刀量　　　(C)铣削速度　　　(D)主轴

175. 在电火花线切割加工中,工作液是脉冲放电的介质,对(　　　)的影响很大。

(A)加工工艺指标　　　　　　　　　　　　　(B)对切割速度

(C)表面粗糙度　　　　　　　　　　　　　　(D)加工精度也有影响

176. 在自动模式下可以执行在编辑模式已编辑好的 NC 程序,这个程序已被装入内存缓冲区,在自动模式下可以进行(　　　),以检验 NC 程序的运行状况。

(A)模拟　　　(B)联机　　　(C)单步运行　　　(D)试运行

177. 工件夹紧的三要素由(　　　)组成。

(A)夹紧力的大小　　　　　　　　　　　　　(B)夹紧的方向

(C)夹紧力的作用点　　　　　　　　　　　　(D)采用何种装夹方式

178. 一般禁止使用(　　　)配制线切割工作液,锅炉用的软化水也应慎用。

(A)自来水　　　　　　　　　　　　　　　　(B)处理后的污水

(C)含化学物质的水　　　　　　　　　　　　(D)二次水

179. 建立或取消刀具半径补偿的偏置是在(　　　)的执行过程中完成的。

(A)G01 指令　　　(B)G00 指令　　　(C)G03 指令　　　(D)G04 指令

180. 在线切割加工时,安排加工顺序的原则是先切割(　　　)等非主要件,然后再切割凸模、凹模等主要件。

(A)卸料板　　　(B)凸模固定板　　　(C)凸模　　　(D)凹模

181. 下列形位公差中属于定向公差的是(　　　)。

(A)同轴度　　　(B)平行度　　　(C)垂直度　　　(D)倾斜的

182. 齿轮的加工精度是指齿轮加工后的(　　　)与理想齿轮的符合程度。

(A)实际形状　　　(B)尺寸　　　(C)表面互相位置　　　(D)表面粗糙度

183. 表面粗糙度代号、符号一般应标注在(　　　)也可以标注在指引线上。

(A)可见轮廓线　　　　　　　　　　　　　　(B)尺寸线

(C)尺寸界线　　　　　　　　　　　　　　　(D)尺寸界线的延长线

184. 装配图的定义是,表示产品及其组成部分的(　　　)等的图样。

(A)尺寸关系　　　(B)连接　　　(C)装配关系　　　(D)技术要求

185. 工艺基准是在加工和装配中使用的基准,按照用途不同又可分为(　　　)等。

　(A)定位基准　　　　　(B)测量基准　　　　　(C)设计基准　　　　　(D)装配基准

## 四、判 断 题

1. 当被剖部分的图形面积较大时,可以只沿轮廓周边画出剖面符号。(　　)

2. 在零件图中不可以用涂色代替剖面符号。(　　)

3. 对于外表面的工序尺寸取下偏差为零。(　　)

4. 大批量生产和生产稳定时用调整法计算加工余量,这样可节省材料,降低成本。(　　)

5. 生产技术规程是指导职工进行生产技术活动的规范和准则。(　　)

6. 劳动保护法规是国家劳动部门在生产领域中约束人们的行为,以达到保护劳动者安全健康的一种行为规范。(　　)

7. 安全规程具有法律效应,对严重违章而造成损失者给以批评教育、行政处分或诉诸法律处理。(　　)

8. 危险预知活动的目的是预防事故,它是一种群众性的"自我管理"。(　　)

9. 触电急救时首先要尽快地使触电者脱离电源,然后根据触电者的具体情况进行相应地救治。(　　)

10. 在噪声传播途径上采取技术措施消除噪声是最积极的防止噪声的办法。(　　)

11. 对于机械伤害的防护,最根本的是将其全部运动零件进行遮拦,从而消除身体的任何部位与之接触的可能性。(　　)

12. 擦洗机床各部分的防锈油,擦洗过程中不得用坚硬器件或刀具铲刮,擦洗完后将非涂覆表面用干净棉纱蘸机油再擦一次避免生锈。(　　)

13. 机床安装水平调整是保证机床精密度的重要一环,应认真调整机床水平。(　　)

14. 检测几何精度要关机检查,设备在通电开机前不得动手检查。(　　)

15. 机床对环境振动要求不高,为了方便安装可以将设备安置在能通过地基传送振动的机器附近,对校准精度影响不大。(　　)

16. 机床应远离石墨加工设备,石墨粉尘导电性强,会造成电子元件短路。(　　)

17. 机床安装应远离磨床、喷砂机和产生切屑的设备,因为此类粉尘颗粒有很强的划伤性,会导致滚珠丝杠、导轨和工作台磨损。(　　)

18. 机床在检验前应调对水平,水平仪读数不得超过 0.1 mm/1 000 mm。(　　)

19. 立式光学计在调整工作台时,工作台平面与侧帽平面保持垂直。(　　)

20. 使用的量具及仪器均需在检定有效期内,检验结果应稳定可靠,检验者应熟悉量具的使用及标准的含义。(　　)

21. 由于丝杠与螺母之间一般都有间隙,所以在正向移动后反向移动时会少走一小段距离,矢动量主要反映了工作台传动丝杠与螺母之间的间隙造成的误差。(　　)

22. 立式光学测量仪器是利用光学原理对高度、角度等几何量进行测量的仪器。(　　)

23. 测量圆柱形或球形工件时,不要移动工件以便读出最大值。(　　)

24. 调整仪器或测量工件时,首先按提升器将测帽升起,再放入量块或工件以免划伤其表面。(　　)

25. 松开横臂固定螺钉时,先用手托住横臂,以免横臂突然下落,造成测帽和工件相碰

撞。（　　）

26．浮标式气动量仪气源的压力要保持不低于 0.5 MPa。（　　）

27．关闭进气阀后再打开使用时,要重新校准零位和倍率。（　　）

28．浮标式气动量仪的操作者可以拆卸玻璃管和浮标。（　　）

29．浮标式气动量仪的测头的测量间隙不能小于量仪的最大测量间隙。（　　）

30．浮标式气动量仪长时间不用时,应将倍率旋钮拧下,调零旋钮松开,稳压器上的调压螺钉松开并用罩罩上。（　　）

31．手持式粗糙度仪的日常维护与保养时应避免碰撞、剧烈振动、灰尘、潮湿、油污、强磁场等情况的发生。（　　）

32．机床安装的外电网电压波动应当小于 10%,功率应大于 5 kW。（　　）

33．拆画零件图时,对零件表达方案的选定,应完全按装配图的表达方式绘制。（　　）

34．在拆画零件图时,装配图中已标注的尺寸只是提供参考,不用必须保证。（　　）

35．环境管理体系针对的是众多相关方和社会对环境保护的不断发展的需要。（　　）

36．环境方针是组织对其全部环境表现行为的意图与原则的声明,它为组织的行为及环境目标和指标的建立提供了一个框架。（　　）

37．环境管理体系运行模式也是遵照 PDCA 模式。（　　）

38．环境管理体系运行过程中的监测和测量只是污染物排放的监测。（　　）

39．环境指标是指组织依据其环境方针规定自己所要实现的总体环境目的,如可行应予以量化。（　　）

40．职业安全健康管理体系认证的实施程序包括认证申请及受理、审核策划、审核实事、验证及审批发证和认证后的监督。（　　）

41．职业安全健康管理体系审核的策划和准备主要包括确定审核范围、制定审核组长并组成审核组、制定审核计划以及准备审核工作文件等工作内容。（　　）

42．职业安全健康管理体系认证审核的主要内容是进行第二阶段现场审核,以验证受审方能否通过此次审核。（　　）

43．企业中存在的职业性危害因素主要是粉尘、毒物、物理因素,均来源于生产过程,产生于设备,扩散于环境,作用于人群。（　　）

44．在劳动生产过程中存在的职业病危害因素,应从组织管理措施、工程技术措施和个人卫生防护、保健措施等进行综合治理。（　　）

45．晶体管矩形波脉冲电源广泛用于快走丝线切割机床,它一般由脉冲发生器、推动级、功放级及直流电源四个部分组成。（　　）

46．工作液的质量及清洁程度对线切割加工影响不大,所以有的线切割机床没有工作液过滤系统。（　　）

47．电火花线切割加工机床脉冲电源的脉冲宽度一般在 2~60 μs。（　　）

48．计算机辅助设计又称为 CAD,它是 Computer Aided Design 的缩写。（　　）

49．用水平仪检验机床导轨的直线度时,若把水平仪放在导轨的右端,气泡向前偏 2 格;若把水平仪放在导轨的左端,气泡向后偏 2 格,则此导轨是扭曲状态。（　　）

50．线切割机床在精度检验前,必须让机床各个坐标往复移动几次,储丝筒运转十多分钟,即在机床处于热稳定状态下进行检测。（　　）

51. 由于滚珠丝杠螺母副的制造精度高,所以丝杠与螺母间不存在传动间隙。(　　)

52. 电火花加工机床的工作精度又称为动态精度,是在放电加工情况下,对机床的几何精度和数控精度的一项综合考核。(　　)

53. 悬臂式支撑是快走丝线切割比较常用的装夹方法,其特点是通用性强,装夹方便,但装夹后工件容易出现倾斜现象。(　　)

54. 在电火花加工中,正极蚀除量大,负极蚀除量小。(　　)

55. 在一定范围内,电极丝的直径加大可以提高切割速度;但电极丝的直径超过一定程度时,反而又降低切割速度。(　　)

56. 在峰值电流一定的情况下,随着脉冲宽度的减小,电极损耗增大。脉冲宽度越窄,电极损耗上升的趋势越明显。(　　)

57. 纯铜电极与石墨电极相比,随冲油压力的增加,纯铜电极损耗增加更为明显。(　　)

58. 高速走丝电极丝张力直接影响电极丝的振动和频率,正向反向移动电极丝张力不一致,影响表面粗糙度,产生换向切割条纹。(　　)

59. CAXA 线切割 V2 系统用户界面包括三大部分:绘图功能区、菜单系统和状态显示与提示。(　　)

60. 气动量仪是以空气作为介质,利用空气流动的特性,将尺寸等几何量的变化转换为流量、压力等的变化量,然后在指示器上进行读数的一种仪器。(　　)

61. 加大张紧力,将减小电极丝的振动,从而提高线切割机床加工精度,所以在调整线切割电极丝张紧力时,越大越好。(　　)

62. 减小电极丝的振动是提高线切割机床加工精度的唯一途径。(　　)

63. 型腔在精加工时产生波纹的原因有:电极损耗的影响及冲油和排屑的影响。(　　)

64. 适当抬刀或者在油杯顶部周围开出气槽、排气孔,可以防止在电火花型孔加工中"放炮"现象的产生。(　　)

65. 数控低速走丝电火花线切割加工在加工硬质合金时,会使工作液的电导率迅速增大。(　　)

66. 电火花线切割在加工厚度较大的工件时,脉冲宽度应选择较小值。(　　)

67. 数控编程从起初的手工编程到后来的 API 语言编程,发展到今天的人机交互式编程。(　　)

68. 齿轮常用材料以铸铁为主,其次为铜合金、钢及其他特殊材料。(　　)

69. 数控电火花线切割机床的控制系统不仅对轨迹进行控制,同时还对进给速度等进行控制。(　　)

70. 若机床电器、脉冲电源及工作液箱都设置在床身内部,通风条件又不好,当开机工作一段时间后,由于温度升高使机床部件产生的热变形会影响加工精度。(　　)

71. 线切割加工中,电极丝张力过大,会出现阻力增大、电极丝损坏等多种不利因素,因而在调整电极丝张力时,越松越好。(　　)

72. 只有高强度、高密度、高纯度的特种石墨,才能作为制作型腔加工的电极材料。(　　)

73. 数控低速走丝电火花线切割加工用力小,不像机械切削机床那样要承受很大的切、削力所以装夹时没有必要强调稳定牢固。(　　)

74. 硬质合金是粉末冶金材料,它的导热率低。电火花加工中,过大的脉冲能量和长时间持续的电流作用,都会使加工表面产生严重的网状裂纹。(　　)

75. 在峰值电流一定的情况下,随着脉冲宽度的减小,电极损耗增大。脉冲宽度越窄,电极损耗上升的趋势越明显。(　　)

76. 线切割机床在加工过程中产生的气体对操作者的健康没有影响。(　　)

77. 由于铝的导电性比铁好,所以在线切割加工中铝比铁好加工。(　　)

78. 在快走丝线切割加工中,工件材料的硬度越小,越容易加工。(　　)

79. 在电火花加工中,连接两个脉冲电压之间的时间称为脉冲间隔。(　　)

80. 电火花加工表层包括熔化层和热影响层。(　　)

81. 线切割加工影响了零件的结构设计,不管什么形状的孔如方孔、小孔、阶梯孔、窄缝等,都可以加工。(　　)

82. 虽然线切割加工中工件受力很小,但为防止工件应力变化产生变形,对工件应施加较大的夹紧力。(　　)

83. 精密数控电火花成型机床控制系统微机的数字电路由严密的逻辑电路、时序电路组成,一般不易发生故障,故障原因一般是外电路、电路板或人为因素。(　　)

84. 数控线切割机床加工效果的好坏,在很大程度上还取决于操作者调整进给速度是否适宜,为此可将示波器接到放电间隙,根据加工波形来直观地判断与调整。(　　)

85. 只有当工件的六个自由度全部被限制,才能保证加工精度。(　　)

86. 低碳钢的硬度比较小,所以用线切割加工低碳钢的速度比较快。(　　)

87. 数控线切割加工是轮廓切割加工,不需设计和制造成型工具电极。(　　)

88. 电火花加工不可以避免电极损耗的问题。(　　)

89. 如果线切割单边放电间隙为 0.01 mm,钼丝直径为 0.18 mm,则加工圆孔时的电极丝补偿量为 0.19 mm。(　　)

90. 快走丝线切割加工中,常用的电极丝为钼丝。(　　)

91. 目前线切割加工时应用较普遍的工作液是煤油。(　　)

92. 电火花加工前,需对工件预加工,去除大部分加工余量。且无须除锈、消磁处理。(　　)

93. 当加工大厚的零件时,应尽可能的选择直径较大的电极丝。(　　)

94. 电火花线切割加工过程中,电极丝与工件间火花放电是比较理想的状态。(　　)

95. 通常慢走丝线切割加工中广泛使用直径为 0.1 mm 以上的黄铜丝作为电极丝。(　　)

96. 线切割加工中短路可能因为进给速度太快、脉冲电源参数选择不当等原因造成。(　　)

97. 电极丝应具有良好的导电性和抗电蚀性,抗拉强度高、材质均匀。(　　)

98. 金属导电性的好坏,是用金属的电阻率来衡量的,电阻率愈大,其导电性愈好。(　　)

99. 数控线切割机床的坐标系是采用右手直角笛卡儿坐标系。(　　)

100. 由于电火花线切割加工速度比电火花成型加工要快许多,所以电火花线切割加工零件的周期就比较短。(　　)

101. 利用电火花线切割机床不仅可以加工导电材料,还可以加工不导电材料。( )

102. 在型号为 DK7732 的数控电火花线切割机床中,其字母 K 属于机床特性代号,是数控的意思。( )

103. 线切割机床通常分为两大类,一类是快走丝,另一类是慢走丝。( )

104. 电加工适合于小批量、多品种零件的加工,减少模具制作费用,缩短生产周期。( )

105. 电火花线切割加工过程中,电极丝与工件间直接接触。( )

106. 电火花成型加工中如果使用石墨做电极,煤油做工做液介质,采用负极性加工时,可以形成碳黑保护膜。( )

107. 电火花成型加工和穿孔加工相比,前者要求电规准的调节范围相对较大。( )

108. 在电火花线切割加工中工件受到的作用力较大。( )

109. 慢速走丝线切割加工,目前普遍使用去离子水。( )

110. 只读存贮器是存贮内容,能由指令加以改变的存贮器。即能读出资料,也能写进资料。( )

111. 直线的 3B 代码编程,是以直线的起点为原点建立直角坐标系,$X$ 和 $Y$ 为直线终点坐标$(X_e,Y_e)$的绝对值。( )

112. 在用 $\phi 0.18$ mm 钼丝切割工件时,可切割出 $R$ 为 0.06 的圆弧。( )

113. 电火花加工中的吸附效应都发生在阳极上。( )

114. 线切割加工一般采用正极性加工。( )

115. 在被测表面段很短,或需控制应力集中而产生疲劳破坏以及很粗的表面粗糙度时可选用 $R_a$ 参数。( )

116. 快走丝数控线切割机床目前能达到的加工精度为正负 0.01 mm。( )

117. 切割速度即线切割加工的速度。它是在保证切割质量的前提下,电极丝中心线在单位时间内从工件上切过的面积总和,单位为 $mm^2/min$。( )

118. 我国以前生产的快走丝线切割机床中一般采用 B 代码格式编程,B 代码格式又分为 3B 格式、4B 格式、5B 格式等。( )

119. 电火花成型加工属于盲孔加工,工作液循环困难,电蚀产物排除条件差。( )

120. 轮廓算术平均偏差 $Rz$ 微观不平度十点高度 $Ry$ 和轮廓最大高度 $Rd$ 是表面粗糙度的重要三个参数。( )

121. 线切割加工中工件几乎不受力,所以加工中工件不需要夹紧。( )

122. 电火花成型加工时,电极在长度方向上损耗后无法得到补偿,需要更换电极。( )

123. 线切割机床导轮 V 型槽面应有较高的精度和光洁度,V 型槽底部的圆弧半径必须小于选用的电极的半径。( )

124. 线切割机床停车必须先停贮丝筒。( )

125. 火花法是利用电极丝与工件在一定间隙下发生放电产生火花来确定电极丝位置坐标的方法。( )

126. 计数长度是指从起点到终点某拖板移动的距离。( )

127. 线切割加工中,工件材料的厚、薄对工艺指标不会产生影响。( )

128. 乳化液要有一定的爆炸力,保证用较小的电流能够切割较厚的工件,并要有利于熔化金属微粒的排除。(　　)

129. 选择加工液首先应确定其对环境无污染,对人体无害。(　　)

130. 线切割加工中切割顺序不会影响加工精度。(　　)

131. 电极丝运行速度越快,加工速度也越快。(　　)

132. 连续两次脉冲放电之间的停歇时间叫脉冲宽度。(　　)

133. 电火花成型加工中相同材料两极的腐蚀量是一样的。(　　)

134. 实践表明,工作液在没有强迫循环情况下加工速度随加工深度增加而降低。(　　)

135. 成型加工中,在电流峰值一定的情况下,随着脉冲宽度的减小,电极损耗将减小。(　　)

136. 光滑极限量规标有代号 T 的一端为通端。(　　)

137. 选择基准制一般优先选择基孔制。(　　)

138. 钢的含碳量愈高,淬火温度愈高。(　　)

139. 电火花加工中放电痕的尺寸大小将直接影响表面粗糙度。(　　)

140. 电火花加工脉冲放电的开始阶段,是电极间的介质击穿。(　　)

141. 预加工的目的是尽可能减小工件的热处理产生的应力变形。(　　)

142. 两极间开始放电的瞬时电压叫短路电压。(　　)

143. 凡属导电性材料,均可进行放电加工。(　　)

144. 闪电不属于放电现象。(　　)

145. 电流一定时,若放电脉冲太长,就会容易发展成为电弧放电。(　　)

146. 加工中电极表面的墨色膜起保护电极之作用。(　　)

147. 铜加工钢而消耗小时是因为铜的热传导率与韧性好。(　　)

148. 电极与工件之间所维持的间隙,只要刚达到电源供给脉冲式的电压可以破坏绝缘的距离时,就可以放电。(　　)

149. 从微观角来说,放电是从电晕放电到火花放电到电弧放电。(　　)

150. 放电电气条件主要是以峰值电流和放电主电压所支配。(　　)

151. 放电电流的构成是由电子电流与离子电流所形成。(　　)

152. 逆加工一般为铜加工钢时选用。(　　)

153. 电流过大电极会发生裂痕现象。(　　)

154. 工件的加工速度跟工件与电极的最低能量密度有关。(　　)

155. 在脉冲宽度较短的过程中,电子阳性流所占的比例较大。(　　)

156. 放电脉冲持续时间与放电脉冲休止时间均以秒计。(　　)

157. 放电加工中变形及应力的存在是一定的。(　　)

158. 主电压是指在电极与工件接近以及进行 AJC 动作中电极接近工件时,两极间的电压。(　　)

159. 放电加工变形一律朝加工面翘起变形。(　　)

160. 放电加工变形或多或少一定存在,尤其在薄小工件的加工中更为明显。(　　)

161. 在材料组织受影响的范围中,再凝固层硬度最高,其次为热影响层,最后为硬化层。(　　)

162. 材料组织的变化主要受条件能量的影响，能量越大受影响层越厚。（　　）

163. 贝壳状的龟裂现象是在最强条件下发生的，梳状的龟裂现象是在较弱的条件下发生的。（　　）

164. 选择初始条件时，面积的计算以电极正投影面积计算。（　　）

165. 根据电极减寸量选择初始条件，电极减寸量越小，初始条件可以越大。（　　）

166. 在加工状况稳定的前提下，应适当减小刀具下降时间，以提升加工速度。（　　）

167. 放电脉冲持续时间实际上就是刀具下降时间。（　　）

168. 峰值电流越大则放电能量越大。（　　）

169. 在进行素材零件加工时，一般将极间电容打开。（　　）

170. 若伺服速度较快，则每次放电的时间会缩短，放电频率加快。（　　）

171. 电火花加工过程中放电状态不稳定的解决方法是减小电流及脉冲宽度，增大脉冲间隙。（　　）

172. 在放电加工中，工件材质对加工速度的影响，其中工件的硬度影响较大。（　　）

173. 在形状复杂，深度较大的型孔和型腔电火花加工时，采取冲油和抽油的方法可以减小电极损耗。（　　）

174. 在通孔、通槽加工等场合，则伺服基准电压可以增大，以提升加工速度。（　　）

175. WC 熔点高，Cu 热传导性好，加工这两种材质的工件时需采用小消耗条件。（　　）

176. 在机台进行伺服动作时，若极间电压高于伺服基准电压，则主轴后退。（　　）

177. 从微观角度来看，积碳和二次放电均可以完全避免的。（　　）

178. 加工液的清浊对二次放电没有影响。（　　）

179. 雕模放电，加工中短路的发生会受电极与工件的材质影响。（　　）

180. 使用高压重迭回路一定而会使加工速度加快且电极消耗增。（　　）

181. G41 是刀具半径补偿，又叫左补偿，既刀具沿进给方向的运行在工件左边。（　　）

182. 质量是指产品或服务满足顾客需求的程度。（　　）

183. 产品的可靠性是指产品满足使用目的的所具备的技术特性。（　　）

184. 从质量和企业关系方面看，提高质量是企业生存和发展的保证。（　　）

185. 顾客满意是指顾客对其要求已被满足的程度的感受。（　　）

186. 质量管理体系是为实现质量方针和质量目标而建立的管理工作系统。（　　）

187. ISO 9001 标准与 ISO 9004 标准所述的质量管理体系具有相似的结构，一致的过程模式，因此这两个标准有着相似的目的和适用范围。（　　）

188. ISO 9001 标准规定的质量管理体系要求是对有关产品要求的补充。（　　）

189. 环境保护补助资金主要用于补助重点排污单位治理污染源以及环境污染的综合性治理措施。（　　）

190. 环境管理体系文件一旦签发就不可更改。（　　）

## 五、简答题

1. 简述电火花线切割加工时，刚开始切割工件就断丝产生的原因。

2. 简述在电火花线切割加工过程中突然断丝的处理方法。

3. 简述脉冲参数中的电压、电流、脉宽、脉间四者对加工速度及精度的影响。

4. 简述电火花线切割加工中,加工工件精度较差的原因。

5. 简述电火花线切割加工中,加工工件表面粗糙度大的解决方法。

6. 简述线切割机床不能启动的原因及处理方法。

7. 简述走丝电动机控制接触器不吸合的处理方法。

8. 简述走丝电动机控制电路故障的处理方法。

9. 简述走丝电动机故障的处理方法。

10. 简述走丝电动机出现异常的原因。

11. 简述水泵电动机不工作的原因和处理方法。

12. 简述无高频电时的判断方法。

13. 简述在电火花成型加工中,防止硬质合金产生裂纹的方法。

14. 简述电火花加工中,工件的装夹与校正方法。

15. 简述线切割时有高频无进给的原因。

16. 简述线切割机床步进电动机锁不住的原因及处理方法。

17. 简述步进电动机工作不正常的原因。

18. 简述线切割机床能开机,按键无响应的原因及处理方法。

19. 简述线切割机床指令输入冲数的原因及处理方法。

20. 简述关机后加工程序丢失采取的措施。

21. 简述步进电动机失步的原因及处理方法。

22. 简述线切割机床的脉冲电源无脉冲电压时怎么处理。

23. 简述线切割机床在运行中电极与工件之间火花不正常,并且电流过大的处理方法。

24. 简述线切割加工中,断丝率高与脉冲电源之间的关系。

25. 简述电火花成型机床无电源或者信号指示灯不亮的处理方法。

26. 简述电火花成型机床油泵工作无压力的处理方法。

27. 简述电火花成型机床的主轴头控制不正常的处理方法。

28. 简述电火花成型机床主轴电源不正常,电压表无 40 V 指示的处理方法。

29. 简述电火花成型机床的主轴控制电流调到最大时,主轴不进给或者很慢的处理方法。

30. 简述电火花成型机床主轴控制电流调至最小或零时,主轴不回升的处理方法。

31. 简述电火花成型机床主轴控制平衡点电流调节不当或处置不当的处理方法。

32. 简述电火花成型机床的机械转换器喷嘴与顶杆距离调节不当的处理方法。

33. 简述电火花成型机床低压直流电源不正常的原因和处理方法。

34. 简述电火花成型机床高压直流电源不正常的原因和处理方法。

35. 简述高频脉冲电源的低压直流供电不正常的原因和处理方法。

36. 简述高频脉冲电源出现短路情况如何处理。

37. 简述高频脉冲电源电流选择过大,瞬间短路正负母线两端电流表指示部分的功放板信号灯不亮的处理方法。

38. 简述高压选择后,高压前级信号灯亮,瞬间短路脉冲输出母线正负端高压功放信号灯不亮的处理方法。

39. 简述导致电火花成型机床加工不稳定的因素有哪些。

40. 简述因排屑不良,冲油太大或太小,或者抬刀时间设置不适当,导致电火花成型机床加工不稳定的处理方法。

41. 简述电火花线切割加工上下异形零件时的注意事项。

42. 简述电火花加工斜孔时的注意事项。

43. 简述主轴不灵敏、主轴进给与回升速度不匹配导致加工不稳定的处理方法。

44. 简述主轴不灵敏区调整不当,死区较大,加工不稳定的处理方法。

45. 简述切割圆筒形薄壁工件时,为避免装夹变形可以从几方面入手。

46. 简述由于加工面积小、输出电流大导致拉弧产生的处理方法。

47. 简述排屑不良,产生拉弧烧伤的处理方法。

48. 简述脉冲参数选择不当,产生拉弧烧伤的处理方法。

49. 针对电火花加工窄缝零件时出现的问题,主要采取哪些措施?

50. 简述机床 X、Y 拖板(或 U、V 拖板)出现失步现象的原因和处理办法。

51. 简述限流电阻烧坏短路,造成功放管过流击穿的处理方法。

52. 简述工件接近切割完时断丝的原因和处理方法。

53. 简述机器总电源打开后,按 N.C 键,N.C 指示灯不亮,电脑不启动的原因。

54. 在线切割加工中,减小工件变形的手段有哪些?

55. 线切割程序与其他数控机床的程序相比有何特点?

56. 电火花加工时的自动进给系统和车、钻、磨削时的自动进给系统,在原理上、本质上有何不同?

57. 在线切割加工中,在选择切割路线时,须注意哪些方面?

58. 简述在电子尺页中,光学尺没有显示的故障判断。

59. 列举出在电子尺页中,蜂鸣器长鸣的五点原因。

60. 放电加工时,电压表和电流表指示为 0 V 和 0 A,机头不动作的原因是什么?

61. 质量管理标准的概念是什么?

62. 建立质量方针需要考虑哪些要求?

63. 试述特种加工的特点。

64. 人类社会出现的环境危机有哪些?

65. 什么是职业病危害?职业病危害包括哪些因素?

66. 简述重大危险源的定义。

67. 什么叫安全标准化?

68. 电火花加工的主要优点和局限性是什么?

69. 分析说明电火花加工的自动进给调节系统和电解加工的进给系统。

70. 企业开展安全生产标准化应遵循的原则是什么?

## 六、综合题

1. 简述机床脉冲电源的改进。

2. 简述标准化夹具实现快速精密定位。

3. 简述摇动加工方法实现高精度加工。

4. 简述多轴联动加工方法实现复杂加工。

5. 电火花机床自动化的体现哪些方面?

6. 简述电极尺寸缩放量的影响。

7. 简述电极实际尺寸、平动量控制的影响。

8. 简述电参数调节因素的影响。

9. 分析说明电火花成型加工表面粗糙度恶化产生的原因及防止措施。

10. 简述电火花成型加工精度缺陷的产生原因及防治措施。

11. 简述电火花成型加工产生的工件表面熔化凝固层和淬硬层产生的原因及防止措施。

12. 简述表面烧伤产生的原因及解决办法。

13. 简述加工位置偏差产生的原因及解决办法。

14. 电火花成型加工中出现的异常包括哪些?

15. 分析影响电火花线切割加工速度的因素。

16. 简述非电参数电火花线切割加工速度的影响。

17. 电火花线切割中常采用哪些措施来提高加工质量?

18. 数控线切割加工系统中应用网络技术有什么必要性和可能性?

19. 电火花成型加工中,冲油或抽油对电极损耗大小有什么影响?

20. 简述零件斜孔角度误差的检测。

21. 电火花穿孔成型加工机床的几何精度包括哪些方面?

22. 电火花线切割机床的几何精度检验包括哪些方面?

23. 简述非电参数对电极损耗的影响。

24. 简述锥度加工的有关注意事项。

25. 如何进行锥度加工?

26. 如何采用多电极更换的方法加工。

27. 简述钛合金放电加工的特点。

28. 简述作为级进模具的模板加工,引起步距误差的主要原因及相应对策。

29. 如何解决在进丝部位容易出现较深的过切现象?

30. 简述大工件加工时的注意事项。

31. 建立和实施质量管理体系的方法步骤包括哪些?

32. 简述职业健康安全管理体系的基本要素。

33. 实施 OHSMS 标准的作用是什么?

34. 简述实施环境管理体系对社会的作用和意义。

35. 在什么情况下须及时对危险源进行更新?

# 电切削工(高级工)答案

## 一、填 空 题

| | | | |
|---|---|---|---|
| 1. 加工零件 | 2. 4 | 3. 鼠标 | 4. 编加工程序 |
| 5. 图形交互式 | 6. 传输 | 7. 圆弧连接 | 8. 工程图绘制 |
| 9. 连接点 | 10. 圆的渐开线 | 11. 图形文件 | 12. 控制系统 |
| 13. 均匀性 | 14. 走丝系统 | 15. 上滑板 | 16. 箱式 |
| 17. 工作台电极丝 | 18. 耐磨性 | 19. 消除间隙 | 20. 一定的张力 |
| 21. 8~10 | 22. 垂直 | 23. 线电极 | 24. 8~10 |
| 25. 电极丝 | 26. 圆柱形 | 27. 恒张力机构 | 28. 机床 |
| 29. 闭环控制 | 30. 废丝处理器 | 31. 机械式 | 32. 导向器 |
| 33. V形导向器 | 34. 正极 | 35. 工作液系统 | 36. 可变跨距 |
| 37. 高频率的脉冲电 | 38. 控制部分 | 39. 可编程功能 | 40. 储液箱 |
| 41. 煤油 | 42. 1 000 | 43. 0.005 | 44. 0.03 |
| 45. 0.002 | 46. 电极制造 | 47. 空格 | 48. 内孔 |
| 49. 工件 | 50. 电极收缩量 | 51. 投影面积 | 52. 75% |
| 53. 凹 | 54. 凸 | 55. 预铣 | 56. 单电极 |
| 57. 主视图 | 58. 大写字母 | 59. 轮廓线 | 60. 电极损耗 |
| 61. 绘图式编程 | 62. 坐标轴 | 63. 脉动 | 64. 负 |
| 65. 精度误差 | 66. 圆弧插补 | 67. 内应力 | 68. 不等于 |
| 69. 变形误差 | 70. 数控系统 | 71. 线电极轨迹 | 72. 不能 |
| 73. 四种联动 | 74. 前置处理 | 75. 加工程序段 | 76. 不同 |
| 77. 机床特性 | 78. 相对坐标程序 | 79. 加工代码 | 80. 最大 |
| 81. 往复运行 | 82. 黄铜丝 | 83. 不同形状 | 84. 脉冲参数 |
| 85. 切割效率 | 86. 工件质量 | 87. 断丝 | 88. 加工稳定性 |
| 89. 导轮跳动 | 90. 位置精确 | 91. 垂直度校正 | 92. 相同 |
| 93. 低操耗规准 | 94. 高精度 | 95. 粗加工 | 96. 精加工 |
| 97. 高精密模具 | 98. 高频电磁波 | 99. 降低 | 100. 毛坯制造 |
| 101. Z轴 | 102. 化学腐蚀 | 103. 进行刀补 | 104. 分开设计 |
| 105. 工件原点 | 106. 峰值电压 | 107. 变差 | 108. 变差 |
| 109. 增大 | 110. 分组脉冲 | 111. 精加工 | 112. 矩形波 |
| 113. 钢凸模 | 114. 工件蚀除速度 | 115. 越大 | 116. 加工稳定性 |
| 117. 电流密度 | 118. 冲液 | 119. 电极 | 120. 小 |
| 121. 间隙 | 122. 多规准 | 123. 直接仿形 | 124. 绝缘 |

125. 排屑　　　　126. 简单　　　　127. 不常采用　　　128. 垂直尺寸

129. 小些　　　　130. 大些　　　　131. 核心部分　　　132. 设计零件

133. 原尺寸数值　　134. 尺寸公差　　135. 绿色制造　　　136. 工件较厚

137. ISO　　　　　138. 走丝系统　　139. 重复定位精度　140. 传动定位

141. 几何精度　　　142. 一致性　　　143. 摩擦特性　　　144. 矩形导轨

145. 润滑油位　　　146. 导向　　　　147. 工作面　　　　148. 加工精度

149. 传动链　　　　150. 运动终点　　151. 预期位置　　　152. 实际位置

153. 动态精度　　　154. 最大　　　　155. 随机误差

156. 坚硬器件或刀具铲刮　　　　　　 157. 配合质量　　　158. 装配精度

159. 装配精度　　　160. 相对位置　　161. 电气干扰　　　162. 低于

163. 定期检定　　　164. 损伤测头　　165. 用手触摸　　　166. 流量式气动量仪

167. 手套　　　　　168. 高质量　　　169. 使用完　　　　170. 20℃

171. 产品质量　　　172. 顾客　　　　173. 产品要求　　　174. 质量方面

175. 最高管理者　　176. 质量　　　　177. 生产安全事故　178. 0

179. 临时排污许可证　180. 多电极更换　181. 环境刑事责任　182. 地球日

183. 基本国策　　　184. 遵守法规要求　185. 劳动者

## 二、单项选择题

1. B　　2. A　　3. A　　4. A　　5. B　　6. B　　7. D　　8. C　　9. B

10. B　11. C　12. D　13. A　14. C　15. A　16. C　17. B　18. C

19. B　20. C　21. C　22. A　23. B　24. C　25. B　26. A　27. B

28. C　29. D　30. A　31. C　32. A　33. C　34. C　35. D　36. C

37. A　38. B　39. D　40. A　41. C　42. A　43. C　44. B　45. B

46. D　47. D　48. A　49. C　50. C　51. A　52. B　53. D　54. A

55. A　56. C　57. C　58. B　59. B　60. A　61. C　62. A　63. C

64. A　65. A　66. A　67. B　68. A　69. A　70. C　71. A　72. B

73. D　74. D　75. A　76. B　77. I　78. B　79. C　80. C　81. A

82. D　83. A　84. B　85. A　86. A　87. A　88. D　89. A　90. B

91. A　92. D　93. C　94. A　95. A　96. A　97. C　98. B　99. A

100. A　101. A　102. D　103. C　104. C　105. A　106. A　107. C　108. D

109. A　110. C　111. D　112. B　113. D　114. A　115. B　116. A　117. A

118. A　119. B　120. C　121. B　122. A　123. C　124. C　125. C　126. B

127. B　128. A　129. A　130. C　131. B　132. D　133. B　134. B　135. B

136. B　137. B　138. C　139. B　140. A　141. B　142. C　143. A　144. A

145. C　146. B　147. A　148. D　149. A　150. C　151. B　152. B　153. A

154. B　155. A　156. C　157. D　158. D　159. B　160. A　161. B　162. D

163. B　164. C　165. A　166. D　167. B　168. B　169. B　170. A　171. B

172. B　173. A　174. A　175. B　176. A　177. A　178. B　179. D　180. B

181. C　182. B　183. A　184. B　185. C　186. B　187. B　188. C　189. A

190. B

### 三、多项选择题

| | | | | | | |
|---|---|---|---|---|---|---|
| 1. CD | 2. AB | 3. AB | 4. AD | 5. BC | 6. BCD | 7. ABCD |
| 8. AB | 9. ABCD | 10. AC | 11. ABC | 12. ABCD | 13. ABC | 14. ABCD |
| 15. ABCD | 16. ABCD | 17. ABCD | 18. ABCD | 19. ABCD | 20. ABC | 21. BD |
| 22. ABCD | 23. AB | 24. AD | 25. AB | 26. AD | 27. ABC | 28. ABD |
| 29. BCD | 30. ABD | 31. BCD | 32. ACD | 33. BCD | 34. AC | 35. ABCD |
| 36. BC | 37. BCD | 38. ABCD | 39. AC | 40. AD | 41. ABCD | 42. ABC |
| 43. AB | 44. ABCD | 45. ABC | 46. BC | 47. CD | 48. CD | 49. CD |
| 50. BCD | 51. ABC | 52. ABD | 53. ABCD | 54. ABCD | 55. ABC | 56. ACD |
| 57. BCD | 58. ABCD | 59. ABCD | 60. ABCD | 61. CD | 62. AD | 63. ABD |
| 64. AB | 65. ABC | 66. BD | 67. ABCD | 68. ABD | 69. ABC | 70. ABC |
| 71. ABCD | 72. ABCD | 73. ABCD | 74. ABCD | 75. ABC | 76. ACD | 77. BC |
| 78. ABCD | 79. BC | 80. ABCD | 81. ABCD | 82. ABD | 83. ACD | 84. AC |
| 85. ABD | 86. ABC | 87. BD | 88. ABC | 89. AC | 90. ABC | 91. ABCD |
| 92. BC | 93. AB | 94. BCD | 95. ACD | 96. ABD | 97. AC | 98. BCD |
| 99. ABD | 100. BD | 101. ACD | 102. ABCD | 103. BC | 104. BCD | 105. ABC |
| 106. AB | 107. ABCD | 108. ABD | 109. BCD | 110. ABCD | 111. ABCD | 112. ABCD |
| 113. ABCD | 114. CD | 115. ABCD | 116. ABC | 117. ABD | 118. ABCD | 119. ABD |
| 120. ABC | 121. ABC | 122. ACD | 123. ABCD | 124. ABC | 125. BC | 126. CD |
| 127. ABCD | 128. BCD | 129. ABCD | 130. AB | 131. ABCD | 132. ABCD | 133. AD |
| 134. ABCD | 135. AB | 136. ABCD | 137. ABC | 138. ABD | 139. ABC | 140. ABCD |
| 141. AD | 142. ABD | 143. ABC | 144. ABCD | 145. BCD | 146. AB | 147. ABD |
| 148. ABC | 149. ABC | 150. CD | 151. ABC | 152. ABC | 153. ACD | 154. ABCD |
| 155. ABCD | 156. ABC | 157. ABC | 158. ABCD | 159. ABC | 160. ABCD | 161. AC |
| 162. ACD | 163. ABD | 164. AB | 165. CD | 166. AB | 167. ABCD | 168. AC |
| 169. ABD | 170. ABC | 171. ABCD | 172. AC | 173. ABCD | 174. AD | 175. ABCD |
| 176. AC | 177. ABC | 178. BCD | 179. AB | 180. AB | 181. BCD | 182. ABC |
| 183. ABCD | 184. BCD | 185. ABD | | | | |

### 四、判　断　题

| | | | | | | | | |
|---|---|---|---|---|---|---|---|---|
| 1. √ | 2. × | 3. × | 4. √ | 5. √ | 6. × | 7. × | 8. √ | 9. √ |
| 10. × | 11. √ | 12. √ | 13. √ | 14. × | 15. × | 16. √ | 17. √ | 18. × |
| 19. × | 20. √ | 21. √ | 22. × | 23. × | 24. √ | 25. √ | 26. × | 27. √ |
| 28. × | 29. × | 30. √ | 31. √ | 32. × | 33. × | 34. × | 35. √ | 36. √ |
| 37. √ | 38. × | 39. × | 40. × | 41. √ | 42. × | 43. √ | 44. √ | 45. √ |
| 46. × | 47. √ | 48. √ | 49. √ | 50. √ | 51. × | 52. √ | 53. √ | 54. × |
| 55. √ | 56. √ | 57. √ | 58. √ | 59. √ | 60. √ | 61. × | 62. × | 63. √ |
| 64. √ | 65. √ | 66. × | 67. √ | 68. × | 69. √ | 70. √ | 71. × | 72. √ |

| 73. × | 74. √ | 75. √ | 76. × | 77. × | 78. × | 79. √ | 80. √ | 81. × |
|---|---|---|---|---|---|---|---|---|
| 82. × | 83. √ | 84. √ | 85. × | 86. × | 87. √ | 88. √ | 89. × | 90. √ |
| 91. × | 92. × | 93. √ | 94. √ | 95. √ | 96. √ | 97. √ | 98. √ | 99. √ |
| 100. × | 101. × | 102. √ | 103. √ | 104. × | 105. × | 106. √ | 107. √ | 108. × |
| 109. √ | 110. × | 111. √ | 112. √ | 113. √ | 114. √ | 115. √ | 116. √ | 117. √ |
| 118. √ | 119. √ | 120. √ | 121. √ | 122. √ | 123. √ | 124. √ | 125. √ | 126. √ |
| 127. × | 128. √ | 129. √ | 130. √ | 131. √ | 132. √ | 133. √ | 134. √ | 135. × |
| 136. √ | 137. √ | 138. √ | 139. √ | 140. √ | 141. √ | 142. √ | 143. √ | 144. √ |
| 145. √ | 146. √ | 147. √ | 148. √ | 149. √ | 150. √ | 151. √ | 152. √ | 153. √ |
| 154. √ | 155. √ | 156. √ | 157. √ | 158. √ | 159. √ | 160. √ | 161. √ | 162. √ |
| 163. √ | 164. √ | 165. √ | 166. √ | 167. √ | 168. √ | 169. √ | 170. √ | 171. √ |
| 172. √ | 173. √ | 174. √ | 175. √ | 176. √ | 177. × | 178. √ | 179. √ | 180. √ |
| 181. × | 182. × | 183. × | 184. √ | 185. √ | 186. √ | 187. × | 188. √ | 189. √ |
| 190. × | | | | | | | | |

**五、简 答 题**

1. 答:①进给不稳,开始切入速度太快或电流过大(1分)。②切割时,工作液没有正常喷出(1分)。③钼丝在储丝筒上盘绕松紧不一致,造成局部抖丝剧烈(1分)。④导轮及轴承已磨损或导轮轴向及径向跳动大,造成抖丝剧烈(1分)。⑤丝架尾部挡丝棒没调整好,挡丝位置不合适,造成叠丝(0.5分)。⑥工件表面有毛刺、氧化皮或锐边(0.5分)。

2. 答:①检查处理储丝筒换向不切断高频电源的故障(1分)。②工件材料要求材质均匀,并经适当热处理(1分)。③合理选择电加工参数(1分)。④合理配制工作液,经常保持工作液的清洁,检查油路通畅情况(1分)。⑤调整导电块或挡丝棒的位置(1分)。⑥更换钼丝,切割较厚工件使用较粗钼丝加工(0.5分)。

3. 答:①适当提高电压,有助于提高稳定性、加工速度和加工精度(1分);②增大脉冲电流,有助于提高稳定性和切削速度,但表面粗糙度值增大,电极丝损耗增加(2分);③增大脉冲宽度,有助于提高稳定性和切削速度,降低电极丝损耗,但表面粗糙度值增加(1分);④缩小脉冲间,可增大加工电流和切削速度,表面粗糙度值也会增大(1分)。

4. 答:①丝架导轮径向跳动或轴向窜动较大(1分)。②齿轮啮合存在间隙(1分)。③丝杆与螺母之间间隙不当(1分)。④步进电动机静态力矩太小造成失步(1分)。⑤加工工件因材料热处理不当造成变形误差(1分)。

5. 答:①要重新调整导轮,消除窜动并使钼丝处于上下导轮槽的中间位置(1分)。②及时清理切削物(0.5分)。③重新调整工作台及储丝筒的丝杆轴向间隙(1分)。④检查储丝筒跳动误差(0.5分)。⑤重新选择电规准(0.5分)。⑥重新选择高频电源开关数量(0.5分)。⑦更换工作液(0.5分)。⑧重新调整钼丝松紧(0.5分)。

6. 答:原因:①三相电源缺相(1分)。②三相电源电压值过低(1.5分)。处理方法:①检查电源进线及三相电压幅值(1分)。②检查电源电压幅值,应在 −15%～＋10% 之间(1.5分)。

7. 答:检查接触器 KA、KM2、KM3 是否吸合(2分),是否有控制电压,如有电压不吸合则需更换接触器或者更换接触器线圈(3分)。

8. 答:检查急停按钮是否按下(1分),恢复急停按钮后应有控制电压(1分),KA接触器常开触点自锁(1分),行程开关SQ1和SQ2触点控制运丝机正、反转向(1分),检测触点及闭合状态(1分)。

9. 答:检查三相电场通过接触器通入电动机(1分),检查电动机绕组是否有短路、断路点(1分),若无,则检查电动机绝缘,相间绝缘小于规定值时应更换电动机(1分);若有,则进行处理,还要进行绝缘测量(1分),然后再通电试运行,对地绝缘电阻应≥0.5~1 MΩ(1分)。

10. 答:①走丝电动机突然停机,可能是三相电压波动太大或电压太低(1分)。②走丝电动机没有刹车,可能是熔断器熔断或二极管被击穿(1分)。③断丝保护不起作用,可能使用时间过长(1分)。④导电块过脏,造成导电块与机床绝缘被破坏(1分)。⑤模式开关在关状态,机床不能启动,可能是接触不良或断丝保护开关电路发生故障(1分)。

11. 答:原因:①水泵电动机接触器不吸合(1.5分)。②水泵电动机可能损坏(1分)。处理方法:①检查接触器KM1是否吸合,检查KM1线圈两端是否有电压,否则更换接触器(1.5分)。②检查电动机是否有三相电压,否则检查电动机,若电动机烧坏则更换(1分)。

12. 答:①电源指示灯不亮,可能是电源熔断或者整流滤波电路故障(2分)。②有高频指示电压,无高频输出,可能是高频功放输出和高频控制开关故障(1.5分)。③功放开关在某挡无电流(1.5分)。

13. 答:由于硬质合金是粉末冶金材料,导热率低,过大的脉冲能量和长时间持续的电流作用,都会使加工表面产生严重的网状裂纹(2分)。因此,为了提高粗加工的速度而采用宽脉宽,大电流加工是不可取的(2分)。一般宜采用窄脉宽($50\mu s$以下)高峰值电流,以避免裂纹产生(1分)。

14. 答:用磁力吸盘直接将工件固定在电火花机床上,校正工件(1分)。方法是将百分表固定在机床主轴上,让机床$X$轴左右移动或$Y$轴前后移动,此时要按下"忽略接触感知"键,将工件的位置调整到满足加工要求位置(2分)。利用机床找工件中心的功能,将$X$、$Y$方向坐标原点定在工件的中心,利用机床接触感知功能,将$Z$方向的坐标原点定在工件的上表面(2分)。

15. 答:①高频取样线不通或正、负极接错(2分)。②变频调节电位器调节不当或接触不良(1.5分)。③变频电路故障(1.5分)。

16. 答:①24 V步进电动机驱动电源没有或者偏低(2分)。②步进电动机连线断或驱动电阻烧坏(1分)。③面板上环形分配指示异常,可能是功放管损坏或接口电路有故障(1分)。④由机械和电气故障引起(1分)。

17. 答:①+24 V驱动电源电压不足(2分)。②接插件或连线接触不良、缺相等(1.5分)。③有驱动电源,步进电动机不锁(1.5分)。

18. 答:原因:①供电电压低于下限极限电压(1分)。②按键失效或键盘与主机断线(1分)。处理方法:①供电电压低于150 V,需加交流稳压电源(1.5分)。②检查键盘与主机电路板的插头座及连线要牢固(1.5分)。

19. 答:原因:①交流电源强干扰(1分)。②输入/输出通道干扰(1分)。处理方法:①检查机床电路进线电源零线、地线情况,可加电感电容滤波以防电磁干扰(1分)。②检查计算机输入输出连线要有屏蔽,老型号机型应采用隔离元件替换,如采用隔离变压器、光电耦合器等进行交直流隔离(2分)。

20. 答:①检查主机板上 3.6 V 电池供电是否正常,线路是否正常,有无开路、短路、断线(2分)。②检查集成块 EPROM 或 RAM 有无外观损坏,还要根据丢失程序情况判断集成块,RAM 存放加工图形程序,ERROM 存放控制程序(2分)。③检查防干扰措施,加强屏蔽处理(1分)。

21. 答:原因:①控制器输出不正常,环形分配器指示灯有一盏常亮或不亮(1分)。②步进电动主轴下转动或来回颤动,可能是缺相(1分)。处理方法:检查单板机控制的该相输出电压和输入电压,若输入正常、输出不正常,则更换功放管;若输入电压不正常,检查单板机驱动电路三检查控制步进电动机的输入是否有缺相,再检查功放电路是否击穿功放管(3分)。

22. 答:检查时先合上 SA 开关,看是否有输出,可用示波器检查来自多谐振荡器的波形是否正常,有无方波波形(2分)。若发射极无波形,多谐振荡器波形正常,则断定三极管 Vl 基极与发射极开路(1.5分)。若发射极波形正常,则检查功放管 V2 的集电极是否存在开路,功放管是否损坏(1.5分)。

23. 答:这类故障应检查功放电路,V2 功率放大管击穿会导致电流过大(3分)。功放电路板有 6 块、9 块和 12 块多种配置,可以通过切换开关 SA 来逐个判别哪块出现问题(1分)。若功放管有开路、击穿、短路等损坏,应更换功放管(1分)。

24. 答:这类故障与脉冲电源的正常关系很大,断丝可由高频输出的脉冲反向峰值电压过大造成(1分)。反向峰值电压大于 10 V,可使加工液产生反向极化,加大电极丝的损耗(1分)。若反向峰值电压合适,则判定阻压二极管损坏,可更换(1分)。没有高频输出亦可造成断丝,需检查各电路的接线端子(2分)。

25. 答:检查机床电路总开关及总熔断器 RDI 三相电压是否正常(2.5分),检查交流接触器 ICJ 触点及线圈是否良好(2.5分)。

26. 答:检查接触器 3CJ 是否良好(2分),检查油泵电动机是否良好(2分),初装或检修还要看电动机转向是否符合要求,否则要调换相序(1分)。

27. 答:检查主轴头主电路及熔断器 RD2 电压是否正常(1.5分),检查交流接触器 5CJ 和 6CJ 是否良好(2分),检查上下限位开关触点是否良好(1.5分)。

28. 答:检查交流接触器 4CJ 是否良好(2分),检查变压器 B₂ 输入输出是否正常(2分),检查电压表及信号线是否有短路(1分)。

29. 答:检查液压泵压力是否正常(2分),若压力正常,检查节流孔是否有堵塞(2分),停泵检查节流孔座并清洗节流孔(1分)。

30. 答:检查液泵压力是否正常(2分),若压力正常,则检查喷嘴孔是否堵塞(2分),停泵卸下转换器,取出喷嘴清洗(1分)。

31. 答:主轴控制顺时针调 W2 旋钮最大时,电流表指示应为 400 mA,此时主轴应缓慢向下移动(2分);逆时针缓调 W2 旋钮,当电流在主轴不上不下的某一点时,则是主轴平衡点电流,应为 150~200 mA(1.5分);若小于 150 mA,应增加机械转换器喷嘴与顶杆的距离,若大于 200 mA,应减小喷嘴与顶杆的距离(1.5分)。

32. 答:调节喷嘴与顶杆距离时,停液泵,拔下机械转换器电源插头(1分),拧下转换器后再插上电源插头(1分),主轴控制旋钮 W2 调最大(1分),抬起时间旋钮 W3 调最大(1分),拧入喷嘴,听顶杆移动与喷嘴钢球撞击声,若无撞击声,表明喷嘴钢球已压紧顶杆,不能再拧入,避免转换器弹簧片损坏(1分)。

33. 答：原因可能是整流管烧坏或电解电容器损坏（2.5分）。处理方法：检查低压直流电压是否符合要求，检查整流二极管、滤波电容器是否有损坏，若有则更换（2.5分）。

34. 答：原因可能是整流二极管烧坏或滤波电容性能差或高压选择开关电路故障（2.5分）。处理方法：检查高压直流电压是否符合要求，整流检查二极管、滤波电容器是否损坏，检查选择开关电路是否正常，连接是否可靠（2.5分）。

35. 答：原因可能是自动调压器调节不适当（2.5分）。处理方法：供电电压应为58～66 V，如超出范围，调节自动调压器控制电路板上的1W1电位器，使电压在调压范围内（2.5分）。

36. 答：检查脉冲输出母线与工件有无短路（2.5分），接触是否良好（2.5分）。

37. 答：检查信号指示灯是否烧坏（2分）；检查不亮信号灯的低压功放板上的功放管是否完好（1.5分）；检查有无断线、接触不良、开路等（1.5分）。

38. 答：检查高压功放电路插板是否可靠，其上信号灯是否烧坏（2分）；检查高压功放三极管是否烧坏（1分）；检查功放管限流电阻是否烧坏以及连接是否可靠，有无断线、开路等（2分）。

39. 答：①主轴控制调节不当（1分）。②排屑不良，冲油太大或太小，或者抬刀时间设置不适当（1分）。③输出电流调节不适当（1分）。④低压脉宽调节不适当（0.5分）。⑤主轴不灵敏，主轴进给与回升速度不匹配（0.5分）。⑥主轴不灵敏区调整不当，死区较大（0.5分）。⑦电极与工件装夹不牢、松动（0.5分）。

40. 答：检查冲油情况，根据工件、加工面积等情况调节油阀门及清洗过滤器以防有堵塞（3分），调节抬刀时间与加工时间匹配（2分）。

41. 答：由于加工工件的上下表面为不同形状，且尺寸也不同，因此线切割加工时为锥度切割（2分）。机床切割的最大锥度为±3°/50 mm，因此上下异形零件的厚度必须要满足要求，否则会造成钼丝张力过大而被拉断（2分）。上下异形零件加工时，钼丝的穿丝点必须是相同的，这意味着起刀点是相同的（1分）。

42. 答：该形状在加工中没有什么特别之处，只是加工斜孔时不能用任何平动方式来修光孔壁（1.5分）。所以为了提高孔壁的表面质量，必须采用多电极及不同的加工条件来加工（2分），若仅是得到孔的形状，对孔的尺寸及孔壁的表面粗糙度没有要求，则用单电极、单条件加工即可（1.5分）。

43. 答：调节主轴进给与回升速度应大于200 mm/min（2分），进给与回升速比应为1/2～2/3（2分），如匹配不好，进给太快，可将平衡电流调高一点，反之调低（1分）。

44. 答：①检查主轴处于平衡状态，表架上千分表指零时，电流表是否在40 mA（1分）；②如果电流过大，应检查主轴活塞杆悬挂环节装配的同轴度，并校正（1分）；③检查液压油是否清洁（1分）；④检查机械转换器装配是否良好，否则重新拆装（1分）；⑤检查转换器的弹簧片刚度是否足够，有无塑性变形，否则更换（1分）。

45. 答：①适当减少夹紧力，因为加工时电极与制件不接触，两者之间的宏观作用力极小（1.5分）。②适当增大工件的装夹接触面，而减少每一点的夹紧力（1.5分）。③将径向夹紧改为轴向夹紧（2分）。

46. 答：调节输出电流的幅值，加工面积大，选用大电流（1分）。加工面积小，选用小电流（1分）。加工型腔模开始工作时，接触面积小，用小电流（1分）。加工冲模、快穿透时，加工面积小,用小电流(1分)。加工形状复杂尖角多的型孔用小电流(1分)。

47. 答:①调节冲油,不能太大或太小(2.5分)。②调节抬刀时间,不能抬刀时间短而加工时间长,导致排屑不良(2.5分)。

48. 答:①合理选择电参数,低压脉宽不能太宽,而脉冲间隔太小(2.5分);②应按照脉冲参数选配推荐表和具体加工情况选择确定(2.5分)。

49. 答:①选择合适的电规准(1分)。②抬刀高度随着加工深度的增加而增加(1.5分)。③采取平动加工(1分)。④增强冲油效果(1.5分)。

50. 答:①此情况一般为步进电机24 V电源偏低引起,检查10 000 μF电解电容是否已失效,24 V桥堆整流是否有问题(2.5分)。②若外部电源偏低也会引起失步,检查控制器进电是否正常,可考虑配220 V稳压器(2.5分)。

51. 答:①检查功放电路板上限流电阻是否完好(2.5分),②再检测功放三极管是否完好,可用万用表、示波器等检查(2.5分)。

52. 答:原因:①工件材料变形,夹断钼丝(1分)。②工件跌落时,撞断钼丝(1分)。解决方法:①选择合适的切割路线、材料及热处理工艺,使变形尽量小(2分)。②快割完时,用小磁铁吸住工件或用工具托住工件不致下落(1分)。

53. 答:①大继电器板上继电器坏(1分)。②大继电器板上的保险丝(NO:13 3A)熔断(1分)。③大继电器板上桥式整流器坏(1分)。④主放电变压器上保险丝(NO:2 15A)熔断(1分)。⑤三相输入电压有断相(0.5分)。⑥大继电器板与键盘板连接线有松脱(0.5分)。

54. 答:①采用预加工工艺(1分)。②合理确定穿丝孔位置(0.5分)。③多穿丝孔加工(1分)。④恰当安排切割图形(0.5分)。⑤正确选择切割路线(1分)。⑥采用二次切割法(1分)。

55. 答:①线切割程序普遍较短,很容易读懂(2分)。②国内线切割程序常用格式有3B(个别扩充为4B或5B)格式和ISO格式。其中慢走丝机床普遍采用ISO格式,快走丝机床大部分采用3B格式,其发展趋势是采用ISO格式(3分)。

56. 答:电火花加工时工具电极和工件间并不接触,火花放电时需通过自动调节系统保持一定的放电间隙(2.5分),而车、钻、磨削时是接触加工,靠切削力把多余的金属除去,因此进给系统是刚性的、等速的,一般不需要自动调节(2.5分)。

57. 答:①应将工件与其夹持部分分割的部分安排在切割路线的末端(1分)。②切割路线应从坯件预制的穿丝孔开始,由外向内顺序切割(1分)。③切割孔类零件,为减少变形,采用两次切割(1分)。④在一块毛坯上要切出两个以上零件时,不应连续一次切割出来,而应从该毛坯的不同预制穿丝孔开始加工(1分)。⑤加工的路线,距离端面(侧面)应大于5 mm(1分)。

58. 答:①小继电器板上的保险丝(1A)熔断。②光学尺连续松脱。③小继电器板坏。④电脑I/O板坏。⑤光学尺坏。

59. 答:①机身上正极性线与复性线短路(1分)。②电控箱中放电输出端之二极体坏(1分)。③大继电器板坏(1分)。④小继电器板坏(1分)。⑤电脑I/O板坏(1分)。

60. 答:①伺服驱动板无电压输入(2.5分)。②伺服驱动板坏(2.5分)。

61. 答:管理标准是对企业中重复出现的管理业务工作所规定的各种标准的程序、职责、方法和制度等。它是组织和管理企业生产经营活动的手段(2分)。而质量管理标准是指以包括产品质量管理和工作质量管理在内的全面质量管理事项为对象而制定的标准(3分)。

62. 答：①与组织的宗旨相适应(1分)。②包括对满足要求和持续改进质量管理体系有效性的承诺(1分)。③提供制定和评审质量目标的框架(1分)。④在组织内得到沟通和理解(1分)。⑤在持续适宜性方面得到评审(1分)。

63. 答：①不是主要依靠机械能,而是利用其他的能量(如电能、热能、化学能、光能、声能等)去除工件材料(2分)；②工具的硬度可以低于被加工工件材料的硬度,有些根本不需要工具(1.5分)；③加工过程中工具和工件之间不存在显著的切削力(1.5分)。

64. 答：①温室效应导致全球变暖(1分)。②臭氧层被破坏(1分)。③有毒有害化学物质污染与转移(1分)。④海洋污染(0.5分)。⑤生物多样性的破坏(0.5分)。⑥生态环境恶化(0.5分)。⑦自然资源的消耗(0.5分)。

65. 答：职业病危害指对从事职业活动的劳动者可能导致职业病的各种危害(2.5分)。职业病危害因素包括：职业活动中存在的各种有害的化学、物理、生物因素,以及在作业过程中产生的其他职业有害因素(2.5分)。

66. 答：广义上说,可能导致重大事故发生的危险源就是重大危险源(2分)。《安全生产法》解释为：重大危险源是指长期地或者临时地生产、搬运、使用或者储存危险物品,且危险物品的数量等于或者超过临界量的单元(包括场所和设施)(3分)。

67. 答：安全标准化是指具有健全、科学的安全生产责任制、安全生产管理制度和操作规程(2分),各生产环节和相关岗位的安全工作,符合法律、法规、规章、规程等规定,达到和保持规定的标准,始终处于安全生产的良好状态(3分)。

68. 答：优点：①适合于加工任何难切削材料(1分)。②可以加工特殊及复杂形状的表面和零件(1分)。局限性：①主要用于金属加工,在一定条件下可以加工半导体和非导体材料(1分)。②加工速度较慢(1分)。③存在电极损耗(1分)。

69. 答：电火花加工自动进给调节系统是保证工具和工件保持一定的"平均"放电间隙,由于工件的蚀除速度和电极的损耗是随机的、变化的,所以电火花加工是不等速进给调节系统又称为伺服系统(2.5分)。电解加工间隙与加工速度在一定范围内成双曲反比关系,能够相互平衡补偿,其自动进给系统是等速进给系统,不需要回退(2.5分)。

70. 答：企业开展安全生产标准化工作,遵循"安全第一、预防为主、综合治理"的方针(3分),以隐患排查治理为基础,提高安全生产水平,减少事故发生,保障人身安全健康,保证生产经营活动的顺利进行(2分)。

## 六、综 合 题

1. 答：脉冲电源对提升加工速度、降低电极损耗、确保加工精度及提高表面质量中扮演着极其重要的作用。超精加工电源用于电火花精密、微细加工中,这类电源具有极小的单个脉冲能量,在电路上通过其他措施解决了加工速度慢、电极损耗大与低脉宽的工艺矛盾。新型的脉冲电源还有节能型脉冲电源、等能量脉冲电源、各种专用辅助电源等。随着研究和开发工作的深入,脉冲电源的性能也随之取得更大的进步。(10分)

2. 答：数控电火花加工为保证极高的重复定位精度且不降低加工效率,采用快速装夹的标准化夹具。目前有瑞士的 EROWA 和瑞典的 3R 装置可实现快速精密定位。这类装置的原理是电极在制造时,是集电极与夹具为一体的组件在装有同数控电火花机床上配备的工艺定位基准附件相同的加工设备上完成的。工艺定位基准附件都统一同心、同位,并且各数控机床都有坐标原点。因此电极在制造完成后,直接取下电极和夹具的组件,装入数控电火花机床的基准附件上,无需再进行纠正调节。标准化夹具,是一种快速精密定位的工艺方法,它的使用大大减少了数控电火花加工过程中的装夹定位时间,有效地提升了企业的竞争力。(10分)

3. 答:电火花加工复杂型腔时,在不同方向上的加工难度和加工面积相差很大,会引起加工屑局部集中,触发加工不稳定、放电间隙不均匀等情况。为了保证高效率下放电间隙的一致性、维持高的稳定加工性,可以在加工过程中采用电极不断摇动的方法。加工中采用摇动的方法可获得侧面与底面更均匀的表面粗糙度,更容易控制加工尺寸。摇动加工选用是根据被加工部位的摇动图形、摇动量的形状及精度的要求而定。如果在加工中不采用摇动的方法,则很难实现小间隙放电条件下的稳定加工。在精加工中很容易发现因这个原因造成的不稳定加工现象,不稳定放电使尺寸不能准确地得到控制且粗糙度不均匀。采用摇动的加工方法能很好解决这些问题且能保证高精度、高质量的加工。(10分)

4. 答:采用多轴回转系统与多种直线运动协调组合成多种复合运动方式,以适应不同种类工件的加工要求,扩大了数控电火花加工的加工范围,提高其在精密加工方面的比较优势和技术效益。数控电火花加工机床可利用多轴联动很方便地实现传统电火花机床难以加工的复杂型腔模具或微小零件的加工,如三维螺旋面、微细齿轮、微细齿条等。(10分)

5. 答:目前最先进的数控电火花机床在配有电极库和标准电极夹具的情况下,只要在加工前将电极装入刀库,编制好加工程序,整个电火花加工过程便能不间断地自动运转,几乎无需人工操作。数控电火花机床具备的自动测量找正、自动定位、多工件的连续加工等功能已较好地发挥了它的自动化性能。自动操作过程不需人工干预,可以提高加工精度、效率。(10分)

6. 答:电火花加工时两极间存在火花间隙,为了加工出符合要求的尺寸,对电极缩放适当尺寸来加工。电极的缩放尺寸在生产中称为电极缩放量。在加工时,实际产生的火花间隙与电极缩放量的不匹配将直接影响加工尺寸的精度。在不采用电极平动加工时,如果所产生的火花间隙小于电极缩放量,加工出来的尺寸将小于标准值。确定电极缩放量大小时要视加工部位的不同而合理选用。结构性部位在模具中起配合、定位等作用。(10分)

7. 答:在采用电极平动加工时,平动量的控制对加工尺寸起决定性的作用。应根据电极实测尺寸的大小,确定正确的平动量来保证加工尺寸符合要求。电极校正精度的影响加工后的尺寸与电极的校正精度有很大的关系。因此一般存在用小电极加工后的侧面间隙比用大电极加工后的侧面间隙稍大的情况。因为小电极的校正精度不可能有大电极那样高。保证好电极的校正精度是电火花加工开始阶段最重要的环节,是保证加工尺寸合格的重要条件之一。(10分)

8. 答:电参数调节直接关系到加工中实际火花位的大小。更改电参数条件的各项均会影响火花间隙的大小。对火花间隙影响最明显的是电流,随着电流的增大火花间隙也相应增大。脉冲宽度的影响也是如此。脉冲间隙的增大会使火花间隙变小,但作用不是很明显。其他相关参数也在间接地影响火花位的大小。因此在调节电参数时一定要选用合理,更改电参数时要弄清楚会对加工尺寸产生的影响。(10分)

9. 答:产生原因:表面的凹坑和凸边是在放电蚀除过程中留下的,原因是单个脉冲能量大,每次蚀除的金属量也大,留下的凹坑既大且深。另一个原因是工具电极的表面粗糙度影响工件表面粗糙度。

防止措施：①正确选择电规准，工件表面粗糙度是随脉宽变化而变化的。②在电火花成型加工中同时伴随平动(摆动)工艺，可使表面粗糙度提高。③采用较低的加工速度加工熔点高的材料(如硬质合金)。④在煤油工作液中混入硅或铝等导电微粉，可使工作液的电阻率降低，成倍增大放电间隙。⑤精加工时用铜作为工具电极比用石墨作为工具电极更能获得光滑的表面。(10分)

10. 答：产生原因：电火花加工时的形状误差受加工电规准的影响很大。放电间隙的大小直接影响加工误差，尤其是复杂形状的加工表面，菱角部位电场强度分布不均匀，间隙越大，对仿形加工影响越严重。

防止措施：①采用与预定工艺目标相符的加工电规准适当控制放电间隙。②在加工精密型腔时适当控制工具电极的形状和尺寸误差并及时更换电极可消除因电极损耗而带来的尺寸、形状误差。③采用高频窄脉宽电源，可提高仿形精度。④适当控制工作液体的绝缘强度等。(10分)

11. 答：产生原因：①位于放电区中的工件最表面一层，直接在放电瞬时高温熔化，随后又因工作液快速冷却而凝固，形成熔化凝固层，在热应力作用下容易产生网状微裂纹。②介于熔化层和基体之间的金属材料虽然没被高温熔化，但却受高温的影响，也因温度分布和冷却速度不同形成淬硬层。

防止措施：①选用较小的脉冲能量，就不会出现微裂纹，不过会降低生产率。②对于淬火过的硬脆材料可先作回火或退火处理，使大部分原始内应力减小，工件上不出现裂纹。(10分)

12. 答：表面烧伤的原因一般有两个：工件或电极表面的毛刺没有去干净，导致尖端放电的现象，而烧伤工件表面；积碳导致的二次放电也会使表面烧伤，选定合适的规准，冲液方式以及冲液角度可以有效的避免积碳。加工后的零件，与挡块接触的面有烧伤的痕迹：这一般是加工带有斜面的零件时会发生的状况，工件表面与挡块之间有毛刺的时候，会使工件表面产生异常放电，而是工件烧伤。保持工件，挡块的清洁，可以解决这个问题。(10分)

13. 答：加工完成后发现电极打偏了是加工异常的常见问题。装夹工件、电极要牢靠，不会在加工中发生松动。保证好电极和工件的校正精度。在定位时要选用准确的基准，准确的定位方式来进行。确保定位基准无毛刺、无杂物。加工开始时，可以暂停一下，抬起电极查看几个部位是正确。(10分)

14. 答：电火花加工中的异常现象使整个加工过程不能正常进行，一般在加工中常出现的异常问题有：①加工效率很低：电参数是影响加工速度的主要原因。②电极损耗很大：电极损耗过大时会严重影响加工部位的仿形精度、尺寸精度。③放电状态不稳定：放电状态不稳定这种情况是在加工过程中能够发现的异常现象，应该及时处理，以免造成影响加工质量的后果。④电极发生变形：在装夹电极之前，应该确定电极正常，没有变形。⑤型孔加工中产生"放炮"在加工过程中产生的气体，集聚在电极下端或油杯内部，当气体受到电火花引燃时，就会像"放炮"一样冲破阻力而排出，这时很容易使电极与凹模错位，这种情况在抽油加工时更易发生。(10分)

15. 答：影响火花线切割加工速度的因素有电参数和非参数。其中主要的电参数有短路峰值电流、开路电压、脉冲宽度、脉冲间隔、电源的极性以及进给速度。在这些电参数中短路峰值电流、开路电压、脉冲宽度这三个参数值的增大都会使线切割加土速度增大。非电参数有电

极丝、工件厚度及材料、工作液等。进给速度的调节,对切割速度的影响比较大。(10分)

16. 答:非参数有电极丝、工件厚度及材料、工作液等。电极丝的直径对切割速度的影响较大,若电极丝直径过小,则承受电流小,切缝也窄,不利于排屑和稳定加工,显然不可能获得理想的切割速度。因此,在一定的范围内,电极丝的直径加大是对切割速度有利的。但是电极丝的直径超过一定程度,造成切缝过大,反而又影响了切割速度的提高。因此,电极丝的直径又不宜过大。(10分)

17. 答:①正确地理解图样的各项技术要求,合理制定加工工艺路线,编程时要仔细,尽可能减少编程错误。②工作液要及时更换,保持一定的清洁度,保证上、下喷嘴不阻塞,流量合适。③电极丝校准精度要适合工件的加工要求,工件定位要合理,夹紧要可靠。④合理调整脉冲电源的脉冲宽度、脉冲间隔和功率管个数及电压幅值等电参数,加工不稳定时及时调整变频进给速度。⑤保证导丝机构必要的精度,经常检查导轮、导电块等的工作情况。⑥控制器必须有较强的抗干扰能力。⑦工件材料选择要正确。(10分)

18. 答:数控线切割技术与网络技术结合的必要性。网络的本质和它的最大特点就在于,不分地点和时间的资源共享,它可以使网络上的人共享软件、数据等各类信息,并进行快速传递心随着网络化的发展,借助于网络技术来发展机械制造行业是一种极其有效的途径。同时,两者结合的条件已经成熟,已具备实现可能性。(10分)

19. 答:在形状复杂、深度较大的型孔和型腔加工中,应采取强迫冲油或抽油的方法进行排气排屑,但强迫冲油或抽油,虽然促进了加工的稳定性,却增大了电极的损耗。因为强迫冲油或抽油使熔融飞溅的电蚀产物颗粒迅速冷凝,并被高速流动的工作液冲到放电间隙之外,减弱了电极上的"覆盖效应"。用纯铜电极加工时,冲油压力一般不超过 0.005 MPa,否则电极损耗显著增加。当使用石墨电极加工时,电极损耗受冲油压力的影响较小。(10分)

20. 答:斜孔轴线与圆柱面素线所夹的角度可用万能角度尺测量方形斜孔孔壁与圆柱面素线所夹的角度即可,也可在斜孔中插入一定位块,要求定位块要与斜孔无间隙地配合,为此可将定位块的定位面做出一定斜度后插入斜孔,然后再用万能角度尺测量定位块工作面与圆柱面素线所夹角度的实际值。(10分)

21. 答:①工作台面的平面度。②工作台移动时在垂直面内的直线度。③工作台移动时在水平面内的直线度。④工作台面对工作台移动的平行度。⑤工作台纵向移动对工作台横向的垂直度。⑥主轴移动的直线度。⑦主轴移动对工作台面的垂直度。⑧主轴移动的扭转值。⑨主轴端面对工作台面的平行度。⑩主轴的侧向刚度。(10分)

22. 答:①工作台台面的平面度。②工作台移动在垂直面内的直线度。③工作台移动在水平面内的直线度。④工作台移动对工作台面的平行度。⑤工作台横向移动对工作台纵向的垂直度。⑥储丝筒的圆跳动。(10分)

23. 答:①加工面积的影响。②冲油或抽油的影响。③加工极性的影响。④电极材料的影响。⑤电极的形状和尺寸的影响。(10分)

24. 答:①切割锥度前,要保证机械精度符合规定要求。②电极丝的放电间隙,应保证有合理的间隙补偿量,不干扰切割锥度的精度。③仔细参阅锥度切割编程说明,切割走向与计算机设定走向一致,在此前提下,如果要切割上大下小尺寸在基面,锥度角应为 $+\alpha$;反之上小下大尺寸在刃口面上斜度角为 $-\alpha$。(10分)

25. 答:锥度加工是电火花线切割加工中一种重要的加工方法,低速走丝线切割机利用双

坐标联动装置,依靠上导向器做两轴的移动与工作台轴一起构成轴联动控制可方便地实现常规锥度加工和上下异形面加工。(10分)

26. 答:采用多个电极(分别制造的粗、中、精加工用电极)依次更换来加工同一个型腔。这种方法的优点是仿型精度高,尤其适用于尖角、窄缝多的型腔加工。其缺点是需要用精密机床制造多个电极,另外电极更换时要有高的重复定位精度,需要附件和夹具来配合,因此用于精密型腔加工。(10分)

27. 答:①钛合金的单个脉冲放电凹坑的翻边比钢铁大。②钛合金的单个脉冲放电凹坑的去除体积也比钢铁大。③当进行连续放电时,钛合金的加工速度比钢铁小,电极损耗也变大。④采取降低脉冲间隔度和给予充分的停歇时间,就会使加工状态达到稳定,并有可能实现钛合金的低损耗和高效加工。(10分)

28. 答:①室温的变化引起机床的热变位。在机床安置场所应安装空调设施,以保持恒定的室温。②机床的水平没调好。定期检查机床的水平。③工件的水平没调好。装夹工件时,必须用千分表检查工件上表面的水平。④极间线的干涉。为了不产生干涉,应设法将上导丝器位置的极间线垂吊。(10分)

29. 答:①由于在进丝点上电极丝进入与退出的轨迹产生了重叠,所以进丝点的放电间隙比其余形状部分有所增大。②由于粗加工时产生的喷液压力造成电极丝的紊乱。③由于粗加工时电极丝滞后,致使加工件中央部位残留了较多的残余物。(10分)

30. 答:①在将工件安装到机床上时,工件侧面设置吊环螺钉,用移动式吊车等进行安装。②固定时不要因失误使工件掉在工作台面上,工件下部放上小千斤顶。③工件固定以后,取出小千斤顶,开始加工。④加工到一定程序,为使芯子物不因自重而下坠,应装上搭板将其固定。⑤加工结束后,在芯子上装上吊环螺钉,用吊车将其取出。(10分)

31. 答:①确定顾客和其他相关方的需求和期望;②建立组织的质量方针和质量目标;③确定实现质量目标必需的过程和职责;④确定和提供实现质量目标必需的资源;⑤规定测量每个过程的有效性和效率的方法;⑥应用这些测量方法确定每个过程的有效性和效率;⑦确定防止不合格并消除产生原因的措施;⑧建立和应用持续改进质量管理体系的过程。(10分)

32. 答:①职业健康安全方针;②对危险源辨识、风险评价和风险控制的策划;③法规和其他要求;④目标;⑤职业健康安全管理方案;⑥结构和职责;⑦培训、意识和能力;⑧协商和沟通;⑨文件;⑩文件和资料控制;⑪运动控制;⑫应急准备和相应;⑬绩效测量和监视;⑭事故、事件、不符合、纠正和预防措施;⑮记录和记录管理;⑯审核;⑰管理评审。(10分)

33. 答:实施OHSMS标准的作用主要有:①推动职业健康安全法规和制度的贯彻执行;②使组织的职业健康安全管理由被动行为变为主动行为,促进组织的职业健康安全管理水平的提高;③促进我国职业健康安全管理标准与国际接轨,有利于消除贸易壁垒;④有利于全民职业健康安全管理水平的提高。(10分)

34. 答:①利于提高民族的环保意识,树立科学的自然观;②利于人们树立遵纪守法的意识;③调动企业防止污染的积极性,促进企业自律机制的建立;④利于经济与环境的协调统一,是治理环境污染与减少资源、能源消耗并重,利于可持续发展。(10分)

35. 答:①现有活动、产品服务的变化时;②新工程、新产品、新项目、新设备的发生时;③适用的法律法规及其他要求发生变化时;④相关方提出的合理要求和抱怨时;⑤发生有重要危险源遗漏时;⑥发生重大职业健康安全事故时。(10分)

# 电切削工(初级工)技能操作考核框架

## 一、框架说明

1. 依据《国家职业标准》[注],以及中国北车确定的"岗位个性服从于职业共性"的原则,提出电切削工(初级工)技能操作考核框架(以下简称:技能考核框架)。

2. 本职业等级技能操作考核评分采用百分制。即:满分为 100 分,60 分为及格,低于 60 分为不及格。

3. 实施"技能考核框架"时,考核制件(活动)命题可以选用本企业的加工件(活动项目),也可以结合实际另外组织命题。

4. 实施"技能考核框架"时,考核的时间和场地条件等应依据《国家职业标准》,并结合企业实际确定。

5. 实施"技能考核框架"时,其"职业功能"的分类按以下要求确定:

(1)"工件加工"属于本职业等级技能操作的核心职业活动,其"项目代码"为"E"。

(2)"工艺准备"、"工后处理"属于本职业等级技能操作的辅助性活动,其"项目代码"分别为"D"和"F"。

6. 实施"技能考核框架"时,其"鉴定项目"和"选考数量"按以下要求确定:

(1)按照《国家职业标准》有关技能操作鉴定比重的要求,本职业等级技能操作考核制件的"鉴定项目"应按"D"+"E"+"F"组合,其考核配分比例相应为:"D"占 20 分,"E"占 60 分,"F"占 20 分。

(2)依据本职业等级《国家职业标准》的要求,技能考核时,"E"类鉴定项目中的"电火花加工"和"线切割加工"为两个独立考核的模块,可任选一项进行考核。

(3)依据中国北车确定的"核心职业活动选取 2/3,并向上取整"的规定,以及上述"第 6 条(2)"要求,在"E"类鉴定项目——"工件加工"的全部 1 项中,至少选取 1 项。

(4)依据《国家职业标准》及中国北车确定的"其余'鉴定项目'的数量可以任选"的规定,"D"和"F"类鉴定项目——"工艺准备"、"工后处理"中,至少分别各选取 1 项。

(5)依据中国北车确定的"确定'选考数量'时,所涉及'鉴定要素'的数量占比,应不低于对应'鉴定项目'范围内'鉴定要素'总数的 60%,并向上取整"的规定,考核制件的鉴定要素"选考数量"应按以下要求确定:

①在"D"类"鉴定项目"中,在已选定的至少 1 个鉴定项目中,至少选取已选鉴定项目所对应的全部鉴定要素的 60%项,并向上保留整数。

②在"E"类"鉴定项目"中,在已选定的 1 个鉴定项目所包含的全部鉴定要素中,至少选取总数的 60%项,并向上保留整数。

③在"F"类"鉴定项目"中,在已选定的至少 1 个鉴定项目中,至少选取已选鉴定项目所对应的全部鉴定要素的 60%项,并向上保留整数。

举例分析:

按照上述"第 6 条"要求,若命题时按最少数量选取,即:在"D"类鉴定项目中选取了"读图与识图"1 项,在"E"类鉴定项目中选取了"电火花线切割加工"1 项,在"F"类鉴定项目中选取了"检测工件"1 项,则:

此考核制件所涉及的"鉴定项目"总数为 3 项,具体包括:"读图与识图","电火花线切割加工","检测工件";

此考核制件所涉及的鉴定要素"选考数量"相应为 9 项,具体包括:"读图与识图"1 个鉴定项目包含的全部 4 个鉴定要素中的 3 项,"电火花线切割加工"1 个鉴定项目包含的全部 4 个鉴定要素中的 3 项,"检测工件"1 个鉴定项目包含的全部 5 个鉴定要素中的 3 项。

7. 本职业等级技能操作需要两人及以上共同作业的,可由鉴定组织机构根据"必要、辅助"的原则,结合实际情况确定协助人员的数量。在整个操作过程中,协助人员只能起必要、简单的辅助作用。否则,每违反一次,至少扣减应考者的技能考核总成绩 10 分,直至取消其考试资格。

8. 实施"技能考核框架"时,应同时对应考者在质量、安全、工艺纪律、文明生产等方面行为进行考核。对于在技能操作考核过程中出现的违章作业现象,每违反一项(次)至少扣减技能考核总成绩 10 分,直至取消其考试资格。

注:按照中国北车规定,各《职业技能操作考核框架》的编制依据现行的《国家职业标准》或现行的《行业职业标准》或现行的《中国北车职业标准》的顺序执行。

## 二、电切削工(初级工)技能操作鉴定要素细目表

| 职业功能 | 鉴定项目 | | 鉴定比重(%) | 选考方式 | 鉴定要素 | | |
|---|---|---|---|---|---|---|---|
| | 项目代码 | 名　称 | | | 要素代码 | 名　称 | 重要程度 |
| 工艺准备 | D | 读图与识图 | 20 | 任选 | 001 | 能读懂对刀样板等简单零件工作图 | X |
| | | | | | 002 | 能读懂电火花线切割加工机床的工艺文件 | X |
| | | | | | 003 | 能读懂带有细长孔、深槽等的简单零件工作图 | X |
| | | | | | 004 | 能读懂电火花成型机机床工艺文件 | Y |
| | | 加工准备及装夹工件 | | | 001 | 对设备进行安全检查 | X |
| | | | | | 002 | 开机启动/关闭操作系统 | X |
| | | | | | 003 | 机床走零点,试运行 | X |
| | | | | | 004 | 调用程序,加工参数选择 | X |
| | | | | | 005 | 电火花线切割机床的穿丝与找正 | X |
| | | | | | 006 | 电火花工具电极的装夹及找正 | X |
| | | | | | 007 | 能正确穿戴和使用劳动保护用品 | X |
| | | | | | 008 | 能使用通用夹具装夹工件及定位 | Y |
| 工件加工 | E | 电火花线切割加工 | 60 | 任选一项 | 001 | 电火花线切割机床操作规程 | X |
| | | | | | 002 | 电火花线切割加工工件基本知识 | X |
| | | | | | 003 | 电火花线切割的加工条件 | X |
| | | | | | 004 | 能加工直线、圆等组成的工件 | Y |

| 职业功能 | 鉴定项目 | | | | 鉴定要素 | | |
|---|---|---|---|---|---|---|---|
| | 项目代码 | 名　称 | 鉴定比重（%） | 选考方式 | 要素代码 | 名　称 | 重要程度 |
| 工件加工 | E | 电火花成型机加工 | 60 | 任选一项 | 001 | 电火花成型机设备的操作规程 | X |
| | | | | | 002 | 电火花成型机加工基本知识 | X |
| | | | | | 003 | 电火花成型机的加工条件 | X |
| | | | | | 004 | 能进行电极进给、加工 | Y |
| 工后处理 | F | 检测工件 | 20 | 任选 | 001 | 能使用游标卡尺、千分尺、深度尺等量具测量工件的相关尺寸 | X |
| | | | | | 002 | 能判断工件几何尺寸是否达到技术要求 | X |
| | | | | | 003 | 简单零件的检测方法 | X |
| | | | | | 004 | 常用量具的保养知识 | X |
| | | | | | 005 | 工件几何尺寸是否合格的判断方法 | Y |
| | | 设备的维护与保养 | | | 001 | 机床常用润滑油的种类以及加注方法 | X |
| | | | | | 002 | 能润滑机床 | Y |

注:重要程度中 X 表示核心要素,Y 表示一般要素,Z 表示辅助要素。下同。

# 电切削工(初级工)
# 技能操作考核样题与分析

职 业 名 称：＿＿＿＿＿＿＿＿＿＿＿

考 核 等 级：＿＿＿＿＿＿＿＿＿＿＿

存 档 编 号：＿＿＿＿＿＿＿＿＿＿＿

考核站名称：＿＿＿＿＿＿＿＿＿＿＿

鉴定责任人：＿＿＿＿＿＿＿＿＿＿＿

命题责任人：＿＿＿＿＿＿＿＿＿＿＿

主管负责人：＿＿＿＿＿＿＿＿＿＿＿

中国北车股份有限公司劳动工资部制

职业技能鉴定技能操作考核制件图示或内容

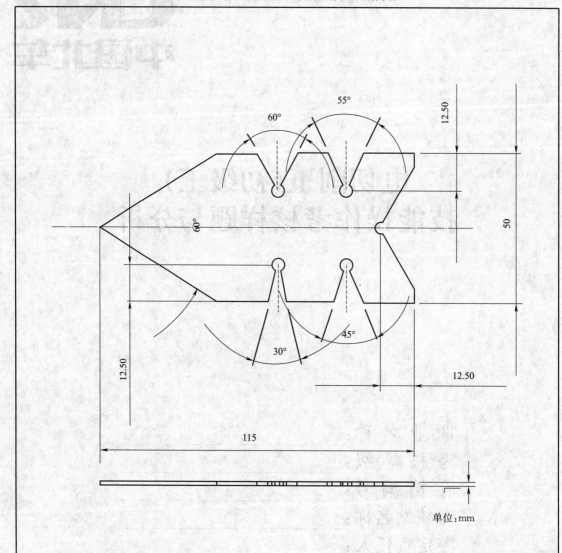

单位:mm

技术要求:平面度≤0.05 mm
　　　　角度±0.3°

| 职业名称 | 电切削工 |
|---|---|
| 考核等级 | 初级工 |
| 试题名称 | 角度样板 |
| 材质等信息: | 65Mn 带锯钢片 |

## 职业技能鉴定技能操作考核准备单

| 职业名称 | 电切削工 |
|---|---|
| 考核等级 | 初级工 |
| 试题名称 | 角度样板 |

### 一、材料准备

1. 材料规格:65Mn 带锯钢片。
2. 坯件尺寸:140 mm×70 mm×1 mm。

### 二、设备、工、量、卡具准备清单

| 序号 | 名　称 | 规　格 | 数　量 | 备　注 |
|---|---|---|---|---|
| 1 | 游标卡尺 | 0~150 mm | 1把 | |
| 2 | 万能角度尺 | 0°~320° | 1个 | |

### 三、考场准备

1. 相应的公用设备、设备与器具的润滑与冷却等。
2. 相应的场地及安全防范措施。
3. 其他准备。

### 四、考核内容及要求

1. 考核内容
按职业技能鉴定技能操作考核制件图示或内容制作。
2. 考核时限
应满足国家职业技能标准中的要求,本试题为 90 分钟。
3. 考核评分(表)

| 职业名称 | 电切削工 | | 考核等级 | | 初级工 |
|---|---|---|---|---|---|
| 试题名称 | 角度样板 | | 考核时限 | | 90 min |
| 鉴定项目 | 考核内容 | 配分 | 评分标准 | 扣分说明 | 得分 |
| 读图与识图 | 能读懂零件图的图形和尺寸 | 2 | 知道本工序加工任务,每漏一项扣 0.5 分 | | |
| | 能读懂零件图的尺寸标注及技术要求 | 2 | 知道需要达到的标准,每漏一项扣 0.5 分 | | |
| | 能正确选择材料 | 3 | 材料选择错误不得分 | | |
| | 电切削加工的基本知识及设备的组成 | 3 | 机床选择不合理扣 3 分 | | |
| 加工准备及装夹工件 | 操作前安全检查 | 1 | 操作错误不得分 | | |
| | 开机顺序正确 | 1 | 操作错误不得分 | | |
| | 正确使用手控盒 | 1 | 操作错误不得分 | | |
| | 面板操作 | 1 | 操作错误不得分 | | |

续上表

| 鉴定项目 | 考核内容 | 配分 | 评分标准 | 扣分说明 | 得分 |
|---|---|---|---|---|---|
| 加工准备及装夹工件 | 电极丝的安装与校正 | 2 | 每项错误扣1分 | | |
| | 按电切削工要求穿戴劳动保护用品 | 1 | 劳保穿戴不齐全不得分 | | |
| | 常用夹具及使用方法 | 1 | 夹具选择不合理扣0.5分,选择错误不得分 | | |
| | 通用夹具端面定位 | 1 | 定位不正确扣1分 | | |
| | 压板的使用方法 | 1 | 工件装夹不合理扣1分 | | |
| 电火花线切割加工 | 严格遵守操作规程 | 5 | 违反操作规程每项扣1分 | | |
| | 工作液的检查 | 5 | 不做检查不得分 | | |
| | 画轨迹图 | 10 | 每处错误扣1分 | | |
| | 程序生成 | 10 | 生成错误不得分 | | |
| | 程序调用 | 10 | 操作错误不得分 | | |
| | 电参数选择 | 10 | 参数设置不合理每处扣2分 | | |
| | 执行加工 | 10 | 能对加工过程中的异常采取相应措施,如考试中出现异常未做处理扣5分 | | |
| 检测工件 | 游标卡尺和万能角度尺检测零件线性尺寸 | 2 | 操作错误不得分 | | |
| | 工件尺寸是否满足图纸技术要求 | 2 | 读数每错一处扣1分 | | |
| | 量具的合理选择 | 2 | 量具选取不合理不得分 | | |
| | 量具的维护与保养 | 2 | 操作错误不得分 | | |
| | 能正确使用万能角度尺测量工件角度 | 2 | 操作错误不得分 | | |
| 设备的维护与保养 | 润滑油选择 | 3 | 选择错误不得分 | | |
| | 润滑油加注方式 | 3 | 操作错误不得分 | | |
| | 使用合理工具对机床相应位置进行润滑 | 4 | 操作错误不得分 | | |
| 质量、安全、工艺纪律、文明生产等综合考核项目 | 考核时限 | 不限 | 每超时30分钟,扣10分 | | |
| | 工艺纪律 | 不限 | 依据企业有关工艺纪律管理规定执行,每违反一次扣10分 | | |
| | 劳动保护 | 不限 | 依据企业有关劳动保护管理规定执行,每违反一次扣10分 | | |
| | 文明生产 | 不限 | 依据企业有关文明生产管理规定执行,每违反一次扣10分 | | |
| | 安全生产 | 不限 | 依据企业有关安全生产管理规定执行,每违反一次扣10分,有重大安全事故,取消成绩 | | |

4. 考试规则

(1)本次考试时间为90分钟,每超时30分钟扣10分。

(2)违反工艺纪律、安全操作、文明生产、劳动保护等,每次扣除10分。

(3)有重大安全事故、考试作弊者取消其考试资格,判零分。

**职业技能鉴定技能考核制件(内容)分析**

| 职业名称 | 电切削工 |
|---|---|
| 考核等级 | 初级工 |
| 试题名称 | 角度样板 |
| 职业标准依据 | 国家职业标准 |

| 试题中鉴定项目及鉴定要素的分析与确定 | | | | | |
|---|---|---|---|---|---|
| 分析事项 / 鉴定项目分类 | 基本技能"D" | 专业技能"E" | 相关技能"F" | 合计 | 数量与占比说明 |
| 鉴定项目总数 | 2 | 1 | 2 | 5 | 由于本职业的特殊性及职业标准要求,核心职业活动鉴定项目根据实际情况必须选取一项,能够达到鉴定需要;选取的鉴定要素数量占比满足60%的原则 |
| 选取的鉴定项目数量 | 2 | 1 | 2 | 5 | |
| 选取的鉴定项目数量占比(%) | 100 | 100 | 100 | 100 | |
| 对应选取鉴定项目所包含的鉴定要素总数 | 12 | 4 | 7 | 23 | |
| 选取的鉴定要素数量 | 9 | 4 | 7 | 20 | |
| 选取的鉴定要素数量占比(%) | 75 | 100 | 100 | 87 | |

| 所选取鉴定项目及相应鉴定要素分解与说明 | | | | | | |
|---|---|---|---|---|---|---|
| 鉴定项目类别 | 鉴定项目名称 | 国家职业标准规定比重(%) | 《框架》中鉴定要素名称 | 本命题中具体鉴定要素分解 | 配分 | 评分标准 | 考核难点说明 |
| D | 读图与识图 | 20 | 能读懂对刀样板等简单零件工作图 | 零件图的图形和尺寸 | 2 | 知道本工序加工任务,每漏一项扣0.5分 | |
| | | | | 零件图的尺寸标注及技术要求 | 2 | 知道需要达到的标准,每漏一项扣0.5分 | |
| | | | 能读懂电火花线切割加工机床的工艺文件 | 材料选择 | 3 | 材料选择错误不得分 | |
| | | | | 电切削加工的基本知识及设备的组成 | 3 | 机床选择不合理扣3分 | |
| | 加工准备及装夹工件 | | 对设备进行安全检查 | 操作前检查 | 1 | 操作错误不得分 | |
| | | | 开机启动/关闭操作系统 | 开机顺序 | 1 | 操作错误不得分 | |
| | | | 机床走零点,试运行 | 手控盒的使用 | 1 | 操作错误不得分 | |
| | | | 调用程序,加工参数选择 | 面板操作 | 1 | 操作错误不得分 | |
| | | | 电火花线切割机床的穿丝与找正 | 电极丝的安装与校正 | 2 | 每项错误扣1分 | |
| | | | 能正确穿戴和使用劳动保护用品 | 按电切削工要求穿戴劳动保护用品 | 1 | 劳保穿戴不齐全不得分 | |
| | | | 能使用通用夹具装夹工件及定位 | 常用夹具及使用方法 | 1 | 夹具选择不合理扣0.5分,选择错误不得分 | |
| | | | | 端面定位 | 1 | 定位不正确扣1分 | |
| | | | | 压板的使用方法 | 1 | 工件装夹不合理扣1分 | |

| 鉴定项目类别 | 鉴定项目名称 | 国家职业标准规定比重(%) | 《框架》中鉴定要素名称 | 本命题中具体鉴定要素分解 | 配分 | 评分标准 | 考核难点说明 |
|---|---|---|---|---|---|---|---|
| E | 电火花线切割加工 | 60 | 线切割机床操作规程 | 严格遵守操作规程 | 5 | 违反操作规程每项扣1分 | |
| | | | 线切割加工工件基本知识 | 工作液的检查 | 5 | 不做检查不得分 | |
| | | | | 画轨迹图 | 10 | 每处错误扣1分 | 难点 |
| | | | | 程序生成 | 10 | 生成错误不得分 | 难点 |
| | | | | 程序调用 | 10 | 操作错误不得分 | |
| | | | 线切割的加工条件 | 电参数选择 | 10 | 参数设置不合理每处扣2分 | 难点 |
| | | | 能加工直线、圆等组成的工件 | 执行加工 | 10 | 能对加工过程中的异常采取相应措施,如考试中出现异常未做处理扣5分 | 难点 |
| F | 检测工件 | 20 | 能使用游标卡尺、千分尺、深度尺等量具测量工件的相关尺寸 | 游标卡尺和万能角度尺检测零件线性尺寸 | 2 | 操作错误不得分 | |
| | | | 能判断工件几何尺寸是否达到技术要求 | 工件尺寸是否满足图纸技术要求 | 2 | 读数每错一处扣1分 | |
| | | | 简单零件的检测方法 | 量具的合理选择 | 2 | 量具选取不合理不得分 | |
| | | | 常用量具的保养知识 | 量具的维护与保养 | 2 | 操作错误不得分 | |
| | | | 工件几何尺寸是否合格的判断方法 | 能正确使用万能角度尺测量工件角度 | 2 | 操作错误不得分 | |
| | 设备的维护与保养 | | 机床常用润滑油的种类以及加注方法 | 润滑油选择 | 3 | 选择错误不得分 | |
| | | | | 润滑油加注方式 | 3 | 操作错误不得分 | |
| | | | 能润滑机床 | 使用合理工具对机床相应位置进行润滑 | 4 | 操作错误不得分 | |
| | 质量、安全、工艺纪律、文明生产等综合考核项目 | | | 考核时限 | 不限 | 每超时30分钟,扣10分 | |
| | | | | 工艺纪律 | 不限 | 依据企业有关工艺纪律管理规定执行,每违反一次扣10分 | |
| | | | | 劳动保护 | 不限 | 依据企业有关劳动保护管理规定执行,每违反一次扣10分 | |
| | | | | 文明生产 | 不限 | 依据企业有关文明生产管理规定执行,每违反一次扣10分 | |
| | | | | 安全生产 | 不限 | 依据企业有关安全生产管理规定执行,每违反一次扣10分,有重大安全事故,取消成绩 | |

# 电切削工(中级工)技能操作考核框架

## 一、框架说明

1. 依据《国家职业标准》<sup>注</sup>，以及中国北车确定的"岗位个性服从于职业共性"的原则，提出电切削工(中级工)技能操作考核框架(以下简称:技能考核框架)。

2. 本职业等级技能操作考核评分采用百分制。即:满分为 100 分,60 分为及格,低于 60 分为不及格。

3. 实施"技能考核框架"时,考核制件(活动)命题可以选用本企业的加工件(活动项目),也可以结合实际另外组织命题。

4. 实施"技能考核框架"时,考核的时间和场地条件等应依据《国家职业标准》、并结合企业实际确定。

5. 实施"技能考核框架"时,其"职业功能"的分类按以下要求确定:

(1)"工件加工"属于本职业等级技能操作的核心职业活动,其"项目代码"为"E"。

(2)"工艺准备"、"工后处理"属于本职业等级技能操作的辅助性活动,其"项目代码"分别为"D"和"F"。

6. 实施"技能考核框架"时,其"鉴定项目"和"选考数量"按以下要求确定:

(1)按照《国家职业标准》有关技能操作鉴定比重的要求,本职业等级技能操作考核制件的"鉴定项目"应按"D"+"E"+"F"组合,其考核配分比例相应为:"D"占 35 分,"E"占 45 分,"F"占 20 分。

(2)依据本职业等级《国家职业标准》的要求,技能考核时,"E"类鉴定项目中的"电火花加工"和"线切割加工"为两个独立考核的模块,可任选一项进行考核。

(3)依据中国北车确定的"核心职业活动选取 2/3,并向上取整"的规定,以及上述"第 6 条(2)"要求,在"E"类鉴定项目——"工件加工"的全部 1 项鉴定项目中,至少选取 1 项。

(4)依据《国家职业标准》及中国北车确定的"其余'鉴定项目'的数量可以任选"的规定,"D"和"F"类鉴定项目——"工艺准备"、"工后处理"中,至少分别各选取 1 项。

(5)依据中国北车确定的"确定'选考数量'时,所涉及'鉴定要素'的数量占比,应不低于对应'鉴定项目'范围内'鉴定要素'总数的 60%,并向上取整"的规定,考核制件的鉴定要素"选考数量"应按以下要求确定:

①在"D"类"鉴定项目"中,在已选定的至少 1 个鉴定项目中,至少选取已选鉴定项目所对应的全部鉴定要素的 60%项,并向上保留整数。

②在"E"类"鉴定项目"中,在已选定的 1 个鉴定项目所包含的全部鉴定要素中,至少选取总数的 60%项,并向上保留整数。

③在"F"类"鉴定项目"中,在已选定的至少 1 个鉴定项目中,至少选取已选鉴定项目所对应的全部鉴定要素的 60%项,并向上保留整数。

举例分析：

按照上述"第 6 条"要求，若命题时按最少数量选取，即：在"D"类鉴定项目中选取了"读图与识绘图"1 项，在"E"类鉴定项目中选取了"电火花线切割加工"1 项，在"F"类鉴定项目中选取了"误差分析"1 项，则：

此考核制件所涉及的"鉴定项目"总数为 3 项，具体包括："读图与绘图"，"电火花线切割加工"，"误差分析"。

此考核制件所涉及的鉴定要素"选考数量"相应为 10 项，具体包括："读图与识图"1 个鉴定项目包含的全部 2 个鉴定要素中的 2 项，"电火花线切割加工"1 个鉴定项目包括的全部 8 个鉴定要素中的 5 项，"误差分析"1 个鉴定项目包含的全部 4 个鉴定要素中的 3 项。

7. 本职业等级技能操作需要两人及以上共同作业的，可由鉴定组织机构根据"必要、辅助"的原则，结合实际情况确定协助人员的数量。在整个操作过程中，协助人员只能起必要、简单的辅助作用。否则，每违反一次，至少扣减应考者的技能考核总成绩 10 分，直至取消其考试资格。

8. 实施"技能考核框架"时，应同时对应考者在质量、安全、工艺纪律、文明生产等方面行为进行考核。对于在技能操作考核过程中出现的违章作业现象，每违反一项（次）至少扣减技能考核总成绩 10 分，直至取消其考试资格。

注：按照中国北车规定，各《职业技能操作考核框架》的编制依据现行的《国家职业标准》或现行的《行业职业标准》或现行的《中国北车职业标准》的顺序执行。

## 二、电切削工（中级工）技能操作鉴定要素细目表

| 职业功能 | 鉴定项目 | | | | 鉴定要素 | | |
|---|---|---|---|---|---|---|---|
| | 项目代码 | 名　称 | 鉴定比重（%） | 选考方式 | 要素代码 | 名　称 | 重要程度 |
| 工艺准备 | D | 读图与绘图 | 35 | 任选 | 001 | 能读懂带有曲线等的较复杂零件工作图及其相应的技术要求 | X |
| | | | | | 002 | 能绘制一般零件图 | X |
| | | 程序的编制及输入 | | | 001 | 能编制直线加工、圆加工的程序 | X |
| | | | | | 002 | 能确定电极丝直径和损耗量 | Y |
| | | | | | 003 | 能够根据线切割的轨迹生成代码 | X |
| | | | | | 004 | 能够选择的电极材料确定电极损耗量 | X |
| | | | | | 005 | 能根据电极损耗量编制加工程序 | Y |
| | | | | | 006 | 使用自动生成程序系统编程 | X |
| | | | | | 007 | 能按照程序格式输入程序 | X |
| | | | | | 008 | 能够创建修改、删除数控程序 | Y |
| | | | | | 009 | 能够手动添加、删除程序段 | X |
| | | | | | 010 | 能够手动编制简单程序 | X |
| | | 加工准备及装夹工件 | | | 001 | 选择合适工作液种类 | X |
| | | | | | 002 | 能根据机床配置合适的加工工作液 | X |
| | | | | | 003 | 能够选择合适的电极（丝）材料、规格 | X |

| 职业功能 | 鉴定项目 | | | | 鉴定要素 | | |
|---|---|---|---|---|---|---|---|
| | 项目代码 | 名　称 | 鉴定比重（%） | 选考方式 | 要素代码 | 名　称 | 重要程度 |
| 工艺准备 | D | 加工准备及装夹工件 | 35 | 任选 | 004 | 能按要求正确安装电极(丝) | X |
| | | | | | 005 | 能完成电极丝的张力调整 | X |
| | | | | | 006 | 能根据工件工艺要求选择合理的电规准(加工极性) | Y |
| | | | | | 007 | 能够合理调整导电块位置 | Y |
| | | | | | 008 | 能够选择合适的夹具及装夹工件 | X |
| | | | | | 009 | 能根据加工要求对工件定位找正 | Y |
| | | | | | 010 | 模具零件成型加工件的准备 | X |
| | | | | | 011 | 能正确穿戴和使用劳动保护用品 | X |
| 工件加工 | E | 电火花线切割加工 | 45 | 任选一项 | 001 | 能够空运行对编辑的程序进行校验 | X |
| | | | | | 002 | 能够对编好的程序进行修改 | X |
| | | | | | 003 | 在程序不变的情况下对工件进行旋转、镜像等修改 | X |
| | | | | | 004 | 脉冲放电参数的微调 | Y |
| | | | | | 005 | 冷却液流量的合理调节 | Y |
| | | | | | 006 | 废料的排除与工件的清洗 | Y |
| | | | | | 007 | 工件表面粗糙度 $R_a$ 为 $2.5\mu m$ | X |
| | | | | | 008 | 工件公差等级为 IT8 | X |
| | | 电火花成型机加工 | | | 001 | 能够空运行对编辑的程序进行校验 | X |
| | | | | | 002 | 能够对编好的程序进行修改 | X |
| | | | | | 003 | 能够根据加工余量和工艺要求确定合理的平动方式和平动量 | X |
| | | | | | 004 | 手动加工 | X |
| | | | | | 005 | 根据加工要求确定合理的冲抽油方式和流量 | Y |
| | | | | | 006 | 工件表面粗糙度 $R_a$ 为 $2.5\mu m$ | X |
| | | | | | 007 | 工件公差等级为 IT8 | X |
| 工后处理 | F | 误差分析 | 20 | 任选 | 001 | 能够分析定位基准对误差产生的原因及解决方法 | X |
| | | | | | 002 | 测量基准对工件加工误差的影响 | X |
| | | | | | 003 | 电参数对工艺指标的影响及解决方法 | Y |
| | | | | | 004 | 工作液对工艺指标的影响及解决方法 | Y |
| | | 设备的维护与保养 | | | 001 | 机床常用润滑油的种类、性能及使用范围 | X |
| | | | | | 002 | 能选择合适的润滑油润滑机床 | X |
| | | | | | 003 | 能对机床进行日常维护与保养 | X |

# 电切削工(中级工)
# 技能操作考核样题与分析

职 业 名 称: _____

考 核 等 级: _____

存 档 编 号: _____

考核站名称: _____

鉴定责任人: _____

命题责任人: _____

主管负责人: _____

中国北车股份有限公司劳动工资部制

## 职业技能鉴定技能操作考核制件图示或内容

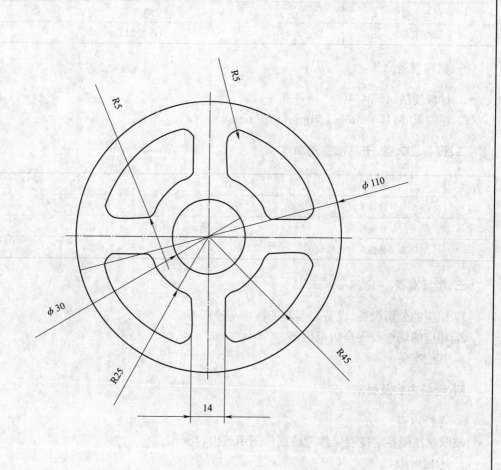

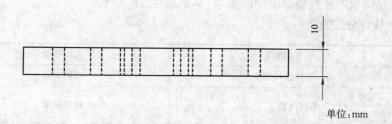

单位:mm

技术要求:工件表面粗糙度为 $R_a 2.5 \mu m$。

工件公差等级为 IT8。

| 职业名称 | 电切削工 |
| --- | --- |
| 考核等级 | 中级工 |
| 试题名称 | 工件跳步加工 |
| 材质等信息: | 45 钢 |

**职业技能鉴定技能操作考核准备单**

| 职业名称 | 电切削工 |
|---|---|
| 考核等级 | 中级工 |
| 试题名称 | 工件跳步加工 |

## 一、材料准备

1. 材料规格:45 钢。

2. 坯件尺寸:130 mm×130 mm×10 mm。

## 二、设备、工、量、卡具准备清单

| 序号 | 名　称 | 规　格 | 数　量 | 备　注 |
|---|---|---|---|---|
| 1 | 数显卡尺 | 0~150 mm | 1把 | |
| 2 | 半径样板 | 1~6.5 mm | 1套 | |
| 3 | 电加工粗糙度对比样板 | | 1套 | |

## 三、考场准备

1. 相应的公用设备、设备与器具的润滑与冷却等。

2. 相应的场地及安全防范措施。

3. 其他准备。

## 四、考核内容及要求

1. 考核内容

按职业技能鉴定技能操作考核制件图示或内容制作。

2. 考核时限

应满足国家职业技能标准中的要求,本试题为 210 分钟。

3. 考核评分(表)

| 职业名称 | 电切削工 | | 考核等级 | | 中级工 |
|---|---|---|---|---|---|
| 试题名称 | 工件跳步加工 | | 考核时限 | | 210 min |
| 鉴定项目 | 考核内容 | 配分 | 评分标准 | 扣分说明 | 得分 |
| 读图与绘图 | 中等复杂零件识读 | 1 | 知道本工序加工任务,每漏一项扣 0.5 分 | | |
| | 根据技术要求制定线切割工艺 | 1 | 工艺错误不得分 | | |
| | 圆弧连接的绘制 | 1 | 绘制错误不得分 | | |
| | 几何变换的应用 | 2 | 应用错误不得分 | | |
| 程序的编制及输入 | G 指令的应用 | 1 | 应用错误不得分 | | |
| | M 指令的应用 | 1 | 应用错误不得分 | | |
| | T 指令的应用 | 1 | 应用错误不得分 | | |

续上表

| 鉴定项目 | 考核内容 | 配分 | 评分标准 | 扣分说明 | 得分 |
|---|---|---|---|---|---|
| 程序的编制及输入 | 测量电极丝直径 | 2 | 测量错误不得分 | | |
| | 生成 ISO 或 3B 代码 | 1 | 代码选择错误不得分 | | |
| | 偏移量的设定 | 2 | 操作错误不得分 | | |
| | 调用程序 | 1 | 操作错误不得分 | | |
| | 对自动生成的程序进行手动微调 | 1 | 操作错误不得分 | | |
| 加工准备及装夹工件 | 乳化液和离子水的选择 | 2 | 选择错误不得分 | | |
| | 根据冷却液比例调制工作液 | 3 | 调配比例错误不得分 | | |
| | 钼丝和铜丝的选择 | 2 | 选择错误不得分 | | |
| | 电极丝上丝、紧丝对工艺指标的影响 | 3 | 调整不合理不得分 | | |
| | 根据材质和厚度设定合理电规准 | 3 | 参数设置不合理每处扣1分 | | |
| | 根据磨损情况调整导电块位置 | 2 | 调整不合理每处扣1分 | | |
| | 根据加工内容选择装夹方式 | 3 | 装夹不合理不得分 | | |
| | 来料清理 | 2 | 不做清理不得分 | | |
| 电火花线切割加工 | 检验程序的正确性 | 5 | 每处错误扣1分 | | |
| | 跳步镜像加工 | 10 | 穿丝位置选择错误每次扣2分 | | |
| | 喷流加工或浸渍加工法 | 5 | 选择不合理不得分 | | |
| | 废料的排除与工件的清洗 | 5 | 废料排除磕碰加工件不得分 | | |
| | 工件表面粗糙度 $R_a$ 为 2.5$\mu m$ | 10 | 粗糙度不达标,每差一个等级扣3分 | | |
| | 工件公差等级为 IT8 | 10 | 每差一个等级扣5分 | | |
| 设备的维护与保养 | 能选择合适的润滑油润滑机床 | 1 | 选择错误不得分 | | |
| | 冷却液循环系统清理 | 2 | 不做清理不得分 | | |
| | 夹具保养 | 2 | 不做保养不得分 | | |
| 误差分析 | 粗、精基准的定位形式 | 3 | 定位错误不得分 | | |
| | 电极丝对线切割速度及工艺指标的影响 | 8 | 每掌握一种加1分 | | |
| | 工作液的工艺性对表面精度及加工速度的影响 | 5 | 每掌握一种加1分 | | |
| 质量、安全、工艺纪律、文明生产等综合考核项目 | 考核时限 | 不限 | 每超时30分钟,扣10分 | | |
| | 工艺纪律 | 不限 | 依据企业有关工艺纪律管理规定执行,每违反一次扣10分 | | |
| | 劳动保护 | 不限 | 依据企业有关劳动保护管理规定执行,每违反一次扣10分 | | |
| | 文明生产 | 不限 | 依据企业有关文明生产管理规定执行,每违反一次扣10分 | | |
| | 安全生产 | 不限 | 依据企业有关安全生产管理规定执行,每违反一次扣10分,有重大安全事故,取消成绩 | | |

**4. 考试规则**

(1)本次考试时间为210分钟,每超时30分钟扣10分。

(2)违反工艺纪律、安全操作、文明生产、劳动保护等,每次扣除10分。

(3)有重大安全事故、考试作弊者取消其考试资格,判零分。

## 职业技能鉴定技能考核制件(内容)分析

| 职业名称 | 电切削工 |
|---|---|
| 考核等级 | 中级工 |
| 试题名称 | 工件跳步加工 |
| 职业标准依据 | 国家职业标准 |

### 试题中鉴定项目及鉴定要素的分析与确定

| 分析事项 ＼ 鉴定项目分类 | 基本技能"D" | 专业技能"E" | 相关技能"F" | 合计 | 数量与占比说明 |
|---|---|---|---|---|---|
| 鉴定项目总数 | 3 | 1 | 2 | 6 | 由于本职业的特殊性及职业标准要求,核心职业活动鉴定项目根据实际情况必须选取一项,能够达到鉴定需要;选取的鉴定要素数量占比满足60%的原则 |
| 选取的鉴定项目数量 | 3 | 1 | 2 | 6 | |
| 选取的鉴定项目数量占比(%) | 100 | 100 | 100 | 100 | |
| 对应选取鉴定项目所包含的鉴定要素总数 | 23 | 8 | 7 | 38 | |
| 选取的鉴定要素数量 | 16 | 6 | 5 | 27 | |
| 选取的鉴定要素数量占比(%) | 70 | 75 | 71 | 71 | |

### 所选取鉴定项目及相应鉴定要素分解与说明

| 鉴定项目类别 | 鉴定项目名称 | 国家职业标准规定比重(%) | 《框架》中鉴定要素名称 | 本命题中具体鉴定要素分解 | 配分 | 评分标准 | 考核难点说明 |
|---|---|---|---|---|---|---|---|
| D | 读图与绘图 | | 能读懂带有曲线等的较复杂零件工作图及其相应的技术要求 | 中等复杂零件识读 | 1 | 知道本工序加工任务,每漏一项扣0.5分 | |
| | | | | 根据技术要求制定线切割工艺 | 1 | 工艺错误不得分 | |
| | | | 能绘制一般零件图 | 圆弧连接的绘制 | 1 | 绘制错误不得分 | |
| | | | | 几何变换的应用 | 2 | 应用错误不得分 | |
| | 程序的编制及输入 | 35 | 能编制直线加工、圆加工的程序 | G指令的应用 | 1 | 应用错误不得分 | |
| | | | | M指令的应用 | 1 | 应用错误不得分 | |
| | | | | T指令的应用 | 1 | 应用错误不得分 | |
| | | | 能确定电极丝直径和损耗量 | 测量电极丝直径 | 2 | 测量错误不得分 | |
| | | | 能够根据线切割的轨迹生成代码 | 生成ISO或3B代码 | 1 | 代码选择错误不得分 | |
| | | | 能根据电极损耗量编制加工程序 | 偏移量的设定 | 2 | 操作错误不得分 | |
| | | | 能按照程序格式输入程序 | 调用程序 | 1 | 操作错误不得分 | |
| | | | 能够创建修改、删除数控程序 | 对自动生成的程序进行手动微调 | 1 | 操作错误不得分 | |
| | 加工准备及装夹工件 | | 选择合适工作液种类 | 乳化液和离子水的选择 | 2 | 选择错误不得分 | |
| | | | 能根据机床配置合适的加工工作液 | 根据冷却液比例调制工作液 | 3 | 调配比例错误不得分 | |
| | | | 能够选择合适的电极(丝)材料、规格 | 钼丝和铜丝的选择 | 2 | 选择错误不得分 | |
| | | | 能完成电极丝的张力调整 | 电极丝上丝、紧丝对工艺指标的影响 | 3 | 调整不合理不得分 | |

续上表

| 鉴定项目类别 | 鉴定项目名称 | 国家职业标准规定比重(%) | 《框架》中鉴定要素名称 | 本命题中具体鉴定要素分解 | 配分 | 评分标准 | 考核难点说明 |
|---|---|---|---|---|---|---|---|
| D | 加工准备及装夹工件 | 35 | 能根据工件工艺要求选择合理的电规准 | 根据材质和厚度设定合理电规准 | 3 | 参数设置不合理每处扣1分 | |
| | | | 能够合理调整导电块位置 | 根据磨损情况调整导电块位置 | 2 | 调整不合理每处扣1分 | |
| | | | 能够选择合适的夹具及装夹工件 | 根据加工内容选择装夹方式 | 3 | 装夹不合理不得分 | |
| | | | 模具零件成型加工件的准备 | 来料清理 | 2 | 不做清理不得分 | |
| E | 电火花线切割加工 | 45 | 能够空运行对编辑的程序进行校验 | 检验程序的正确性 | 5 | 每处错误扣1分 | |
| | | | 在程序不变的情况下对工件进行旋转、镜像等修改 | 跳步镜像加工 | 10 | 穿丝位置选择错误每次扣2分 | 难点 |
| | | | 冷却液流量的合理调节 | 喷流加工或浸渍加工法 | 5 | 选择不合理不得分 | |
| | | | 废料的排除与工件的清洗 | | 5 | 废料排除磕碰加工件不得分 | |
| | | | 工件表面粗糙度 $R_a$ 为 $2.5\mu m$ | | 10 | 粗糙度不达标,每差一个等级扣3分 | 难点 |
| | | | 工件公差等级为IT8 | | 10 | 每差一个等级扣5分 | 难点 |
| F | 设备的维护与保养 | 20 | 能选择合适的润滑油润滑机床 | 能选择合适的润滑油润滑机床 | 1 | 选择错误不得分 | |
| | | | 能对机床进行日常维护与保养 | 冷却液循环系统清理 | 2 | 不做清理不得分 | |
| | | | | 夹具保养 | 2 | 不做保养不得分 | |
| | 误差分析 | | 能够分析定位基准对误差产生的原因及解决方法 | 粗、精基准的定位形式 | 3 | 定位错误不得分 | |
| | | | 测量基准对工件加工误差的影响 | 电极丝对线切割速度及工艺指标的影响 | 8 | 每掌握一种加1分 | 难点 |
| | | | 工作液对工艺指标的影响及解决方法 | 工作液的工艺性对表面精度及加工速度的影响 | 5 | 每掌握一种加1分 | |
| 质量、安全、工艺纪律、文明生产等综合考核项目 | | | | 考核时限 | 不限 | 每超时30分钟,扣10分 | |
| | | | | 工艺纪律 | 不限 | 依据企业有关工艺纪律管理规定执行,每违反一次扣10分 | |
| | | | | 劳动保护 | 不限 | 依据企业有关劳动保护管理规定执行,每违反一次扣10分 | |
| | | | | 文明生产 | 不限 | 依据企业有关文明生产管理规定执行,每违反一次扣10分 | |
| | | | | 安全生产 | 不限 | 依据企业有关安全生产管理规定执行,每违反一次扣10分,有重大安全事故,取消成绩 | |

# 电切削工(高级工)技能操作考核框架

## 一、框架说明

1. 依据《国家职业标准》<sup>注</sup>，以及中国北车确定的"岗位个性服从于职业共性"的原则,提出电切削工(高级工)技能操作考核框架(以下简称:技能考核框架)。

2. 本职业等级技能操作考核评分采用百分制。即:满分为 100 分,60 分为及格,低于 60 分为不及格。

3. 实施"技能考核框架"时,考核制件(活动)命题可以选用本企业的加工件(活动项目),也可以结合实际另外组织命题。

4. 实施"技能考核框架"时,考核的时间和场地条件等应依据《国家职业标准》、并结合企业实际确定。

5. 实施"技能考核框架"时,其"职业功能"的分类按以下要求确定:

(1)"工件加工"属于本职业等级技能操作的核心职业活动,其"项目代码"为"E"。

(2)"工艺准备"、"工后处理"属于本职业等级技能操作的辅助性活动,其"项目代码"分别为"D"和"F"。

6. 实施"技能考核框架"时,其"鉴定项目"和"选考数量"按以下要求确定:

(1)按照《国家职业标准》有关技能操作鉴定比重的要求,本职业等级技能操作考核制件的"鉴定项目"应按"D"+"E"+"F"组合,其考核配分比例相应为:"D"占 35 分,"E"占 40 分,"F"占 25 分。

(2)依据本职业等级《国家职业标准》的要求,技能考核时,"E"类鉴定项目中的"电火花加工"和"线切割加工"为两个独立考核的模块,可任选一项进行考核。

(3)依据中国北车确定的"核心职业活动选取 2/3,并向上取整"的规定,以及上述"第 6 条(2)"要求,在"E"类鉴定项目——"工件加工"的全部 1 项中,至少选取 1 项。

(4)依据《国家职业标准》及中国北车确定的"其余'鉴定项目'的数量可以任选"的规定,"D"和"F"类鉴定项目——"工艺准备"、"工后处理"中,至少分别各选取 1 项。

(5)依据中国北车确定的"确定'选考数量'时,所涉及'鉴定要素'的数量占比,应不低于对应'鉴定项目'范围内'鉴定要素'总数的 60%,并向上取整"的规定,考核制件的鉴定要素"选考数量"应按以下要求确定:

①在"D"类"鉴定项目"中,在已选定的至少 1 个鉴定项目中,至少选取已选鉴定项目所对应的全部鉴定要素的 60%项,并向上保留整数。

②在"E"类"鉴定项目"中,在已选定的 1 个鉴定项目所包含的全部鉴定要素中,至少选取总数的 60%项,并向上保留整数。

③在"F"类"鉴定项目"中,在已选定的至少 1 个鉴定项目中,至少选取已选鉴定项目所对应的全部鉴定要素的 60%项,并向上保留整数。

举例分析：

按照上述"第 6 条"要求，若命题时按最少数量选取，即：在"D"类鉴定项目中选取了"读图与识图"1 项，在"E"类鉴定项目中选取了"电火花线切割加工"1 项，在"F"类鉴定项目中分别选取了"检测工件及误差分析"1 项，则：

此考核制件所涉及的"鉴定项目"总数为 3 项，具体包括："读图与绘图"，"电火花线切割加工"，"检测工件及误差分析"；

此考核制件所涉及的鉴定要素"选考数量"相应为 10 项，具体包括："读图与识图"1 个鉴定项目包含的全部 6 个鉴定要素中的 4 项，"电火花线切割加工"1 个鉴定项目包括的全部 6 个鉴定要素中的 4 项，"检测工件及误差分析"1 个鉴定项目包含的全部 3 个鉴定要素中的 2 项。

7. 本职业等级技能操作需要两人及以上共同作业的，可由鉴定组织机构根据"必要、辅助"的原则，结合实际情况确定协助人员的数量。在整个操作过程中，协助人员只能起必要、简单的辅助作用。否则，每违反一次，至少扣减应考者的技能考核总成绩 10 分，直至取消其考试资格。

8. 实施"技能考核框架"时，应同时对应考者在质量、安全、工艺纪律、文明生产等方面行为进行考核。对于在技能操作考核过程中出现的违章作业现象，每违反一项（次）至少扣减技能考核总成绩 10 分，直至取消其考试资格。

注：按照中国北车规定，各《职业技能操作考核框架》的编制依据现行的《国家职业标准》或现行的《行业职业标准》或现行的《中国北车职业标准》的顺序执行。

## 二、电切削工（高级工）技能操作鉴定要素细目表

| 职业功能 | 鉴定项目 | | 鉴定比重（%） | 选考方式 | 鉴定要素 | | |
|---|---|---|---|---|---|---|---|
| | 项目代码 | 名　称 | | | 要素代码 | 名　称 | 重要程度 |
| 工艺准备 | D | 读图与绘图 | 35 | 任选 | 001 | 能读懂装配图及技术要求 | X |
| | | | | | 002 | 能绘制凸轮、椭圆、渐开线图形、阿基米德螺旋线等复杂图形绘制 | X |
| | | | | | 003 | 能绘制车轮、成型刀具等复杂的零件图 | X |
| | | | | | 004 | 能读懂常用电器、电子元件的表示方法 | X |
| | | | | | 005 | 能读懂机床传动以及工作原理图 | Y |
| | | | | | 006 | 能使用计算机软件绘制图形 | Y |
| | | 编制程序 | | | 001 | 能编制带有规则曲线、齿轮等零件的加工程序 | X |
| | | | | | 002 | 能够编制带斜度、锥度等复杂零件程序 | X |
| | | | | | 003 | 能够根据工艺要求合理制定加工次数和加工余量 | Y |
| | | | | | 004 | 能计算对称电极损耗量 | X |
| | | | | | 005 | 电极损耗的计算 | X |
| | | 机床调整及装夹工件 | | | 001 | 能对机床部分主要结构精度以及电极（丝）进行调整 | X |
| | | | | | 002 | 能根据加工精度、加工效率等调整加工参数 | X |
| | | | | | 003 | 能对带有规则曲线的精密工件进行装夹、定位、测量 | X |

续上表

| 职业功能 | 鉴定项目 | | | | 鉴定要素 | | |
|---|---|---|---|---|---|---|---|
| | 项目代码 | 名　称 | 鉴定比重（%） | 选考方式 | 要素代码 | 名　称 | 重要程度 |
| 工艺准备 | D | 机床调整及装夹工件 | 35 | 任选 | 004 | 能够根据加工质量适当调节机床相应位置以提高精度 | X |
| | | | | | 005 | 锥度加工时根据编制的程序合理设置工作台及各主辅程序面的高度 | X |
| | | | | | 006 | 能正确穿戴和使用劳动保护用品 | X |
| 工件加工 | E | 电火花线切割加工 | 40 | 任选一项 | 001 | 锥度零件的电火花线切割加工 | X |
| | | | | | 002 | 上下异性零件的电火花线切割加工 | X |
| | | | | | 003 | 废料合理排除 | Y |
| | | | | | 004 | 长度和宽度均超过工作台行程的旋转对称工件的加工 | Y |
| | | | | | 005 | 工件公差等级为 IT7 | X |
| | | | | | 006 | 工件表面粗糙度 $R_a$ 为 $1.6\mu m$ | X |
| | | 电火花成型机加工 | | | 001 | 斜孔的电火花加工 | X |
| | | | | | 002 | 螺纹环规的电火花加工 | Y |
| | | | | | 003 | 窄缝零件的电火花加工 | Y |
| | | | | | 004 | 模具零件的电火花镜面加工 | Y |
| | | | | | 005 | 工件表面粗糙度 $R_a$ 为 $1.6\mu m$ | X |
| | | | | | 006 | 工件公差等级为 IT7 | X |
| 工后处理 | F | 检测工件及误差分析 | 25 | 任选 | 001 | 能用精密量具检测工件以及电极 | X |
| | | | | | 002 | 加工精度误差的分析及对策 | X |
| | | | | | 003 | 加工表面质量缺陷分析及对策 | X |
| | | 设备的维护与保养 | | | 001 | 能判定机床常见机械装置故障和处理方法 | X |
| | | | | | 002 | 能判定机床常见电气故障和处理方法 | X |
| | | | | | 003 | 机床典型故障分析与处理 | Y |

# 电切削工（高级工）
# 技能操作考核样题与分析

职业名称：＿＿＿＿＿＿＿＿＿＿＿

考核等级：＿＿＿＿＿＿＿＿＿＿＿

存档编号：＿＿＿＿＿＿＿＿＿＿＿

考核站名称：＿＿＿＿＿＿＿＿＿＿

鉴定责任人：＿＿＿＿＿＿＿＿＿＿

命题责任人：＿＿＿＿＿＿＿＿＿＿

主管负责人：＿＿＿＿＿＿＿＿＿＿

中国北车股份有限公司劳动工资部制

**职业技能鉴定技能操作考核制件图示或内容**

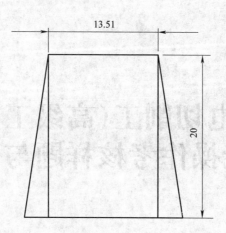

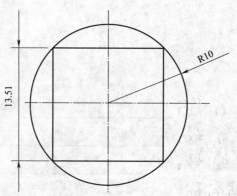

单位:mm

技术要求:工件公差等级为 IT7。
　　　　　工件表面粗糙度为 $R_a1.6\mu m$。

| 职业名称 | 电切削工 |
|---|---|
| 考核等级 | 高级工 |
| 试题名称 | 上下异性零件 |
| 材质等信息: | 45 钢 |

**职业技能鉴定技能操作考核准备单**

| 职业名称 | 电切削工 |
|---|---|
| 考核等级 | 高级工 |
| 试题名称 | 上下异形零件 |

## 一、材料准备

1. 材料规格:45 钢。
2. 坯件尺寸:30 mm×30 mm×20 mm。

## 二、设备、工、量、卡具准备清单

| 序号 | 名　称 | 规　格 | 数　量 | 备　注 |
|---|---|---|---|---|
| 1 | 三坐标测量仪 | | 1台 | |
| 2 | 电加工粗糙度对比样板 | | 1套 | |
| 3 | 401 胶水 | | 1个 | |
| 4 | 纽扣吸铁石 | | 1个 | |

## 三、考场准备

1. 相应的公用设备、设备与器具的润滑与冷却等。
2. 相应的场地及安全防范措施。
3. 其他准备。

## 四、考核内容及要求

1. 考核内容
按职业技能鉴定技能操作考核制件图示或内容制作。
2. 考核时限
应满足国家职业技能标准中的要求,本试题为 360 分钟。
3. 考核评分(表)

| 职业名称 | 电切削工 | | 考核等级 | 高级工 |
|---|---|---|---|---|
| 试题名称 | 上下异形零件 | | 考核时限 | 360 min |
| 鉴定项目 | 考核内容 | 配分 | 评分标准 | 扣分说明 / 得分 |
| 读图与绘图 | 复杂零件识读 | 1 | 知道本工序加工任务,每漏一项扣 0.5 分 | |
| | 根据技术要求制定线切割工艺 | 1 | 工艺错误不得分 | |
| | 带有斜度、锥度等不规则曲线的绘制 | 1 | 绘制错误不得分 | |
| | 了解线切割机床的结构及加工原理 | 1 | 说出 3 条以上得分 | |
| | 草图绘制 | 1 | 每处错误扣 0.5 分 | |

| 鉴定项目 | 考核内容 | 配分 | 评分标准 | 扣分说明 | 得分 |
|---|---|---|---|---|---|
| 编制程序 | 锥度指令的应用 | 2 | 应用错误不得分 | | |
| | 计算图形坐标点 | 5 | 计算错误一处扣1分 | | |
| | 根据加工工艺编制加工程序 | 3 | 每错一处扣1分 | | |
| 机床调整及装夹工件 | 走丝系统的调节 | 1 | 调节不合理不得分 | | |
| | 加工参数调节 | 3 | 参数调节不合理每处扣1分 | | |
| | 异形零件的定位基准 | 1 | 定位错误不得分 | | |
| | 测量基准选择 | 1 | 选择错误不得分 | | |
| | 装配基准选择 | 1 | 选择错误不得分 | | |
| | 工作台到上导嘴之间距离设置 | 2 | 设置错误不得分 | | |
| | 工作台到下导嘴之间距离设置 | 3 | 设置错误不得分 | | |
| | 工作台到主程序面之间距离设置 | 3 | 设置错误不得分 | | |
| | 工作台到副程序面之间距离设置 | 3 | 设置错误不得分 | | |
| | 工作台到DRY面之间距离设置 | 1 | 设置错误不得分 | | |
| | 正确穿戴和使用劳动保护用品 | 1 | 未穿戴或使用不得分 | | |
| 电火花线切割加工 | 合理选择切入点及切出点的位置 | 4 | 每错一处扣2分 | | |
| | 合理设定切残量和切残高 | 4 | 每错一处扣2分 | | |
| | 异形零件加工合理排除废料 | 2 | 废料排除不合理,磕碰加工件不得分 | | |
| | 工件公差等级为IT7 | 15 | 差一个等级扣5分 | | |
| | 工件表面粗糙度 $R_a$ 为 $1.6\mu m$ | 15 | 精度不达标,每差一个等级扣3分 | | |
| 设备的维护与保养 | 排除断丝故障 | 1 | 正确排除得1分 | | |
| | 如何调节导轮解决加工工件精度差的问题 | 2 | 说出3条解决方法得2分 | | |
| | 判断电气故障的位置 | 2 | 给出正确位置得2分 | | |
| 检测工件及误差分析 | 三坐标测量仪使用方法 | 8 | 每测量一处错误扣1分 | | |
| | 分析加工工件表面粗糙度大的原因及处理方法 | 12 | 说出3条得10分 | | |
| 质量、安全、工艺纪律、文明生产等综合考核项目 | 考核时限 | 不限 | 每超时30分钟,扣10分 | | |
| | 工艺纪律 | 不限 | 依据企业有关工艺纪律管理规定执行,每违反一次扣10分 | | |
| | 劳动保护 | 不限 | 依据企业有关劳动保护管理规定执行,每违反一次扣10分 | | |
| | 文明生产 | 不限 | 依据企业有关文明生产管理规定执行,每违反一次扣10分 | | |
| | 安全生产 | 不限 | 依据企业有关安全生产管理规定执行,每违反一次扣10分,有重大安全事故,取消成绩 | | |

4. 考试规则

(1)本次考试时间为360分钟,每超时30分钟扣10分。

(2)违反工艺纪律、安全操作、文明生产、劳动保护等,每次扣除10分。

(3)有重大安全事故、考试作弊者取消其考试资格,判零分。

### 职业技能鉴定技能考核制件(内容)分析

| 职业名称 | 电切削工 |
|---|---|
| 考核等级 | 高级工 |
| 试题名称 | 上下异形零件 |
| 职业标准依据 | 国家职业标准 |

**试题中鉴定项目及鉴定要素的分析与确定**

| 分析事项 / 鉴定项目分类 | 基本技能"D" | 专业技能"E" | 相关技能"F" | 合计 | 数量与占比说明 |
|---|---|---|---|---|---|
| 鉴定项目总数 | 3 | 1 | 2 | 6 | 由于本职业的特殊性及《国家职业标准》要求,核心职业活动鉴定项目根据实际情况必须选取一项,能够达到鉴定需要;选取的鉴定要素数量占比满足60%的原则 |
| 选取的鉴定项目数量 | 3 | 1 | 2 | 6 | |
| 选取的鉴定项目数量占比(%) | 100 | 100 | 100 | 100 | |
| 对应选取鉴定项目所包含的鉴定要素总数 | 17 | 6 | 6 | 29 | |
| 选取的鉴定要素数量 | 11 | 4 | 4 | 19 | |
| 选取的鉴定要素数量占比(%) | 65 | 67 | 67 | 66 | |

**所选取鉴定项目及相应鉴定要素分解与说明**

| 鉴定项目类别 | 鉴定项目名称 | 国家职业标准规定比重(%) | 《框架》中鉴定要素名称 | 本命题中具体鉴定要素分解 | 配分 | 评分标准 | 考核难点说明 |
|---|---|---|---|---|---|---|---|
| D | 读图与绘图 | 35 | 能读懂装配图及技术要求 | 复杂零件识读 | 1 | 知道本工序加工任务,每漏一项扣0.5分 | |
| | | | | 根据技术要求制定线切割工艺 | 1 | 工艺错误不得分 | |
| | | | 能绘制凸轮、椭圆、渐开线图形、阿基米德螺旋线等复杂图形绘制 | 带有斜度、锥度等不规则曲线的绘制 | 1 | 绘制错误不得分 | |
| | | | 能读懂机床传动以及工作原理图 | 了解线切割机床的结构及加工原理 | 1 | 说出3条以上得分 | |
| | | | 能使用计算机软件绘制图形 | 草图绘制 | 1 | 每处错误扣0.5分 | |
| | 编制程序 | | 能够编制带斜度、锥度的零件程序 | 锥度指令的应用 | 2 | 应用错误不得分 | |
| | | | 能够根据工艺要求合理制定加工次数和加工余量 | 计算图形坐标点 | 5 | 计算错误一处扣1分 | |
| | | | | 根据加工工艺编制加工程序 | 3 | 每错一处扣1分 | |
| | 机床调整及装夹工件 | | 能对加工设备机床部分主要结构精度以及电极丝进行调整 | 走丝系统的调节 | 1 | 调节不合理不得分 | |
| | | | 能根据加工精度、加工效率调整加工参数 | 加工参数调节 | 3 | 参数调节不合理每处扣1分 | |

续上表

| 鉴定项目类别 | 鉴定项目名称 | 国家职业标准规定比重(%) | 《框架》中鉴定要素名称 | 本命题中具体鉴定要素分解 | 配分 | 评分标准 | 考核难点说明 |
|---|---|---|---|---|---|---|---|
| D | 机床调整及装夹工件 | 35 | 能对带有规则曲线的精密工件极性装夹、定位、测量 | 异形零件的定位基准 | 1 | 定位错误不得分 | 难点 |
| | | | | 测量基准 | 1 | 测量基准选择错误不得分 | |
| | | | | 装配基准 | 1 | 装配基准选择错误不得分 | |
| | | | 锥度加工时根据编制的程序合理设置工作台及各主副程序面的高度 | 工作台到上导嘴之间距离 | 2 | 设置错误不得分 | |
| | | | | 工作台到下导嘴之间距离 | 3 | 设置错误不得分 | |
| | | | | 工作台到主程序面之间距离 | 3 | 设置错误不得分 | |
| | | | | 工作台到副程序面之间距离 | 3 | 设置错误不得分 | |
| | | | | 工作台到DRY面之间距离 | 1 | 设置错误不得分 | |
| | | | 能正确穿戴和使用劳动保护用品 | 正确穿戴和使用劳动保护用品 | 1 | 未穿戴或使用不得分 | |
| E | 电火花线切割加工 | 40 | 上下异性零件的电火花线切割加工 | 合理选择切入点及切出点的位置 | 4 | 每错一处扣2分 | 难点 |
| | | | | 合理设定切残量和切残高 | 4 | 每错一处扣2分 | |
| | | | 废料合理排除 | 异形零件加工合理排除废料 | 2 | 废料排除不合理,磕碰加工件不得分 | |
| | | | 工件公差等级为IT7 | | 15 | 差一个等级扣5分 | 难点 |
| | | | 工件表面粗糙度$R_a$为1.6μm | | 15 | 精度不达标,每差一个等级扣3分 | 难点 |
| F | 设备的维护与保养 | 25 | 能判定机床常见机械装置故障和处理方法 | 排除断丝故障 | 1 | 正确排除得1分 | |
| | | | | 如何调节导轮解决加工工件精度差的问题 | 2 | 说出3条解决方法得2分 | |
| | | | 能判定机床常见电气故障和处理方法 | 判断电气故障的位置 | 2 | 给出正确位置得2分 | |
| | 检测工件及误差分析 | | 能用精密量具检测工件以及电极 | 三坐标测量仪使用方法 | 8 | 每测量一处错误扣1分 | |
| | | | 加工表面质量缺陷分析及对策 | 分析加工工件表面粗糙度大的原因及处理方法 | 12 | 说出3条得10分 | 难点 |

| 鉴定项目类别 | 鉴定项目名称 | 国家职业标准规定比重(%) | 《框架》中鉴定要素名称 | 本命题中具体鉴定要素分解 | 配分 | 评分标准 | 考核难点说明 |
|---|---|---|---|---|---|---|---|
| | | | | 考核时限 | 不限 | 每超时 30 分钟,扣 10 分 | |
| 质量、安全、工艺纪律、文明生产等综合考核项目 | | | | 工艺纪律 | 不限 | 依据企业有关工艺纪律管理规定执行,每违反一次扣 10 分 | |
| | | | | 劳动保护 | 不限 | 依据企业有关劳动保护管理规定执行,每违反一次扣 10 分 | |
| | | | | 文明生产 | 不限 | 依据企业有关文明生产管理规定执行,每违反一次扣 10 分 | |
| | | | | 安全生产 | 不限 | 依据企业有关安全生产管理规定执行,每违反一次扣 10 分,有重大安全事故,取消成绩 | |